高等职业教育“双高”建设成果教材

高等职业教育新形态一体化教材

高等数学

（第四版）

主　编　马明环

副主编　解术霞　张明迎　林冬梅　宁楠

高等教育出版社·北京

内容提要

本书是高等职业教育“双高”建设成果教材，高等职业教育新形态一体化教材。全书内容分为基础素养和职业素养两大模块，其中基础素养模块涵盖了函数、极限与连续，导数与微分，积分，常微分方程等内容；职业素养模块涵盖了无穷级数，空间曲线与曲面，多元函数微积分等内容。本书编写重视基础知识，突出数学思想、方法，注重数学通识教育功能，体现数学建模思想，兼顾不同学习基础学生的需求，充分运用信息技术和数字化工具，着力提升学生的科学素养和人文素养。

本书配套建设了高等数学在线开放课程；书中二维码链接了微课、知识拓展、人文素养阅读以及专升本备考的考试基本要求、典型例题精解等丰富的数字化资源，读者可以随扫随学。本书配套资源还有教学课件（PPT）和习题详解，具体获取方式参见书后“郑重声明”页的资源服务提示。

本书既可作为高等职业教育本科、专科、成人高等教育和应用型本科各专业高等数学课程教材，也可作为参加专升本考试或同类考试的参考书。

图书在版编目（CIP）数据

高等数学 / 马明环主编. -- 4版. -- 北京 ：高等教育出版社，2022.8

ISBN 978-7-04-059049-4

Ⅰ.①高… Ⅱ.①马… Ⅲ.①高等数学 Ⅳ.①O13

中国版本图书馆CIP数据核字(2022)第131346号

GAODENG SHUXUE

策划编辑 崔梅萍 责任编辑 崔梅萍 封面设计 张 楠 版式设计 杨 树
责任绘图 黄云燕 责任校对 王 雨 责任印制 刘思涵

出版发行	高等教育出版社	网 址	http://www.hep.edu.cn
社 址	北京市西城区德外大街4号		http://www.hep.com.cn
邮政编码	100120	网上订购	http://www.hepmall.com.cn
印 刷	北京玥实印刷有限公司		http://www.hepmall.com
开 本	787mm×1092mm 1/16		http://www.hepmall.cn
印 张	18.75	版 次	2010年9月第1版
字 数	360千字		2022年8月第4版
购书热线	010-58581118	印 次	2022年8月第1次印刷
咨询电话	400-810-0598	定 价	39.80元

物 料 号 59049-00

第四版前言

本教材是在第三版的基础上，又经历四年多的教学实践修订而成的。

高等数学是提升学生核心素养、增强就业竞争力和发展潜力的一门必不可少的课程，随着高等职业教育的发展，高等数学越来越受到重视，高等数学已成为山东省专升本统考四门课程之一。根据职教新形势和人才培养方案新要求，有必要对本书内容进行修订以适应读者的多元需求。第四版主要做了以下修改：

1. 教材框架结构进行微调，第二篇职业素养部分的第八章线性代数、第九章概率与数理统计两章内容不再保留在本教材中。

2. 各章后面增加了专升本专题相关内容，以适应读者专升本备考的需求。

3. 部分章节增加了课程思政元素。

4. 附录增加山东省专升本考纲和近年专升本真题的内容，可通过扫描二维码学习。

5. 各章节微课视频按在线开放课程标准重新录制，可通过扫描二维码观看。

6. 更新了数学软件 MATLAB，随之增加、修改了部分命令格式和输出结果。

修订后的教材，保持以下特色：

1. 注重高等数学课程思政教育设计，凝练思政元素，落实立德树人的正确价值导向。

2. 突出公共基础课程的人文素养特色，注重数学文化的渗透和人文素养的提升。

3. 突出数学思想、方法的学习，着力提升学生的科学素养。

4. 突出高等数学课程通识教育的功能，兼顾专业需求，模块化编写。

5. 注重数学建模思想和现代教育技术在高等数学中的应用。

6. 注意不同专业和不同学习基础学生的需求，在例题选取、练习题方面进行兼顾。

本教材在淄博职业学院已经使用了十二年，是一本适用于高职院校大部分专科专业的通识教材，兼顾了不同专业和不同学习基础学生的专业学习和升学需求。教师可以根据学生的专业和基础情况选取不同内容组合教学。

本书由马明环担任主编，解术霞、张明迎、林冬梅、宁楠担任副主编，王玉霞、刘佳、王玉霞、陈祥荣、张汝芳、窦淑艳、聂海燕、孔祥鹏等老师参加了编写工作。

本次修订得到了山东交通职业学院的王刚、山东职业学院的李兆斌、山东轻工职业学院的初东丽等老师悉心指导和帮助，从教材修订思路、内容舍取、典型例题、课程思政元素等诸多方面都提出了很多好的意见和建议，在此表示衷心感谢。

由于编者水平有限，编写中存在内容文字的疏漏问题和不妥之处在所难免，恳请广大专家、同行和读者批评指正，以便再次修订时进一步完善和提高。

编者

2022年5月

第三版前言

本教材是在第二版的基础上，又经历四年的教学实践修订而成的。

高等数学是提高高职学生就业竞争力和发展潜力的一门必不可少的课程，随着高等教育的发展，高等数学越来越受到重视，高等数学将作为专升本统考科目。经过教学实践，有必要对书中的部分内容进行增删和修改，以适应读者的新需求。因此，第三版继续保持第二版的框架结构，主要做了如下修改：

1. 章节增加了知识拓展链接，通过微信扫二维码阅读，以适应读者新需求。

2. 各章节的内容再次进行了梳理和调整，增加了反函数、基本初等函数的图形，删掉了拉普拉斯变换等内容。

3. 不再保留各章后面的人文阅读材料的文本，改为通过微信扫二维码阅读。

4. 对章节重点知识增加了微课教学资源，通过微信扫二维码观看。

5. 数学软件 MATLAB 更新到了最新版本，随之增加、修改了部分命令格式和输出结果。

本教材在淄博职业学院已经使用了八年，是一本高职院校大部分专业适用的通识教材，兼顾了不同专业和不同学习基础学生的专业学习和升学需求。教师可以根据学生的专业和基础情况选取不同内容组合教学。

本书由马明环任主编，解术霞、张明迎、林冬梅任副主编，王玉霞、刘佳、王玉霞、聂海燕、窦淑艳、陈祥荣等老师参加了编写工作。

本书在编写和修订过程中得到了淄博职业学院领导的指导和帮助，也得到了数学教学部全体教师的大力支持，在此表示衷心的感谢。

由于编者水平有限，编写中存在内容文字的疏漏问题和不妥之处在所难免，恳请广大专家、同行和读者批评指正，以便再次修订时进一步完善和提高。

编者

2018 年 6 月

第二版前言

本教材是在第一版的基础上，结合四年来的教学改革实践经验修订而成的。

高等数学是提高高职学生就业竞争力和发展潜力的一门必不可少的课程，我们在使用第一版教材的教学实践中发现如下问题：一是很多专业修订了高等数学课程标准，教材分上下册出版不再适应学生的学习需求；二是部分教学内容在教学中不够合理。因此，第二版在保持第一版框架结构的基础上，主要做了如下修改：

1. 将上下两册合为一册。这样更能贴近学生的学习需求，无论是学生学习高等数学，还是选修应用数学、数学建模等相关课程，或是根据自身需要自学、专升本和其他进修，合订成一本教材后使用更方便。

2. 贯彻“注重基础、强化能力、立足应用”的原则，对各章节的内容重新进行了梳理和调整，更换部分数学建模案例，增加了函数、导数、积分的应用案例，使得本教材更加适合高职教学。

3. 根据高职院校学生数学基础以及专业的差异，对部分章节中带*号的内容，教师可以根据需要选择学或不学。

修订后的教材，继续保持了第一版的特色：

1. 突出人文素养系列课程的人文素养特色。注重数学文化的渗透和人文素养的培养。丰富的阅读材料和有趣的数学故事，对于学生了解数学的本源和发展，拓宽视野，激发学习数学的兴趣，提高其数学人文素养等方面都能起到很好的作用。

2. 突出数学思想、方法的学习，着力于提升学生的数学科学素养。贯彻“注重基础、强化能力、立足应用”的原则，淡化数学理论的系统性和完整性，更加重视数学思想和数学方法的学习，引导学生了解数学与专业和现实应用的关系，培养学生应用数学的意识和能力。

3. 注重数学通识教育功能，模块化组织教学。本教材的内容按照基础素养和职业素养两个模块编写，其中基础素养模块涵盖函数与极限、导数与微分、积分、常微分方程等前四章内容，职业素养模块涵盖无穷级数、空间曲面与曲线、多元微积分、线性代数、概率论与数理统计等后五章内容。基础素养部分的参考学时数约为64学时，职业素养部分的参考学时数约为64学时，总教学学时数约为128学时。如果总学时约为96学时，在必选基础素养的基础上，各专业可根据专业特点及课程标准选择职业素养部分的两三个不同的章节模块进行不同的组合。组合后在规定的学时内将能够满足学院各专业学生的学习需求。

4. 注重数学建模思想和现代教育技术的应用。每个模块都有数学建模应用案例，并简要介绍数学软件MATLAB的应用。通过简单的数学建模案例，培养学生的数学建模能力和熟练应用计算机和数学软件解决实际问题的能力。

5. 本教材编写中注意了不同专业和不同学习基础学生的需求，在例题选取、练习题方面做了兼顾，习题按照A、B两个层次编写。教师可以根据学生的专业和基础情况选取不同内容，提出不同层次的要求。

本书由马明环任主编，解术霞、张明迎、林冬梅任副主编，孔祥鹏、刘佳参加了编写和校对工作。

由于编者水平有限，编写中存在问题和不足之处在所难免，恳请广大专家、同行和读者批评指正。

编者

2014年5月

第一版前言

随着我国高等职业教育示范校建设单位的不懈努力，我国的高等职业教育百花齐放、蓬勃发展，体现各校特点的教学改革在不断地深化。淄博职业学院统筹了 11 门人文素养课程，与之配套的教材的编写也随之展开。高等数学作为其中一门课程，其改革紧紧围绕学院“提高学生就业竞争力和发展潜力”的发展目标，将更好地体现高职人才对数学素养的基本需求，以适应高等职业教育培养高技能人才的需要。

本教材正是在这样背景下，经过充分调研学院各系各专业知识、能力需求的基础上，结合当前高等职业教育发展的趋势和学院自身的状况，组织数学教育教学部的骨干教师编写的。本教材的突出特点是：

1. 突出人文素养系列课程的数学人文素养特色。注重数学文化的渗透，穿插在每章中的数学人文阅读材料，很多介绍了数学家是如何一步一步得到他们的成果和经历艰苦漫长的道路，而其过程并非完美无缺，但他们的人格魅力和永不放弃的精神，无疑会激励学生鼓起勇气对待学习和生活，同时对于学生了解数学的本源和发展，拓宽视野，激发数学学习兴趣，提高其数学人文素养等方面都能起到很好的作用。

2. 注重基础，突出数学思想、方法，着力提升学生的数学科学素养。促进学生自主学习的习惯和能力。贯彻“必需、够用”和“注重基础、强化能力、立足应用”的原则，淡化数学理论的系统性和完整性，在内容上引导学生了解数学与专业和现实应用的关系，培养学生应用数学的意识和能力。

3. 注重数学通识教育功能，内容涵盖一元微积分、常微分方程、级数、空间解析几何、多元微积分、线性代数、概率论与数理统计七部分。本教材总教学学时 124 学时左右，各专业可根据专业特点以及课程标准选择不同的内容进行组合，其中开设一学期 60 学时的专业可以完成前三章的学习，开设两学期 96 学时的专业根据专业需要可以加修第四、五、六、七章或者学习第四、五、八、九章，组合后在规定的学时内将能够达到学院各专业学生的学习需要。开设两学期 124 学时左右的专业可以完成全部内容的学习。

4. 注重数学建模思想和现代教育技术的应用。每个模块都有数学建模应用案例，并简要介绍数学软件 MATLAB 的应用。通过简单的数学建模案例，培养学生的数学建模能力和熟练应用计算机和数学软件解决实际问题的能力。

5. 本书编写中注意了不同专业和不同学习基础学生的需要，在例题选取、练习题方面做了兼顾，习题按照 A、B 两个层次编写。教师可以根据学生的专业和基础情况选取不同内容，提出不同层次的要求。随后将配套学生用书，并建立多媒体教学资源库，方便学生的自主学习和教师的教学改革。

本书由淄博职业学院和高等教育出版社共同策划组稿。上册由马明环、解术霞担任主编，张明迎、林冬梅任副主编，下册由张明迎、林冬梅担任主编，马明环、解术霞任副主编。其中，马明环编写了一元函数微积分的三章内容，并负责全书的统稿和审阅，张明迎编写了空间解析几何和概率论与数理统计两章，林冬梅编写了线性代数和级数两章，解术霞编写了常微分方程和多元函数微积分两章，并参加了部分章节的审阅，孔祥鹏编写了部分数学人文素养阅读材料。本书的出版得到了学院领导和同仁的大力支持，在此一并表示感谢。

由于编者水平有限，加之时间仓促，不足之处在所难免，欢迎专家和广大师生批评指正。

编者

2010年7月

目 录

第一篇 基础素养模块

第二篇 职业素养模块

第一篇

基础素养模块

第1章 函数、极限与连续

历史使人聪明，诗歌使人智慧，数学使人精细，哲学使人深邃，道德使人严肃，逻辑和修辞使人善辩.

——培根

数学是关于现实世界的空间形式和数量关系的科学．初等数学主要研究常量和相对静止状态，而高等数学主要研究变量和运动状态.

函数是高等数学中最基本的概念之一，是客观世界中变量之间依从关系的反映，是科学技术和经济等领域中表达自然规律的基本概念；极限是贯穿高等数学始终的重要工具，借助极限进行推理是本课程的基本研究手段；连续则是函数的一个重要性态，连续函数是高等数学的主要研究对象．本章主要学习函数、极限与连续的基本知识.

1.1 函数以及函数关系的建立

1.1.1 函数的概念

1. 函数的概念

自然界中的事物都处在不断运动、变化中，而且每一事物的运动、变化总是和周围的其他事物相互联系、相互影响，而形成一定的关系．在社会现象中，也经常遇到事物之间的关系问题．下面通过几个例子说明.

例 1 某种保险丝的熔断电流 I 和直径 D 之间的对应关系，见表 1–1.

表 1–1

D/mm	0.508	0.538	0.61	0.71	0.813	0.915	1.22	1.63	1.83
I/A	3.0	3.5	4.0	5.0	6.0	7.0	10.0	16.0	19.0

例 2 圆的半径 r 与圆面积 S 之间的关系为 $S=\pi r^2$. 该公式表示了 S 与 r 之间的对应关系.

例 3 某银行一年定期存款利率为 2.25%，如果存入 x 元，一年后的本息和为 y 元，则

$$y=x+x\cdot 2.25\%.$$

存入金额不同，到期后本息和不同. 本金越大，收益越大，只要给 x 一个确定的值，y 总有唯一确定的值与之对应.

上述例子虽然来自不同的领域，但都有一个共同的特征，即每个例子都描述了两个量之间的对应法则，当取定 D，r，x 的值时，另一个量 I，S，y 的值就根据各自的对应法则被唯一确定了，这就构成了函数. 确切地给出函数的定义如下：

定义 1 设 D 为一个非空实数集合，若存在确定的对应法则 f，使得对于数集 D 中任意的一个数 x，按照 f 都有唯一确定的实数 y 与之相对应，则称 y 是定义在集合 D 上的 x 的**函数**，记作

$$y=f(x),\quad x\in D.$$

D 称为函数的**定义域**，x 称为**自变量**，y 称为**函数**（或**因变量**）.

如果对于确定的 $x_0\in D$，通过对应法则，函数 y 有唯一确定的值 y_0 与之相对应，则称 y_0 为 $y=f(x)$ 在 x_0 处的**函数值**，记作

$$y_0,y\Big|_{x=x_0}\text{或 }f(x_0).$$

函数值的集合 $\{y\mid x\in D\}$ 称为函数的**值域**，记作 M.

由此可知函数有二要素：**定义域**和**对应法则**.

例 4 确定函数 $f(x)=\sqrt{3+2x-x^2}+\ln(x-2)$ 的定义域.

解 要使得 $f(x)=\sqrt{3+2x-x^2}+\ln(x-2)$ 有意义，则必须有

$$\begin{cases}3+2x-x^2\geqslant 0,\\ x-2>0,\end{cases}$$

解得 $2<x\leqslant 3$，所以此函数的定义域为 $(2,3]$.

例 5 设函数 $f(x)=x^3-2x+3$，求 $f(1)$，$f\left(-\dfrac{1}{a}\right)$，$f(t^2)$（其中 $a\neq 0$）.

解

$$f(1)=1^3-2\times 1+3=2;$$

$$f\left(-\frac{1}{a}\right)=\left(-\frac{1}{a}\right)^3-2\left(-\frac{1}{a}\right)+3=-\frac{1}{a^3}+\frac{2}{a}+3=\frac{3a^3+2a^2-1}{a^3};$$

$$f(t^2)=(t^2)^3-2t^2+3=t^6-2t^2+3.$$

例 6 已知 $f(x+1)=x^2-x+1$，求 $f(x)$.

解 令 $x+1=t$，则 $x=t-1$，所以

$$f(t)=(t-1)^2-(t-1)+1=t^2-3t+3,$$

所以

$$f(x)=x^2-3x+3.$$

2. 函数的表示法

函数 $f(x)$ 常用的表示法有三种：解析法、列表法和图形法.

解析法 用数学表达式表示函数的方法，如例2，例3，其优点是便于数学上的分析和计算，是本书讨论最多的方法.

列表法 以列表形式表示函数的方法，如例1，其优点是函数的值容易查得，再如三角函数表、对数表等.

图形法 用图形 $\{(x, y) | y=f(x), x\in D\}$ 表示函数的方法，其优点是直观形象，可看到函数的变化趋势. 此法在工程技术上应用较普遍. 如电子科学中的波形函数（如图1-1），经济学中的股票曲线等（如图1-2）.

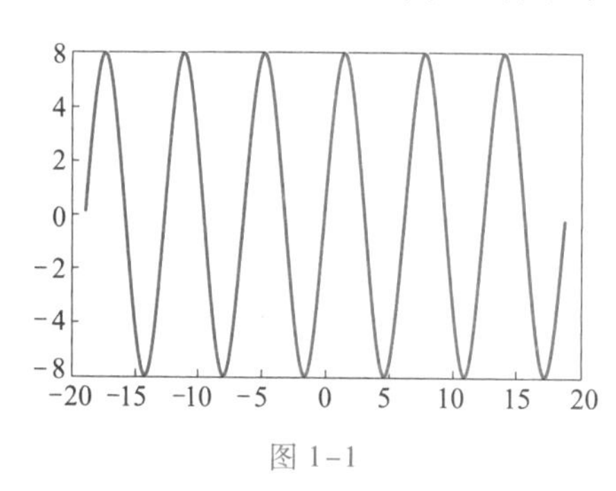

图 1-1

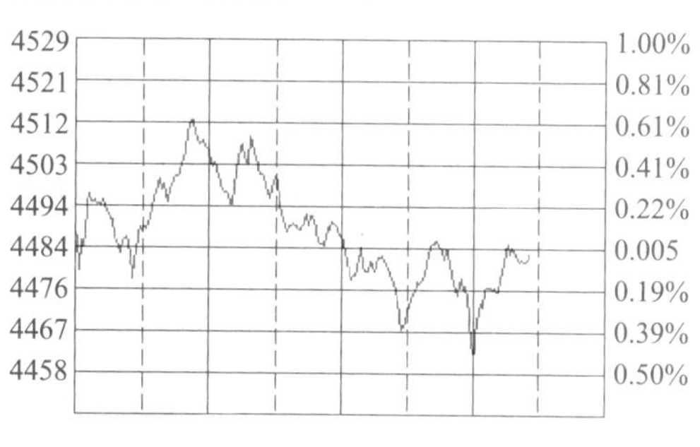

图 1-2

3. 反函数

定义2 设 $y=f(x)$ 是定义在非空实数集合 D 上的函数，M 为该函数的值域，若存在确定的对应规则 g，使得对于数集 M 中任意的一个数 y，按照 g 都有唯一确定的实数 x 与之对应，则称 $x=g(y)$ 是函数 $y=f(x)$ 的**反函数**，记作 $x=f^{-1}(y)$，$y\in M$，$x\in D$.

习惯上 x 表示自变量，y 表示函数，所以将 $x=f^{-1}(y)$，$y\in M$，$x\in D$ 中 x 和 y 互换，得到 $y=f^{-1}(x)$，$x\in M$，$y\in D$. 称 $y=f^{-1}(x)$ 为函数 $y=f(x)$ 的反函数. 易知函数 $y=f(x)$ 和函数 $y=f^{-1}(x)$（即 $y=g(x)$）互为反函数.

由函数的图像可以知道，**互为反函数的两个函数在同一个坐标系中的图像关于直线 $y=x$ 对称.**

4. 分段函数

定义3 有些函数虽然也可用数学式子表示，但它们在定义域的不同范围内有不同的表达式，这样的函数叫作**分段函数**.

例7 某化肥厂现有尿素1 500 t，每吨定价为1 200元，总销售量在1 000 t

及以内时，按原定价出售，超过 1 000 t 时，超过部分打 9 折出售，求该厂尿素销售总收入与总销售量的函数关系并指出其定义域.

解 设尿素销售总收入为 y 元，销售总量为 x t，依题意可得

$$y=\begin{cases}1\ 200x, & 0\leqslant x\leqslant 1\ 000,\\ 1\ 200\times 1\ 000+1\ 200\times 0.9\times(x-1\ 000), & 1\ 000<x\leqslant 1\ 500,\end{cases}$$

它的定义域为 $[0,\ 1\ 500]$.

例 8 设 $f(x)=\begin{cases}1, & x>0,\\ 0, & x=0,\\ -1, & x<0,\end{cases}$ 求 $f(2)$，$f(0)$ 和 $f(-2)$.

解 $$f(2)=1,\ f(0)=0,\ f(-2)=-1.$$

注

求分段函数的函数值时，应先确定自变量取值的所在范围，再按相应的式子进行计算.

1.1.2 函数的几种特性

1. 单调性

定义 4 设 x_1 和 x_2 为区间 $(a,\ b)$ 内的任意两个实数，若当 $x_1<x_2$ 时，函数 $y=f(x)$ 满足 $f(x_1)<f(x_2)$，则称该函数在区间 $(a,\ b)$ 内**单调递增**；若当 $x_1<x_2$ 时，函数 $y=f(x)$ 满足 $f(x_1)>f(x_2)$，则称该函数在区间 $(a,\ b)$ 内**单调递减**.

例如，$y=\tan x$ 在区间 $\left(-\dfrac{\pi}{2},\ \dfrac{\pi}{2}\right)$ 内单调递增，$y=\cos x$ 在区间 $[0,\ \pi]$ 上单调递减.

函数单调递增、单调递减统称函数是**单调的**.

在几何上，递增就是当 x 自左向右变化时，函数的图形呈上升趋势；递减就是当 x 自左向右变化时，函数的图形呈下降趋势（如图 1-3）.

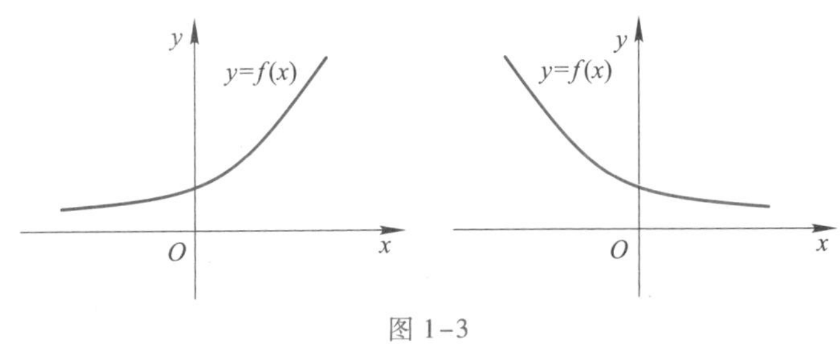

图 1-3

2. 有界性

定义 5 设函数 $y=f(x)$ 的定义域为 D，若存在一个正数 M，当 $x\in D$ 时，恒有

$$|f(x)| \leqslant M$$

成立，则称函数 $f(x)$ 为 D 上的**有界函数**；如果不存在这样的正数 M，则称函数 $f(x)$ 为 D 上的**无界函数**.

例如，因为当 $x \in (-\infty, +\infty)$ 时，恒有 $|\sin x| \leqslant 1$，所以函数 $f(x)=\sin x$ 在 $(-\infty, +\infty)$ 内是有界函数. 而 $f(x)=x^3$ 在 $(-\infty, +\infty)$ 内是无界函数. 又如，$f(x)=\tan x$ 在 $\left[-\frac{\pi}{3}, \frac{\pi}{3}\right]$ 上是有界的，而在 $\left(-\frac{\pi}{2}, \frac{\pi}{2}\right)$ 内是无界的. 所以一个函数的有界性与自变量的取值范围有关.

3. 奇偶性

定义6 设函数 $y=f(x)$ 的定义域 D 关于原点对称，如果对于任意的 $x \in D$，都有

$$f(-x)=f(x),$$

则称 $y=f(x)$ 为**偶函数**；如果都有

$$f(-x)=-f(x),$$

则称 $y=f(x)$ 为**奇函数**. 否则，称 $f(x)$ 为**非奇非偶函数**.

在几何上，偶函数的图像关于 y 轴对称，奇函数的图像关于原点对称.

4. 周期性

定义7 设函数 $y=f(x)$ 的定义域为 D，若存在一个不为零的常数 T，使得对于任意 $x \in D$，有 $(x+T) \in D$，且

$$f(x+T)=f(x),$$

则称 $y=f(x)$ 为**周期函数**，T 为 $f(x)$ 的**周期**. 如果 T 有最小的正数，则称该正数为**最小正周期**.

对于每个周期函数来说，定义中的 T 有无穷多个，通常所说的周期函数的周期是指它的最小正周期.

1.1.3 基本初等函数

基本初等函数是指常量函数、幂函数、指数函数、对数函数、三角函数和反三角函数.

1. 常量函数

$y=C$，$x \in (-\infty, +\infty)$，其中 C 是已知常量. 它的图像是过 $(0, C)$ 点，且与 x 轴平行的直线.

2. 幂函数

$y=x^{\alpha}$（α 为任意实数）.

3. **指数函数**

$y=a^x$ $(a>0, a\neq 1)$，$x\in(-\infty, +\infty)$.

知识拓展1.1.2

指数、对数恒等式

4. **对数函数**

$y=\log_a x(a>0, a\neq 1)$，$x\in(0, +\infty)$.

5. **三角函数**

正弦函数 $y=\sin x$，$x\in(-\infty, +\infty)$，$y\in[-1, 1]$；

余弦函数 $y=\cos x$，$x\in(-\infty, +\infty)$，$y\in[-1, 1]$；

知识拓展1.1.3

同角三角函数的基本关系式

正切函数 $y=\tan x$，$x\neq k\pi+\frac{\pi}{2}$，$k\in\mathbf{Z}$，$y\in(-\infty, +\infty)$；

余切函数 $y=\cot x$，$x\neq k\pi$，$k\in\mathbf{Z}$，$y\in(-\infty, +\infty)$；

正割函数 $y=\sec x$，$x\neq k\pi+\frac{\pi}{2}$，$k\in\mathbf{Z}$，$|y|\geq 1$；

余割函数 $y=\csc x$，$x\neq k\pi$，$k\in\mathbf{Z}$，$|y|\geq 1$.

6. **反三角函数**

反正弦函数 $y=\arcsin x$，$x\in[-1, 1]$，$y\in\left[-\frac{\pi}{2}, \frac{\pi}{2}\right]$；

反余弦函数 $y=\arccos x$，$x\in[-1, 1]$，$y\in[0, \pi]$；

反正切函数 $y=\arctan x$，$x\in(-\infty, +\infty)$，$y\in\left(-\frac{\pi}{2}, \frac{\pi}{2}\right)$；

反余切函数 $y=\operatorname{arccot} x$，$x\in(-\infty, +\infty)$，$y\in(0, \pi)$.

基本初等函数的图形参见教材后面的附录 I.

1.1.4 复合函数

微课1.1.2

复合函数

在实际应用中，我们常见的函数并非就是基本初等函数本身或由它们仅仅通过四则运算所得到的. 如自由落体的动能 E 是速度 v 的函数 $E=\frac{1}{2}mv^2$，而速度 v 又是时间 t 的函数 $v=gt$，因而，动能 E 通过速度 v，构成关于 t 的函数关系式 $E=\frac{1}{2}m(gt)^2$. 对于这样的函数，归纳为：

定义 8 若函数 $y=F(u)$ 的定义域为 D，函数 $u=\varphi(x)$ 的值域为 M，其中 $M\subseteq D$，则 y 通过变量 u 成为 x 的函数，这个函数称为由函数 $y=F(u)$ 和函数 $u=\varphi(x)$ 复合而成的**复合函数**，记为 $y=F[\varphi(x)]$，其中变量 u 称为**中间变量**.

例 9 试求函数 $y=u^2$ 与 $u=\cos x$ 构成的复合函数.

解 将 $u=\cos x$ 代入 $y=u^2$ 得 $y=\cos^2 x$.

例 10 设 $f(x)=\dfrac{1}{1+x}$，$\varphi(x)=\sqrt{\sin x}$，求 $f[\varphi(x)]$，$\varphi[f(x)]$.

分析 求 $f[\varphi(x)]$ 时，应将 $\varphi(x)$ 作为 $f(x)$ 的自变量，同理可求 $\varphi[f(x)]$.

解 $f[\varphi(x)]=\dfrac{1}{1+\sqrt{\sin x}}$，$\varphi[f(x)]=\sqrt{\sin\dfrac{1}{1+x}}$.

例 11 指出 $y=(3x+5)^{10}$，$y=\sqrt{\log_a(\sin x+2^x)}$ 是由哪些函数复合而成的.

解 $y=(3x+5)^{10}$ 是由 $y=u^{10}$ 和 $u=3x+5$ 复合而成的.

$y=\sqrt{\log_a(\sin x+2^x)}$ 是由 $y=\sqrt{u}$，$u=\log_a v$ 和 $v=\sin x+2^x$ 复合而成的.

注

（1）并非任意两个函数都能构成复合函数，例如，$y=\arcsin u$ 与 $u=x^2+2$ 便不能复合成一个函数，因为 u 的值域为 $[2,+\infty)$，不包含在 $y=\arcsin u$ 的定义域 $[-1,1]$ 内，所以不能复合.

（2）复合函数不仅可以有一个中间变量，还可以有多个中间变量，这些中间变量是经过多次复合产生的.

1.1.5 初等函数

定义 9 由基本初等函数经过有限次四则运算或有限次复合构成的，并且可以用一个数学式子表示的函数，称为**初等函数**. 例如

$$y=\sqrt{\ln 5x-3^x+\sin^2 x},\qquad y=\frac{\sqrt[3]{2x}+\tan x}{x^2\sin x-2^{-x}}$$

等都是初等函数.

1.1.6 函数关系的建立

用数学解决实际问题时，往往要将该问题量化，找出问题中变量之间的函数关系，建立数学模型. 由于实际问题涉及的函数关系的多样性和复杂性，因此建立函数关系难有一般规律可循，只能具体问题具体分析. 下面介绍几个案例.

1. 需求函数与供给函数

某种商品的市场需求量 Q 与其价格 P 密切相关，通常来说，降低价格会使需求量增加，提高价格会使需求量减少. 如果不考虑其他因素的影响，需求量 Q 可以看成价格 P 的函数，称为**需求函数**，记作

$$Q=Q(P).$$

根据市场统计资料，常见的需求函数有以下几种：

(1) 线性需求函数 $Q=a-bP(a>0, b>0)$；

(2) 二次需求函数 $Q=a-bP-cP^2(a>0, b>0, c>0)$；

(3) 指数需求函数 $Q=a\mathrm{e}^{-bP}(a>0, b>0)$.

需求函数的反函数就是价格函数，记作 $P=P(Q)$，也反映商品的需求与价格的关系.

某种商品的市场供给量 S 也受商品价格 P 的制约，价格上涨将刺激生产者向市场提供更多的商品，使供给量增加；反之，价格下跌会使供给量减少. 供给量 S 也是价格 P 的函数，称为供给函数，记作

$$S=S(P).$$

常见的供给函数也有线性函数、二次函数、幂函数、指数函数等函数模型. 其中，线性供给函数模型为

$$S=-c+dP \quad (c>0, d>0).$$

使需求量和供给量相等的价格 P_0 称为均衡价格，即供求均衡条件为

$$Q=S.$$

例 12 当白菜的市场价为 0.7 元/kg 时，超市能进到 2 000 kg. 如果市场价提高 0.1 元/kg，则供货量可增加 500 kg，试建立白菜的线性供给函数.

解 设供给函数为 $S=-c+dP$，由题意得 $\begin{cases} 2\ 000=-c+0.7d, \\ 2\ 500=-c+0.8d. \end{cases}$

解得 $d=5\ 000$，$c=1\ 500$，所求供给函数为

$$S=-1\ 500+5\ 000P.$$

例 13 如果某商品的需求函数和供给函数分别为 $Q=19.1-1.2P$，$S=-8.4+4.3P$，则该商品的均衡价格为多少？

解 由供需均衡条件 $Q=S$，可得 $19.1-1.2P=-8.4+4.3P$，解得 $P_0=5$. 所以，均衡价格为 5.

2. 成本函数、收益函数与利润函数

在经营活动中，人们总是希望尽可能降低成本，提高收入和利润. 而成本、收入和利润这些经济变量都与产品的产量或销量 Q 密切相关，都可以看作 Q 的函数，分别称为**成本函数**，记为 $C(Q)$，简称成本；**收益函数**，记为 $R(Q)$，简称收益（也称收入）；**利润函数**，记为 $L(Q)$，简称利润.

首先建立成本函数. 成本由固定成本 C_1 和可变成本 C_2 两部分组成，固定成本与产量 Q 无关，如设备维修费、企业管理费等；可变成本随产量 Q 的增加而增加，如原材料费、动力费等. 即

$$C(Q)=C_1+C_2(Q).$$

成本函数 $C(Q)$ 是关于 Q 的单调递增函数，最典型的成本函数是三次函数

$$C(Q)=a_0+a_1Q-a_2Q^2+a_3Q^3 \quad (a_i>0,\ i=0,\ 1,\ 2,\ 3).$$

有时为了简化问题，也常采用线性成本函数 $C(Q)=a_0+a_1Q(a_i>0,\ i=0,\ 1)$ 及二次成本函数 $C(Q)=a_0+a_1Q-a_2Q^2(a_i>0,\ i=0,\ 1,\ 2)$.

只是成本不能说明企业生产的好坏，往往用产品的平均成本 $\overline{C}$（生产 Q 件产品的单位产品成本平均值）来评价生产状况，即

$$\overline{C}=\frac{C(Q)}{Q}=\frac{C_1}{Q}+\frac{C_2(Q)}{Q},$$

其中$\frac{C_2(Q)}{Q}$称为平均可变成本.

如果产品的单位售价为 P，销售量为 Q，则收益函数为

$$R(Q)=PQ.$$

利润等于收益和成本的差，于是利润函数为

$$L(Q)=R(Q)-C(Q).$$

例 14 已知某产品的成本函数为 $C(Q)=3\ 000+\frac{Q^2}{5}$，求生产 100 个该产品的成本和平均成本.

解 由题意，产量 $Q=100$ 个时的成本为 $C(100)=3\ 000+\frac{100^2}{5}=5\ 000$，平均成本为

$$\overline{C}(100)=\frac{3\ 000+\frac{100^2}{5}}{100}=50.$$

3. 函数在其他方面的应用

例 15 有一个容积为 200 m^3 的水池，现存有水 20 m^3，以 0.5 m^3/min 的速度向水池中注水，试将水池中水的体积 V 表示成时间 t 的函数，并求将水池注满所需时间.

解 由题意，水池中水的体积可以表示为 $V=V(t)=20+0.5t(t\geqslant 0)$. 由 $200=20+0.5t$，可得 $t=360$(min). 所以，将水池注满需要 360 min.

练习题 1.1

(A)

1. 求下列函数的定义域：

(1) $y=\sqrt{3-2x}$； (2) $y=\frac{2x}{x^2-3x+2}$.

2. 设 $f(x)=x^2+1$，$g(x)=\frac{1}{x}$，求 $f[g(x)]$，$g[f(x)]$.

3. 指出下列复合函数的复合过程：

(1) $y=\sqrt{\arcsin x}$；　　(2) $y=\cos^2(2-3x)$.

4. 判断下列函数的奇偶性：

(1) $y=\ln(\sqrt{x^2+1}+x)$；　　(2) $y=\frac{a^x-1}{a^x+1}$；

(3) $y=x^2(2-x^2)$；　　(4) $y=x^2-x$.

5. 某品牌电视机每台售价为 5 000 元时，每月可销售 30 000 台；每台售价为 4 500 元时，每月可销售 35 000 台. 试求该电视机的线性需求函数.

(B)

1. 下列题中所给的函数是否相同？为什么？

(1) $y=\frac{x^2-4}{x+2}$ 与 $y=x-2$；　　(2) $y=|x|$ 与 $y=\sqrt{x^2}$；

(3) $y=\lg x^2$ 与 $y=2\lg x$；　　(4) $y=\cos x$ 与 $y=\sqrt{1-\sin^2 x}$.

2. 求下列函数的定义域：

(1) $y=\frac{1}{\lg|x-1|}+\sqrt{x-1}$；　　(2) $y=\sqrt{5-x^2}+\ln(2x-1)$.

3. 求下列函数关系：

(1) 某地的气温等速下降，最低气温为 0 ℃，开始时刻温度为 12 ℃，5 h 后下降到 9 ℃，试建立该地气温 T 与时间 t 的函数关系式.

(2) 圆的内接正多边形中，当边数改变时，正多边形的面积随之改变，试建立圆内接正多边形的面积 A_n 与其边数 $n(n\geqslant 3)$ 的函数关系式.

(3) 某厂生产某种产品 1 600 t，定价为 150 元/t，销售量在不超过 800 t 时，按原价出售，超过 800 t 时，超过部分按八折出售. 试求销售收入与销售量之间的函数关系.

4. 已知需求函数 $Q=\frac{100}{3}-\frac{2}{3}P$，供给函数 $S=-20+10P$. 求市场均衡价格.

1.2　函数的极限

极限是高等数学的基本概念之一，是研究导数与定积分的工具. 极限的思想和方法是微积分的关键内容. 它研究的是在自变量的某个变化过程中，函数的变化趋势. 我国战国时期的思想家庄子提出“一尺之棰，日取其半，万世不竭”，魏晋时期的数学家刘徽首创“割圆术”，这些都体现了朴素的极限概念，是微分学的基础思想．祖冲之用极限思想将圆周率 π 的值精确到小数点后第7位，这一成就比西方数学家的发现早了一千多年．

函数在无穷远处的极限

1.2.1 函数的极限

1. 当 $x\to\infty$ 时，函数 $f(x)$ 的极限

先从几何图形上观察一个具体的函数 $f(x)=\dfrac{1}{x}$，当 x 无限增大时，对应函数 $f(x)$ 的值无限接近于确定的常数0（如图1-4），这种情形称之为有极限，具体定义如下：

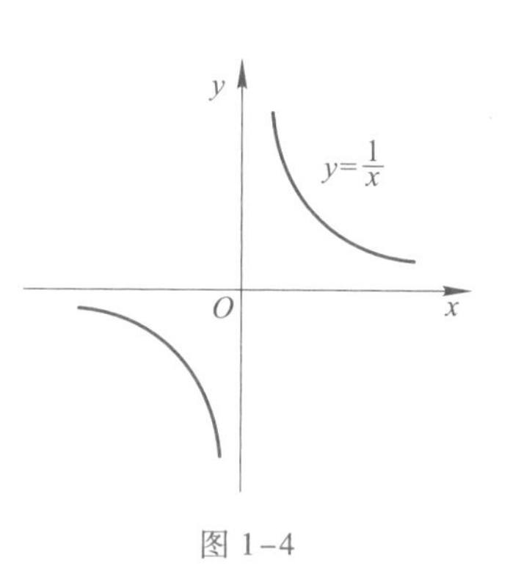

图1-4

定义1 如果函数 $f(x)$ 当 x 的绝对值无限增大时有定义，且 $x\to\infty$ 时，函数 $f(x)$ 无限接近于一个确定的常数 A，那么就称 A 为**函数 $f(x)$ 当 $x\to\infty$ 时的极限**，记为 $\lim\limits_{x\to\infty}f(x)=A$（或当 $x\to\infty$ 时，$f(x)\to A$）．

根据上述定义可知，当 $x\to\infty$ 时，$f(x)=\dfrac{1}{x}$ 的极限是0，可记为

$$\lim_{x\to\infty}f(x)=\lim_{x\to\infty}\frac{1}{x}=0.$$

如果从某一时刻起，x 只能取正值或取负值趋于无穷，则有下面的定义．

定义2 设函数 $f(x)$ 当 $x>0$ 且 x 无限增大时有定义，如果函数 $f(x)$ 趋于一个确定的常数 A，则称 $x\to+\infty$ 时函数 $f(x)$ 以 A 为**极限**，记作

$$\lim_{x\to+\infty}f(x)=A\ （或当 x\to+\infty 时，f(x)\to A）.$$

定义3 设函数 $f(x)$ 当 $x<0$ 且 x 的绝对值无限增大时有定义，如果函数 $f(x)$ 趋于一个确定的常数 A，则称函数 $f(x)$ 当 $x\to-\infty$ 时以 A 为**极限**，记作

$$\lim_{x\to-\infty}f(x)=A\ （或当 x\to-\infty 时，f(x)\to A）.$$

函数在无穷远处的极限的数学定义

例如，对于 $f(x)=\arctan x$，当 $x\to+\infty$ 时，它所对应的函数值 $f(x)$ 无限接近于常数 $\dfrac{\pi}{2}$；当 $x\to-\infty$ 时，它所对应的函数值 $f(x)$ 无限接近于常数 $-\dfrac{\pi}{2}$（如图1-5），可记为

$$\lim_{x\to+\infty}\arctan x=\frac{\pi}{2}\quad 及\quad \lim_{x\to-\infty}\arctan x=-\frac{\pi}{2}.$$

由上述这些极限定义，不难得到如下结论：

$\lim\limits_{x\to\infty}f(x)$ 存在当且仅当 $\lim\limits_{x\to+\infty}f(x)$ 与 $\lim\limits_{x\to-\infty}f(x)$ 都存在且相等．

例 1 求 $\lim\limits_{x\to-\infty} \mathrm{e}^{x}$ 和 $\lim\limits_{x\to+\infty} \mathrm{e}^{-x}$.

解 由图 1-6 可知

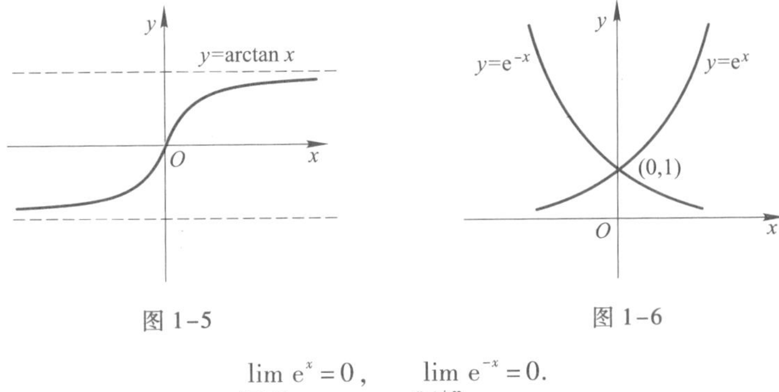

图 1-5　　图 1-6

$$\lim_{x\to-\infty} \mathrm{e}^{x}=0, \quad \lim_{x\to+\infty} \mathrm{e}^{-x}=0.$$

2. 当 $n\to\infty$ 时，数列 $\{x_n\}$ 的极限

按函数定义，数列可以看作定义在正整数集上的函数，即

$$x_n=f(n),\ n\in \mathbf{N}.$$

数列的极限可以看作 $x\to+\infty$ 时，函数极限的特殊情况．不过，记号 $n\to\infty$ 表示自变量 n 以"跳跃"（只取正整数）的方式完成趋于无穷大的过程．这样可以自然地给出下面的定义.

定义 4 如果当 $n\to\infty$ 时，数列 $\{x_n\}$ 无限接近于一个确定的常数 A，则称 A 为数列 $\{x_n\}$ **的极限**，记为

$$\lim_{n\to\infty} x_n=A \text{（或者当 } n\to\infty \text{ 时，} x_n\to A\text{）}.$$

数列极限的数学定义

例 2 观察下列数列的变化趋势，写出它们的极限：

(1) $\{x_n\}=\left\{\dfrac{1}{n}\right\}$；　　(2) $\{x_n\}=\left\{\dfrac{1}{2^n}\right\}$；

(3) $\{x_n\}=\left\{\dfrac{n-1}{n+1}\right\}$；　　(4) $\{x_n\}=\{C\}$（C 为常数）.

解 通过表 1-2 中列出的有限项，分析以后各项随 n 增大而变化的特点，考察当 $n\to\infty$ 时，各数列的变化趋势.

表 1-2

n	1	2	3	4	5	…	$\to\infty$
$x_n=\dfrac{1}{n}$	1	$\dfrac{1}{2}$	$\dfrac{1}{3}$	$\dfrac{1}{4}$	$\dfrac{1}{5}$	…	$\to 0$
$x_n=\dfrac{1}{2^n}$	$\dfrac{1}{2}$	$\dfrac{1}{4}$	$\dfrac{1}{8}$	$\dfrac{1}{16}$	$\dfrac{1}{32}$	…	$\to 0$
$x_n=\dfrac{n-1}{n+1}$	0	$\dfrac{1}{3}$	$\dfrac{1}{2}$	$\dfrac{3}{5}$	$\dfrac{2}{3}$	…	$\to 1$
$x_n=C$	C	C	C	C	C	…	$\to C$

由表 1-2 可以看出：

(1) $\lim\limits_{n\to\infty}\dfrac{1}{n}=0$；　　(2) $\lim\limits_{n\to\infty}\dfrac{1}{2^n}=0$；

(3) $\lim\limits_{n\to\infty}\dfrac{n-1}{n+1}=1$；　　(4) $\lim\limits_{n\to\infty}C=C$.

但有些数列的极限是不存在的. 例如，数列 $\{x_n\}=\{n^2\}$，当 $n\to\infty$ 时，x_n 也无限增大，不能无限接近于一个确定的常数；又如，$\{x_n\}=\{(-1)^n\}$，当 $n\to\infty$ 时，x_n 在 1 与 -1 两个数上来回跳动，也不能无限接近于一个确定的常数. 根据数列极限的定义，它们的极限都不存在.

3. 当 $x\to x_0$ 时，函数 $f(x)$ 的极限

看下面的例子. 当 $x\to1$ 时，函数 $f(x)=x+1$ 无限接近于 2（如图 1-7）；当 $x\to1$ 时，$g(x)=\dfrac{x^2-1}{x-1}$ 也无限接近于 2（如图 1-8）. 但函数 $f(x)=x+1$ 与 $g(x)=\dfrac{x^2-1}{x-1}$ 是两个不同的函数，前者在 $x=1$ 处有定义，后者在 $x=1$ 处无定义. 这就是说，当 $x\to1$ 时，$f(x)$，$g(x)$ 的极限是否存在与其在 $x=1$ 处是否有定义无关.

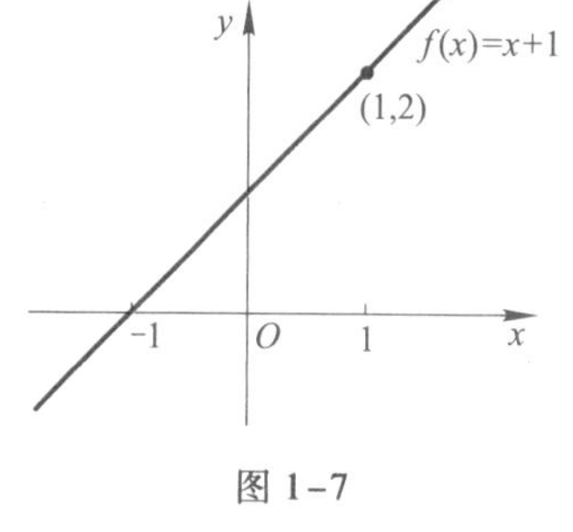

图 1-7

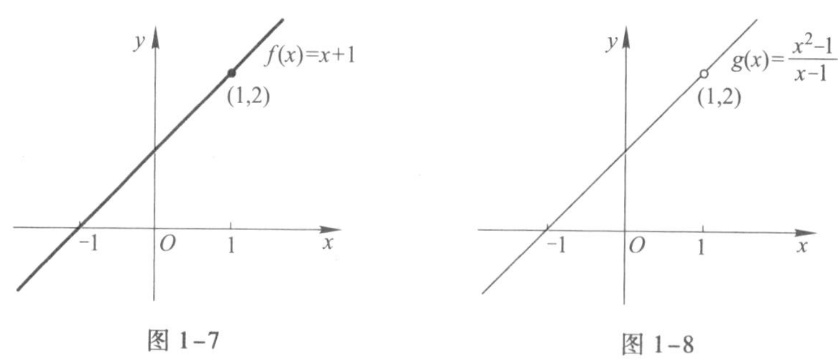

图 1-8

函数在 x_0 点的极限的数学定义

定义 5 如果函数 $f(x)$ 在点 x_0 的某一去心邻域①内有定义，当 x 无限接近于定值 x_0，即 $x\to x_0$（x 可以不等于 x_0）时，函数 $f(x)$ 无限接近于一个确定的常数 A，那么就称 A 为**函数 $f(x)$ 当 $x\to x_0$ 时的极限**，记为

$$\lim_{x\to x_0}f(x)=A \text{（或当 } x\to x_0 \text{ 时，} f(x)\to A\text{）.}$$

由定义 5 可知，

$$\lim_{x\to1}(x+1)=2,\quad \lim_{x\to1}\frac{x^2-1}{x-1}=2,\quad \lim_{x\to x_0}C=C,\quad \lim_{x\to x_0}x=x_0.$$

---

① 设 $\delta>0$，开区间 $(x_0-\delta,\ x_0+\delta)$ 称为以 x_0 为中心、以 δ 为半径的 δ 邻域，它表示与点 x_0 距离小于 δ 的一切点 x 的全体. δ 邻域中去掉中心点 x_0 后，称为点 x_0 的去心 δ 邻域.

1.2.2 左极限与右极限

函数在x_0点的极限

1. 左极限与右极限

上面讨论的当 $x\to x_0$ 时函数 $f(x)$ 的极限，其中 x 是以任意方式趋近于 x_0 的，但有时只能或只需讨论 x 从 x_0 的左侧无限趋近于 x_0（记为 $x\to x_0^-$），或从 x_0 的右侧无限趋近于 x_0（记为 $x\to x_0^+$）时函数的变化趋势，对此，给出下面的定义.

定义 6 设函数 $f(x)$ 在点 x_0 的左邻域 $(x_0-\delta, x_0)$ 内有定义. 如果当 $x\to x_0^-$ 时，函数$f(x)$无限接近于一个确定的常数 A，那么就称 A 为函数 $f(x)$ 当 $x\to x_0$ 时的**左极限**，记为

$$\lim_{x\to x_0^-} f(x)=A.$$

同理，设函数 $f(x)$ 在点 x_0 的右邻域 $(x_0, x_0+\delta)$ 内有定义. 如果当 $x\to x_0^+$ 时，函数$f(x)$无限接近于一个确定的常数 A，那么就称 A 为函数 $f(x)$ 当 $x\to x_0$ 时的**右极限**，记为

$$\lim_{x\to x_0^+} f(x)=A.$$

左、右极限统称为**单侧极限**.

2. 极限存在的充要条件

函数 $f(x)$ 在 x_0 处极限存在的充要条件为 $f(x)$ 在 x_0 处的左、右极限存在且相等，即

$$\lim_{x\to x_0} f(x)=A \Leftrightarrow \lim_{x\to x_0^+} f(x)=\lim_{x\to x_0^-} f(x)=A.$$

例 3 判断$\lim\limits_{x\to 0} e^{\frac{1}{x}}$是否存在.

解 当 $x>0$ 趋近于 0 时，$\dfrac{1}{x}$趋于$+\infty$，$e^{\frac{1}{x}}\to+\infty$，即 $\lim\limits_{x\to 0^+} e^{\frac{1}{x}}=+\infty$；当$x<0$趋近于0时，$\dfrac{1}{x}$趋近于$-\infty$，故 $e^{\frac{1}{x}}\to 0$，即$\lim\limits_{x\to 0^-} e^{\frac{1}{x}}=0$. 因此，左极限存在，而右极限不存在，由充分必要条件可知$\lim\limits_{x\to 0} e^{\frac{1}{x}}$不存在.

例 4 讨论函数 $f(x)=\begin{cases} x+1, & x<0, \\ x^2, & 0\leqslant x\leqslant 1, \\ 1, & x>1 \end{cases}$ 在 $x=0$ 和 $x=1$ 处的极限情况.

解 因为

$$\lim_{x\to 0^-} f(x)=\lim_{x\to 0^-}(x+1)=1, \quad \lim_{x\to 0^+} f(x)=\lim_{x\to 0^+} x^2=0,$$

所以$\lim\limits_{x\to 0} f(x)$ 不存在；又因为

$$\lim_{x\to 1^-} f(x)=\lim_{x\to 1^-} x^2=1, \quad \lim_{x\to 1^+} f(x)=\lim_{x\to 1^+} 1=1,$$

所以$\lim\limits_{x\to 1}f(x)=1$.

微课1.2.3 无穷小量

1.2.3 无穷小量与无穷大量

1. 无穷小量的概念

定义7 若函数$f(x)$在x的某种变化趋势下以零为极限，则称函数$f(x)$为在x的这种变化趋势下的**无穷小量**，简称**无穷小**.

例如，函数$f(x)=x-x_0$，当$x\to x_0$时，$f(x)\to 0$，所以$f(x)=x-x_0$是当$x\to x_0$时的无穷小量. 再如，$f(x)=\frac{1}{2x}$，它是当$x\to\infty$时的无穷小量. 而$f(x)=a^x$ $(a>1)$是当$x\to-\infty$时的无穷小量.

注

(1) 无穷小量是一个变量，不能把它与绝对值很小的常数或是负无穷大的量混为一谈. 常数中，只有零是无穷小量，因为它的极限为零.

(2) 不能笼统地说某个函数是无穷小量，必须指出x的变化趋势. 因为无穷小量是与x的变化趋势相联系的. 在某个变化趋势下的无穷小量，在其他变化趋势下则不一定是无穷小量. 例如，当$x\to\infty$时，$\frac{1}{x}$是无穷小量，而当$x\to 1$时，$\frac{1}{x}$就不是无穷小量.

2. 函数极限与无穷小的关系

一般地，函数、函数的极限与无穷小三者之间具有如下的关系：

定理1 具有极限的函数等于它的极限与一个无穷小之和；反之，如果函数可以表示为常数与无穷小之和，那么该常数就是这个函数的极限. 即

$$\lim_{\substack{x\to x_0\\(x\to\infty)}}f(x)=A\Leftrightarrow f(x)=A+\alpha,$$ 其中α为$x\to x_0$（或$x\to\infty$）时的无穷小.

3. 无穷小的性质

性质1 有限个无穷小量（自变量同一变化趋势下）的代数和仍然是无穷小量.

性质2 有界函数与无穷小量的乘积仍然是无穷小量.

性质3 有限个无穷小量（自变量同一变化趋势下）之积为无穷小量.

推论 常数与无穷小量之积为无穷小量.

例5 求极限$\lim\limits_{x\to\infty}\frac{\cos x}{x}$.

无穷大量

解 因为

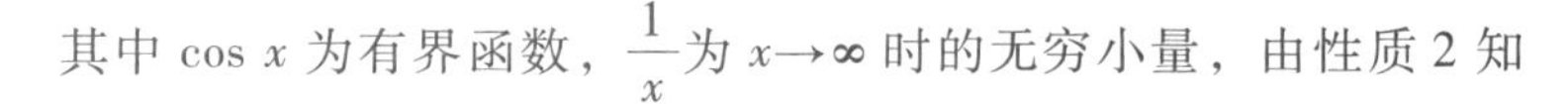

$$\frac{\cos x}{x}=\frac{1}{x}\cos x,$$

其中 $\cos x$ 为有界函数，$\frac{1}{x}$为 $x\to\infty$ 时的无穷小量，由性质 2 知

$$\lim_{x\to\infty}\frac{\cos x}{x}=0.$$

4. 无穷大量

定义 8 若函数 $y=f(x)$ 的绝对值 $|f(x)|$ 在 x 的某种变化趋势下无限增大，则称 $y=f(x)$ 为在这种变化趋势下的**无穷大量**，简称**无穷大**. 当 $x\to x_0$ 时，$f(x)$ 为无穷大量，记作 $\lim\limits_{x\to x_0}f(x)=\infty$；当 $x\to\infty$ 时，$f(x)$ 为无穷大量，记作 $\lim\limits_{x\to\infty}f(x)=\infty$.

例如，$\lim\limits_{x\to 1}\frac{1}{x-1}=\infty$，$\lim\limits_{x\to\infty}x^3=\infty$.

有时无穷大量具有确定的符号. 若在 x 的某种变化趋势下，$f(x)$ 恒正地无限增大，或者恒负地绝对值无限增大，则称 $f(x)$ 为在这种变化趋势下的**正无穷大**或者**负无穷大**，分别记为

$$\lim_{\substack{x\to x_0\\(x\to\infty)}}f(x)=+\infty,\qquad \lim_{\substack{x\to x_0\\(x\to\infty)}}f(x)=-\infty.$$

例如，$\lim\limits_{x\to\infty}x^2=+\infty$，$\lim\limits_{x\to\infty}(-x^2)=-\infty$，等等.

注

（1）无穷大量不是一个很大的数，它是一个变化的量.

（2）函数在自变量的某种变化趋势中绝对值越来越大且可以无限增大时，才能称为无穷大量. 例如，当 $x\to\infty$ 时，$f(x)=x\sin x$ 的绝对值可以无限增大但不是越来越大，所以不是无穷大量（如图 1-9 所示）.

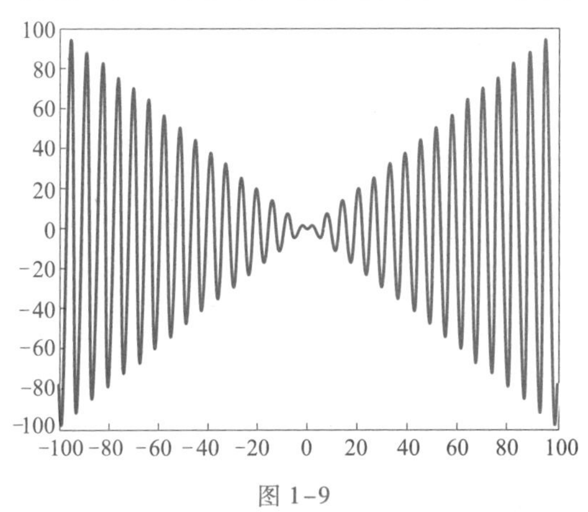

图 1-9

（3）说一个函数是无穷大量，必须同时指出其自变量 x 的变化趋势.

5. **无穷小量与无穷大量的关系**

当 $x\to0$ 时，x^3 是无穷小量，$\frac{1}{x^3}$是无穷大量，这说明无穷小量和无穷大量存在倒数关系.

定理2 在自变量的相同变化趋势下，若 $\lim f(x)=\infty$，则 $\lim\frac{1}{f(x)}=0$. 反之，设 $f(x)\neq0$，若 $\lim f(x)=0$，则 $\lim\frac{1}{f(x)}=\infty$.（$\lim f(x)$ 只是个笼统的记号，具体函数的极限要标明 x 的具体趋向.）

例6 求$\lim\limits_{x\to1}\frac{x^2-3}{x^2-5x+4}$.

解 由于$\lim\limits_{x\to1}\frac{x^2-5x+4}{x^2-3}=0$，即 $x\to1$ 时，$\frac{x^2-5x+4}{x^2-3}$为无穷小量，根据无穷大量与无穷小量的关系可知：当 $x\to1$ 时，$\frac{x^2-3}{x^2-5x+4}$为无穷大量，即$\lim\limits_{x\to1}\frac{x^2-3}{x^2-5x+4}=\infty$.

例7 计算$\lim\limits_{x\to0^+}2^{-\frac{1}{x}}$.

解 因为$\lim\limits_{x\to0^+}\frac{1}{x}=+\infty$，所以$\lim\limits_{x\to0^+}2^{\frac{1}{x}}=+\infty$，由于 $2^{-\frac{1}{x}}=\frac{1}{2^{\frac{1}{x}}}$，因此由无穷大量与无穷小量的关系知$\lim\limits_{x\to0^+}2^{-\frac{1}{x}}=0$.

微课1.2.5

函数极限的性质

1.2.4 极限的性质

以上讨论了函数极限的各种情形，并把数列的极限作为函数极限的特殊情况给出. 它们描述的问题是：自变量在某一变化的趋势下，函数值无限逼近某个常数. 因此，它们有一系列的共性，下面以 $x\to x_0$ 的情形为例给出函数极限的性质.

性质1（唯一性） 若$\lim\limits_{x\to x_0}f(x)=A$，$\lim\limits_{x\to x_0}f(x)=B$，则 $A=B$.

性质2（有界性） 若$\lim\limits_{x\to x_0}f(x)=A$，则在 x_0 的某一去心邻域内 $f(x)$ 有界.

性质3（保号性） 若$\lim\limits_{x\to x_0}f(x)=A$，且 $A>0$（或 $A<0$），则在 x_0 的某一去心邻域内$f(x)>0$（或 $f(x)<0$）.

推论 若在 x_0 的某一去心邻域内，$f(x)\geqslant0$（或 $f(x)\leqslant0$），且$\lim\limits_{x\to x_0}f(x)=A$，则$A\geqslant0$（或 $A\leqslant0$）.

性质4（夹逼准则） 若在 x_0 的某一去心邻域内，有

$$g(x)\leqslant f(x)\leqslant h(x)，且\lim_{x\to x_0}g(x)=\lim_{x\to x_0}h(x)=A，$$

则$\lim\limits_{x\to x_0}f(x)=A$.

从直观上看，该准则是显然的. 当 $x\to x_0$ 时，函数 $g(x)$，$h(x)$ 的值无限逼近常数 A，而夹在函数 $g(x)$ 与 $h(x)$ 之间的 $f(x)$ 的值也无限逼近于常数 A，即 $\lim\limits_{x\to x_0}f(x)=A$. 对于极限的上述 4 个性质，若把 $x\to x_0$ 换成自变量 x 的其他变化趋势，有类似的结论成立.

练习题 1.2

(A)

1. 指出下列变量中，哪些是无穷小量，哪些是无穷大量.

(1) $\ln x$，当 $x\to1$ 时；(2) $e^{\frac{1}{x}}$，当 $x\to0^+$ 时；

(3) e^x，当 $x\to-\infty$ 时；(4) $\dfrac{1+2x}{x^2}$，当 $x\to0$ 时；

(5) $\ln|x|$，当 $x\to0$ 时；(6) $1-\cos x$，当 $x\to0$ 时.

2. 判断下列叙述是否正确，并说明理由：

(1) 无穷小量是一个很小的数；

(2) 无穷小量是 0；

(3) 无穷小量是以 0 为极限的变量.

3. 利用无穷小量的性质，计算下列极限：

(1) $\lim\limits_{x\to\infty}\dfrac{\sin x}{x}$；(2) $\lim\limits_{x\to0}\dfrac{x^2\cos x}{1+e^x}$；

(3) $\lim\limits_{x\to0}x\arcsin x$；(4) $\lim\limits_{x\to-\infty}\left(\dfrac{1}{x^2}+e^x\right)$.

4. 设 $f(x)=\begin{cases}-\dfrac{1}{x-1}, & x<0,\\ 0, & x=0,\\ x, & x>0,\end{cases}$ 求 $f(x)$ 当 $x\to0$ 时的左、右极限，并说明 $f(x)$ 在点 $x=0$ 处的极限是否存在.

(B)

1. 求 $\lim\limits_{x\to0^-}e^{\frac{1}{x}}$.

2. 求下列极限：

(1) $\lim\limits_{n\to\infty}\left(\dfrac{1+2+\cdots+n}{n+2}-\dfrac{n}{2}\right)$；(2) $\lim\limits_{n\to\infty}\dfrac{2^n+1}{4^n-1}$.

3. 设 $f(x)=\begin{cases}x^2+2x-1, & x\leqslant1,\\ x, & 1<x<2,\\ 2x-2, & x\geqslant2,\end{cases}$ 求 $\lim\limits_{x\to-5}f(x)$，$\lim\limits_{x\to1}f(x)$，$\lim\limits_{x\to2}f(x)$，$\lim\limits_{x\to3}f(x)$.

1.3 极限的运算

利用函数极限的定义只能计算一些较简单的函数的极限，而实际问题中的函数却要复杂得多. 本节将介绍极限的运算法则，它是本课程的基本运算之一，包含的类型多，方法技巧性强，应多做练习.

微课1.3.1

极限的四则运算法则的例题

1.3.1 极限的四则运算法则

定理 1 若函数 $f(x)$ 与 $g(x)$ 在 $x\to x_0$（或 $x\to\infty$）时都存在极限，则它们的和、差、积、商（当分母的极限不为零时）在 $x\to x_0$（或 $x\to\infty$）时也存在极限，且

（1）$\lim[f(x)\pm g(x)]=\lim f(x)\pm\lim g(x)$；

（2）$\lim[f(x)\cdot g(x)]=\lim f(x)\cdot\lim g(x)$；

（3）$\lim\dfrac{f(x)}{g(x)}=\dfrac{\lim f(x)}{\lim g(x)}$ $(\lim g(x)\neq 0)$.

推论 1 常数可以提到极限号前，即

$$\lim Cf(x)=C\lim f(x).$$

推论 2 若 $\lim f(x)=A$，且 m 为正整数，则

$$\lim[f(x)]^m=[\lim f(x)]^m=A^m.$$

特别地，有

$$\lim_{x\to x_0}x^m=(\lim_{x\to x_0}x)^m=x_0^m.$$

例 1 求$\lim\limits_{x\to 1}(x^2+8x-7)$.

解 由定理 1 及其推论，可得

$$\lim_{x\to 1}(x^2+8x-7)=\lim_{x\to 1}x^2+\lim_{x\to 1}8x-\lim_{x\to 1}7=(\lim_{x\to 1}x)^2+8\lim_{x\to 1}x-\lim_{x\to 1}7,$$

由于$\lim\limits_{x\to 1}x=1$，$\lim\limits_{x\to 1}7=7$，所以

$$\lim_{x\to 1}(x^2+8x-7)=1^2+8\cdot 1-7=2.$$

一般地，多项式函数在 x_0 处的极限等于该函数在 x_0 处的函数值，即

$$\lim_{x\to x_0}(a_nx^n+a_{n-1}x^{n-1}+\cdots+a_1x+a_0)=a_nx_0^n+a_{n-1}x_0^{n-1}+\cdots+a_1x_0+a_0.$$

对于有理分式函数$\dfrac{p(x)}{q(x)}$（其中 $p(x)$，$q(x)$ 为多项式函数），其极限分为下列几种类型：

（1）分式的分子、分母的极限都存在，且极限均不为 0，此类题目的解根据

有关定理和运算法则即可得出.

例 2 求$\lim\limits_{x\to-1}\dfrac{4x^2-3x+1}{2x^2-6x+4}$.

解 $\lim\limits_{x\to-1}\dfrac{4x^2-3x+1}{2x^2-6x+4}=\dfrac{\lim\limits_{x\to-1}(4x^2-3x+1)}{\lim\limits_{x\to-1}(2x^2-6x+4)}=\dfrac{4(-1)^2-3(-1)+1}{2(-1)^2-6(-1)+4}=\dfrac{2}{3}$.

(2) 分子极限为零，分母极限不为零，此类极限为零.

(3) 分子极限不为零，分母极限为零，不能直接运用商的极限运算法则，一般做法是先计算其倒数的极限，再运用无穷大量与无穷小量的关系得到其极限为∞.

(4) 分式的分子、分母极限皆为零，称为“$\dfrac{0}{0}$”型，不能直接运用商的极限运算法则，一般做法是先将分子、分母因式分解，然后消去分子、分母公共的无穷小量因子，再计算极限值.

例 3 求$\lim\limits_{x\to2}\dfrac{x^2-3x+2}{x^2-x-2}$.

解 $\lim\limits_{x\to2}\dfrac{x^2-3x+2}{x^2-x-2}=\lim\limits_{x\to2}\dfrac{(x-1)(x-2)}{(x+1)(x-2)}=\dfrac{\lim\limits_{x\to2}(x-1)}{\lim\limits_{x\to2}(x+1)}=\dfrac{1}{3}$.

(5) 分子、分母极限都趋于无穷大，称为“$\dfrac{\infty}{\infty}$”型，方法是分子、分母同时除以 x 的最高次幂.

例 4 计算$\lim\limits_{n\to\infty}\dfrac{3n^2-5n+1}{6n^2-4n-7}$.

解 $\lim\limits_{n\to\infty}\dfrac{3n^2-5n+1}{6n^2-4n-7}=\lim\limits_{n\to\infty}\dfrac{3-5\cdot\dfrac{1}{n}+\dfrac{1}{n^2}}{6-4\cdot\dfrac{1}{n}-7\cdot\dfrac{1}{n^2}}=\dfrac{3-0+0}{6-0-0}=\dfrac{1}{2}$.

例 5 求下列极限：

(1) $\lim\limits_{x\to\infty}\dfrac{1-x-3x^3}{1+x^2+4x^3}$； (2) $\lim\limits_{x\to\infty}\dfrac{3x^2-2x-1}{x^3-x^2+2}$；

(3) $\lim\limits_{x\to\infty}\dfrac{2x^3+x^2-5}{x^2-3x+1}$.

解 (1) $\lim\limits_{x\to\infty}\dfrac{1-x-3x^3}{1+x^2+4x^3}=\lim\limits_{x\to\infty}\dfrac{\dfrac{1}{x^3}-\dfrac{1}{x^2}-3}{\dfrac{1}{x^3}+\dfrac{1}{x}+4}=-\dfrac{3}{4}$.

(2) $\lim\limits_{x\to\infty}\dfrac{3x^2-2x-1}{x^3-x^2+2}=\lim\limits_{x\to\infty}\dfrac{\dfrac{3}{x}-\dfrac{2}{x^2}-\dfrac{1}{x^3}}{1-\dfrac{1}{x}+\dfrac{2}{x^3}}=\dfrac{0}{1}=0$.

（3）先求$\lim\limits_{x\to\infty}\dfrac{x^2-3x+1}{2x^3+x^2-5}$，得

$$\lim_{x\to\infty}\frac{\dfrac{1}{x}-\dfrac{3}{x^2}+\dfrac{1}{x^3}}{2+\dfrac{1}{x}-\dfrac{5}{x^3}}=\frac{0}{2}=0,$$

故由无穷小与无穷大的关系知，原极限

$$\lim_{x\to\infty}\frac{2x^3+x^2-5}{x^2-3x+1}=\infty.$$

用同样方法，可得如下结论：

若$a_n\neq 0$，$b_m\neq 0$，m，n为正整数，则

$$\lim_{x\to\infty}\frac{a_nx^n+a_{n-1}x^{n-1}+\cdots+a_1x+a_0}{b_mx^m+b_{m-1}x^{m-1}+\cdots+b_1x+b_0}=\begin{cases}\dfrac{a_m}{b_m}, & m=n,\\ 0, & m>n,\\ \infty, & m<n.\end{cases}$$

例6 计算下列极限：

（1）$\lim\limits_{x\to 2}\left(\dfrac{x}{x^2-4}-\dfrac{1}{x-2}\right)$；　　（2）$\lim\limits_{x\to 0}\dfrac{\sqrt{1+x}-1}{x}$；

（3）$\lim\limits_{x\to+\infty}\dfrac{x\cos x}{\sqrt{1+x^3}}$.

解（1）当$x\to 2$时，两个分式的极限均为∞（呈现“$\infty-\infty$”型），这时，可以先通分再求极限.

$$\lim_{x\to 2}\left(\frac{x}{x^2-4}-\frac{1}{x-2}\right)=\lim_{x\to 2}\frac{-2}{x^2-4}=\infty.$$

（2）当$x\to 0$时，分子、分母的极限均为零（呈现“$\dfrac{0}{0}$”型），不能直接用商的极限运算法则，这时，可先对分子进行有理化，然后再求极限.

$$\lim_{x\to 0}\frac{\sqrt{1+x}-1}{x}=\lim_{x\to 0}\frac{(\sqrt{1+x}-1)(\sqrt{1+x}+1)}{x(\sqrt{1+x}+1)}$$

$$=\lim_{x\to 0}\frac{x}{x(\sqrt{1+x}+1)}=\lim_{x\to 0}\frac{1}{\sqrt{1+x}+1}=\frac{1}{2}.$$

（3）因为当$x\to\infty$时，分子$x\cos x$的极限不存在，故不能直接用极限运算法则进行计算. 注意到$\cos x$有界（因为$|\cos x|\leqslant 1$），又

$$\lim_{x\to+\infty}\frac{x}{\sqrt{1+x^3}}=\lim_{x\to+\infty}\frac{x}{x\sqrt{\dfrac{1}{x^2}+x}}=0,$$

根据有界函数乘无穷小的性质，得

$$\lim_{x\to+\infty}\frac{x\cos x}{\sqrt{1+x^3}}=\lim_{x\to+\infty}\left(\cos x\cdot\frac{x}{\sqrt{1+x^3}}\right)=0.$$

例 7 求极限$\lim\limits_{n\to\infty}\dfrac{1+2+\cdots+n}{n^2}$.

解 由 $1+2+\cdots+n=\dfrac{n(n+1)}{2}$知

$$\lim_{n\to\infty}\frac{1+2+\cdots+n}{n^2}=\lim_{n\to\infty}\frac{n+1}{2n}=\frac{1}{2}.$$

1.3.2 两个重要极限

微课1.3.2

第一个重要极限

1. 第一个重要极限$\lim\limits_{x\to0}\dfrac{\sin x}{x}=1$

先列表考察当$|x|\to0$时，函数$\dfrac{\sin x}{x}$的变化趋势（表 1-3）：

表 1-3

x	±0. 5	±0. 1	±0. 01	±0. 001	±0. 000 1	…	→0
$\dfrac{\sin x}{x}$	0. 958 851	0. 998 334	0. 998 334	0. 999 999	0. 999 999	…	→1

由表 1-3 可以看出，不管$x\to0^+$还是$x\to0^-$，函数$\dfrac{\sin x}{x}$都无限接近于一个确定的常数 1，可以证明

$$\lim_{x\to0}\frac{\sin x}{x}=1.$$

知识拓展1.3.1

第一个重要极限的证明

例 8 计算$\lim\limits_{x\to0}\dfrac{\tan x}{x}$.

解 $\lim\limits_{x\to0}\dfrac{\tan x}{x}=\lim\limits_{x\to0}\left(\dfrac{\sin x}{x}\cdot\dfrac{1}{\cos x}\right)=\lim\limits_{x\to0}\dfrac{\sin x}{x}\cdot\lim\limits_{x\to0}\dfrac{1}{\cos x}=1.$

注

此结果可作为公式使用，即

$$\lim_{x\to0}\frac{\tan x}{x}=1.$$

例 9 计算$\lim\limits_{x\to0}\dfrac{\sin 5x}{3x}$.

解

$$\lim_{x\to0}\frac{\sin 5x}{3x}=\lim_{x\to0}\left(\frac{\sin 5x}{5x}\cdot\frac{5}{3}\right)=\frac{5}{3}.$$

例 10 计算$\lim\limits_{x\to 0}\frac{\sin 3x-\sin x}{x}$.

解

$$\lim_{x\to 0}\frac{\sin 3x-\sin x}{x}=\lim_{x\to 0}\left(\frac{\sin 3x}{x}-\frac{\sin x}{x}\right)=3-1=2.$$

例 11 计算$\lim\limits_{x\to 0}\frac{\tan 3x-\sin 7x}{\tan 2x}$.

解

$$\lim_{x\to 0}\frac{\tan 3x-\sin 7x}{\tan 2x}=\lim_{x\to 0}\left(\frac{\tan 3x}{\tan 2x}-\frac{\sin 7x}{\tan 2x}\right)=\frac{3}{2}-\frac{7}{2}=-2.$$

例 12 计算$\lim\limits_{x\to 0}\frac{1-\cos x}{x^2}$.

解

$$\lim_{x\to 0}\frac{1-\cos x}{x^2}=\lim_{x\to 0}\frac{2\sin^2\frac{x}{2}}{x^2}=\lim_{x\to 0}\left[\frac{1}{2}\cdot\left(\frac{\sin\frac{x}{2}}{\frac{x}{2}}\right)^2\right]$$

$$=\frac{1}{2}\lim_{x\to 0}\left(\frac{\sin\frac{x}{2}}{\frac{x}{2}}\right)^2=\frac{1}{2}\cdot 1=\frac{1}{2}.$$

第二个重要极限

2. **第二个重要极限**$\lim\limits_{x\to\infty}\left(1+\frac{1}{x}\right)^x=\mathrm{e}$

数 e 是一个无理数，其前八位有效数字是 $\mathrm{e}=2.718\ 281\ 8\cdots$. 下面列表考察当$x\to\infty$时，函数$\left(1+\frac{1}{x}\right)^x$的变化趋势（表 1-4）.

表 1-4

x	1	2	3	4	5	6	10	100	1 000	10 000	…	$\to\infty$
$\left(1+\frac{1}{x}\right)^x$	2	2.25	2.37	2.441	2.488	2.522	2.594	2.705	2.717	2.718	…	$\to$2.718 281 8…

从上表可以看出，当 $x\to\infty$ 时，函数$\left(1+\frac{1}{x}\right)^x$的对应值无限接近于 $\mathrm{e}=2.718\ 281\ 8\cdots$，事实上可以证明

$$\lim_{x\to\infty}\left(1+\frac{1}{x}\right)^x=\mathrm{e}.$$

另外

$$\lim_{x\to 0}(1+x)^{\frac{1}{x}}=\mathrm{e}.$$

例 13 计算$\lim\limits_{x\to\infty}\left(1+\frac{1}{x}\right)^{\frac{x}{2}}$.

解

$$\lim_{x\to\infty}\left(1+\frac{1}{x}\right)^{\frac{x}{2}}=\lim_{x\to\infty}\left[\left(1+\frac{1}{x}\right)^x\right]^{\frac{1}{2}}=\left[\lim_{x\to\infty}\left(1+\frac{1}{x}\right)^x\right]^{\frac{1}{2}}=\mathrm{e}^{\frac{1}{2}}.$$

例 14 计算$\lim\limits_{x\to 0}(1-x)^{\frac{2}{x}}$.

解 令 $u=-x$，则

$$\lim_{x\to 0}(1-x)^{\frac{2}{x}}=\lim_{u\to 0}(1+u)^{-\frac{2}{u}}=\lim_{u\to 0}\frac{1}{\left[(1+u)^{\frac{1}{u}}\right]^2}=\frac{1}{e^2}.$$

例 15 计算$\lim\limits_{x\to\infty}\left(\frac{2-x}{3-x}\right)^{x+2}$.

解

$$\frac{2-x}{3-x}=\frac{3-x-1}{3-x}=1+\frac{1}{x-3},$$

令 $u=x-3$，$x\to\infty$，$u\to\infty$，则

$$\lim_{x\to\infty}\left(\frac{2-x}{3-x}\right)^{x+2}=\lim_{u\to\infty}\left(1+\frac{1}{u}\right)^{u+5}=\lim_{u\to\infty}\left[\left(1+\frac{1}{u}\right)^{u}\cdot\left(1+\frac{1}{u}\right)^{5}\right]=e\cdot 1=e.$$

1.3.3 无穷小的比较

已知有限个无穷小量的和、差、积依然是无穷小量. 但两个无穷小量的商是什么呢？当$x\to 0$时，x，x^2，$\sin x$，$x\sin\frac{1}{x}$都是无穷小，但是

$$\lim_{x\to 0}\frac{x^2}{x}=0,\ \lim_{x\to 0}\frac{x}{x^2}=\infty,\ \lim_{x\to 0}\frac{\sin x}{x}=1,\ \lim_{x\to 0}\frac{x\sin\frac{1}{x}}{x}$$

不存在. 以上不同的结果，反映了不同的无穷小趋于零的“快慢”程度的不同.

定义 设$\beta(x)$ 和 $\alpha(x)$ 为在自变量 x 有相同变化趋势下的两个无穷小量，且$\alpha(x)\neq 0$.

(1) 如果 $\lim\frac{\beta(x)}{\alpha(x)}=0$，则称$\beta(x)$ 是比 $\alpha(x)$ **高阶的无穷小**，记作$\beta(x)=o(\alpha(x))$；

(2) 如果 $\lim\frac{\beta(x)}{\alpha(x)}=\infty$，则称$\beta(x)$ 是比 $\alpha(x)$ **低阶的无穷小**；

(3) 如果 $\lim\frac{\beta(x)}{\alpha(x)}=c\neq 0$（$c$ 为常数），则称$\beta(x)$ 与 $\alpha(x)$ 是**同阶无穷小**. 特别地，当$c=1$时，称$\beta(x)$ 与 $\alpha(x)$ 是**等价无穷小**，记作 $\alpha(x)\sim\beta(x)$.

例如，因为

$$\lim_{x\to\infty}\frac{\frac{1}{x}}{\frac{1}{x^2}}=\infty,$$

所以当 $x\to\infty$ 时，$\frac{1}{x}$是比$\frac{1}{x^2}$低阶的无穷小，而$\frac{1}{x^2}$是比$\frac{1}{x}$高阶的无穷小；

无穷小的比较

因为

$$\lim_{x\to 2}\frac{x-2}{x^2-4}=\frac{1}{4},$$

所以当 $x\to 2$ 时，$x-2$ 与 x^2-4 是同阶无穷小；

因为

$$\lim_{x\to 0}\frac{\sin x}{x}=1,\quad \lim_{x\to 0}\frac{\tan x}{x}=1,$$

所以当 $x\to 0$ 时，x，$\sin x$，$\tan x$ 都是等价无穷小.

关于等价无穷小，有下面一个性质：

定理 2 设 $\alpha(x)$ 与 $\beta(x)$，$\alpha'(x)$ 与 $\beta'(x)$ 都是在自变量有相同变化趋势下的无穷小量，如果 $\alpha(x)\sim\alpha'(x)$，$\beta(x)\sim\beta'(x)$，且 $\lim\frac{\beta'(x)}{\alpha'(x)}$ 存在，则 $\lim\frac{\beta(x)}{\alpha(x)}$ 也存在，且

$$\lim\frac{\beta(x)}{\alpha(x)}=\lim\frac{\beta'(x)}{\alpha'(x)}.$$

这个性质表明，求两个无穷小之比的极限时，分子及分母都可用等价无穷小来代替. 因此，如果用来代替的无穷小选得适当的话，就可以使计算简化. 这样就提供了一种求极限的方法.

例 16 求 $\lim_{x\to 0}\frac{\sin 4x}{\tan 2x}$.

解 当 $x\to 0$ 时，$\sin 4x\sim 4x$，$\tan 2x\sim 2x$，所以

$$\lim_{x\to 0}\frac{\sin 4x}{\tan 2x}=\lim_{x\to 0}\frac{4x}{2x}=2.$$

例 17 求 $\lim_{x\to 0}\frac{x^2+5x}{\tan x}$.

解 当 $x\to 0$ 时，$\tan x\sim x$，所以

$$\lim_{x\to 0}\frac{x^2+5x}{\tan x}=\lim_{x\to 0}\frac{x^2+5x}{x}=5.$$

例 18 计算 $\lim_{x\to 0}\frac{\ln(1+x)}{x}$.

解 $\lim_{x\to 0}\frac{\ln(1+x)}{x}=\lim_{x\to 0}\ln(1+x)^{\frac{1}{x}}=1.$

可以证明以下几个常用的等价无穷小成立，利用等价无穷小替换法求极限时可以作为公式使用.

当 $x\to 0$ 时，$\sin x\sim x$，$\tan x\sim x$，$1-\cos x\sim\frac{x^2}{2}$，$\sqrt{1+x}-1\sim\frac{x}{2}$，$\sqrt[n]{1+x}-1\sim\frac{x}{n}$，$\ln(1+x)\sim x$，$e^x-1\sim x$.

练习题 1.3

(A)

1. 求下列极限：

(1) $\lim\limits_{x\to\infty}\dfrac{x^2-x+3}{2x^2+1}$；　(2) $\lim\limits_{x\to\infty}\dfrac{2x^2+x}{3x^4-x+1}$；

(3) $\lim\limits_{x\to\infty}\dfrac{x^5+x^2-x}{x^4-2x-1}$；　(4) $\lim\limits_{x\to\infty}\dfrac{(x-1)^4-1}{2x^4+1}$；

(5) $\lim\limits_{x\to\infty}\left(\dfrac{x^3}{2x^2-1}-\dfrac{x^2}{2x+1}\right)$；　(6) $\lim\limits_{n\to\infty}\left(1+\dfrac{1}{3}+\dfrac{1}{9}+\cdots+\dfrac{1}{3^n}\right)$.

2. 求下列极限：

(1) $\lim\limits_{x\to1}\dfrac{x^2+2x+5}{x^2+1}$；　(2) $\lim\limits_{x\to2}\dfrac{x^2-4x+1}{2x+1}$；

(3) $\lim\limits_{x\to2}\dfrac{x^2+5}{x-3}$；　(4) $\lim\limits_{x\to\frac{\pi}{4}}\dfrac{1+\sin 2x}{1-\cos 4x}$；

(5) $\lim\limits_{x\to0}\dfrac{4x^3-2x^2+x}{3x^2+2x}$；　(6) $\lim\limits_{x\to4}\dfrac{x^2-6x+8}{x^2-5x+4}$；

(7) $\lim\limits_{x\to1}\dfrac{x^2-2x+1}{x^3-x}$；　(8) $\lim\limits_{x\to1}\dfrac{x^4+2x^2-3}{x^2-3x+2}$.

3. 比较下列各题中无穷小量之间的关系（指出是低阶、同阶无穷小，等价无穷小，还是高阶无穷小）：

(1) x^3 与 $1\,000x^2$ $(x\to0)$；　(2) $\dfrac{1}{0.01x^3}$ 与 $\dfrac{1}{10\,000x^2+1\,000}$ $(x\to\infty)$；

(3) $1-\cos x$ 与 x^2 $(x\to0)$；　(4) $\tan x-\sin x$ 与 x $(x\to0)$.

4. 求下列极限：

(1) $\lim\limits_{x\to0}\dfrac{\tan kx}{x}$（$k$ 为非零常数）；　(2) $\lim\limits_{x\to0}\dfrac{\sin 3x}{\sin 2x}$；

(3) $\lim\limits_{x\to0}\dfrac{\tan x-\sin x}{x^3}$；　(4) $\lim\limits_{x\to1}\dfrac{\tan(x-1)}{x^2-1}$；

(5) $\lim\limits_{x\to0}x\cot 3x$；　(6) $\lim\limits_{x\to-1}\dfrac{x^3+1}{\sin(x+1)}$.

5. 求下列极限：

(1) $\lim\limits_{x\to0}(1-x)^{\frac{2}{x}}$；　(2) $\lim\limits_{x\to\infty}\left(1+\dfrac{1}{2x}\right)^x$；

(3) $\lim\limits_{x\to\infty}\left(\dfrac{x+1}{x-2}\right)^x$；　(4) $\lim\limits_{x\to\infty}\left(\dfrac{x}{1+x}\right)^x$；

(5) $\lim\limits_{x\to\infty}\left(\dfrac{3-2x}{1-2x}\right)^x$；　(6) $\lim\limits_{x\to\infty}\left(\dfrac{x^2-1}{x^2}\right)^x$.

(B)

1. 求下列极限：

(1) $\lim\limits_{x\to 1}\dfrac{x^2-3x+2}{x-1}$； (2) $\lim\limits_{x\to \infty}\dfrac{x^4-3x^3+1}{2x^4+5x^2-6}$；

(3) $\lim\limits_{x\to 2}\dfrac{2-\sqrt{x+2}}{2-x}$； (4) $\lim\limits_{x\to 2}\left(\dfrac{1}{x-2}-\dfrac{12}{x^3-8}\right)$.

2. 求下列极限：

(1) $\lim\limits_{x\to 0}\dfrac{\sin \omega x}{x}$； (2) $\lim\limits_{x\to 0}\dfrac{x-\sin x}{x+\sin x}$；

(3) $\lim\limits_{x\to \infty}\left(\dfrac{1+x}{x}\right)^{2x}$； (4) $\lim\limits_{x\to \infty}\left(\dfrac{3x+4}{3x-1}\right)^{x+1}$；

(5) $\lim\limits_{x\to 0}\dfrac{\tan x-\sin x}{1-\cos x}$； (6) $\lim\limits_{x\to 1}(1-x)\tan\dfrac{\pi x}{2}$.

3. 求下列极限：

(1) $\lim\limits_{x\to 0}\sqrt{x^2-2x+5}$； (2) $\lim\limits_{x\to \frac{\pi}{4}}(\sin 2x)^3$；

(3) $\lim\limits_{x\to \frac{\pi}{9}}\ln(2\cos 3x)$； (4) $\lim\limits_{x\to \frac{\pi}{4}}\dfrac{\sin 2x}{2\cos(\pi-x)}$.

4. 用等价无穷小代换，求下列极限：

(1) $\lim\limits_{x\to 0}\dfrac{1-\cos x}{x\sin x}$； (2) $\lim\limits_{x\to 0^+}\dfrac{\sin ax}{\sqrt{1-\cos x}}$ $(a\neq 0)$.

1.4 函数的连续性

在现实世界中，变量的变化有渐变与突变两种不同的形式. 例如，在火箭的发射过程中，一段时间内，火箭的质量随燃料的消耗而逐渐减小，是一个渐变的过程；但当燃料耗尽时，该级火箭的外壳突然脱落，这一瞬间火箭的质量就发生了突变.

对于变量这两种不同的变化形式，可通过极限的方法，用**连续**和**间断**来描述.

1.4.1 函数的连续与间断

1. 函数在某一点处连续

先介绍函数增量的概念.

设 x_0 是一个定点，当自变量从 x_0 变化到 x 时，称 $\Delta x=x-x_0$ 为**自变量的增量**.

与此同时，对应的函数值也由 $f(x_0)$ 变化到 $f(x_0+\Delta x)$，称 $\Delta y=f(x_0+\Delta x)-f(x_0)$ 为**函数的增量**．其几何意义如图 1-10 所示．

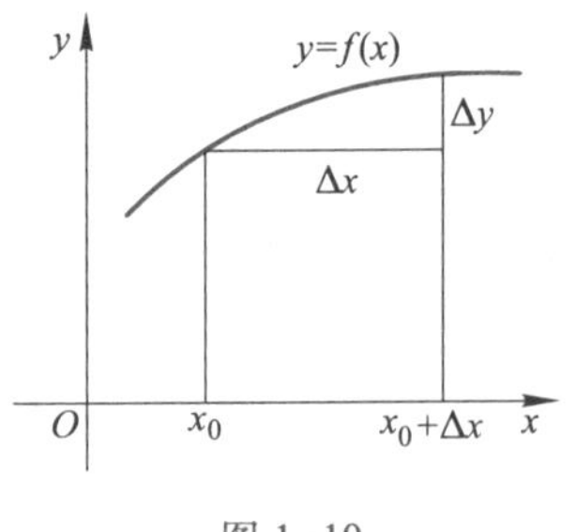

图 1-10

定义 1 设函数 $y=f(x)$ 在点 x_0 的某一邻域内有定义，如果当自变量 x 在点 x_0 处的增量 Δx 趋近于零时，函数 $y=f(x)$ 相应的增量 $\Delta y=f(x_0+\Delta x)-f(x_0)$ 也趋近于零，则称函数 $y=f(x)$ 在点 x_0 处**连续**，用极限来表示，就是

$$\lim_{\Delta x\to 0}\Delta y=0 \quad 或 \quad \lim_{\Delta x\to 0}[f(x_0+\Delta x)-f(x_0)]=0.$$

将 $\Delta x=x-x_0$ 变形，可得 $x=x_0+\Delta x$，则 $\lim\limits_{\Delta x\to 0}\Delta y=0$ 就是

$$\lim_{x\to x_0}f(x)=f(x_0).$$

因此 $y=f(x)$ 在点 x_0 处连续又可表达为：

定义 2 设函数 $y=f(x)$ 在点 x_0 的某一邻域内有定义，且

$$\lim_{x\to x_0}f(x)=f(x_0),$$

则称函数 $y=f(x)$ 在 x_0 处**连续**，称点 x_0 为函数 $y=f(x)$ 的**连续点**．

函数的连续

由定义 2 可知，函数 $y=f(x)$ 在点 x_0 处连续，必须同时满足以下三个条件：

（1）$f(x)$ 在点 x_0 的某一邻域内有定义；

（2）$\lim\limits_{x\to x_0}f(x)$ 存在；

（3）$\lim\limits_{x\to x_0}f(x)=f(x_0)$．

函数 $y=f(x)$ 在点 x_0 处连续的直观意义是：当自变量的增量很小时，函数的相应增量也很小．

若函数 $y=f(x)$ 在点 x_0 处有

$$\lim_{x\to x_0^-}f(x)=f(x_0) \quad 或 \quad \lim_{x\to x_0^+}f(x)=f(x_0),$$

则称函数 $y=f(x)$ 在点 x_0 处**左连续**或**右连续**．

2. 函数在某区间内连续

若函数 $y=f(x)$ 在开区间 (a,b) 内的各点处均连续，则称该函数**在开区间 (a,b) 内连续**；称函数 $y=f(x)$ **在闭区间 $[a,b]$ 上连续**，如果该函数除在开区间 (a,b) 内连续外，在左端点 a 处右连续，在右端点 b 处左连续．

3. 函数的间断与间断点

在实际生活中也存在着一类现象，如电流的断开、股市的变化等，会在某些点上出现不连续的情形．对照连续的定义，给出函数间断的定义．

定义 3 若函数 $y=f(x)$ 在 x_0 处连续的三个条件

(1) $f(x)$ 在点 x_0 的某一邻域内有定义；

(2) $\lim\limits_{x \to x_0} f(x)$ 存在；

(3) $\lim\limits_{x \to x_0} f(x) = f(x_0)$

中至少有一个不满足，则称函数 $y=f(x)$ 在点 x_0 处**不连续**或**间断**，点 x_0 称为函数 $y=f(x)$ 的**不连续点**或**间断点**.

函数的间断

4. 函数的间断点的分类

通常，函数的间断点分为两类：

设 x_0 为 $f(x)$ 的一个间断点，如果当 $x \to x_0$ 时，$f(x)$ 的左、右极限都存在，则称 x_0 为 $f(x)$ 的**第一类间断点**；否则，称 x_0 为 $f(x)$ 的**第二类间断点**.

第一类间断点还可以分为

(1) 当 $\lim\limits_{x \to x_0^-} f(x)$ 与 $\lim\limits_{x \to x_0^+} f(x)$ 均存在，但不相等时，称 x_0 为 $f(x)$ 的**跳跃间断点**；

(2) 当 $\lim\limits_{x \to x_0} f(x)$ 存在，但不等于 $f(x)$ 在 x_0 处的函数值或者 $f(x)$ 在 x_0 处没有定义时，称 x_0 为 $f(x)$ 的**可去间断点**.

证明函数 $y=f(x)$ 在点 x_0 处连续，通常是证明

$$\lim_{x \to x_0} f(x) = f(x_0) \quad \text{或} \quad \lim_{\Delta x \to 0} \Delta y = 0.$$

若函数 $y=f(x)$ 为分段函数，且 x_0 为分段点，则 $f(x)$ 在点 x_0 处的连续性一般通过考察它在点 x_0 处的左、右连续性来确定.

例 1 判断函数 $f(x)=\begin{cases} x\sin\dfrac{1}{x}, & x \neq 0, \\ 0, & x=0 \end{cases}$ 在点 $x=0$ 处的连续性.

解 因为

$$\lim_{x \to 0} f(x) = \lim_{x \to 0} x\sin\frac{1}{x} = 0 = f(0),$$

所以 $f(x)$ 在 $x=0$ 处连续.

例 2（冰融化所吸收的热量） 设每 1 g 冰从 -40 ℃升到 100 ℃所吸收的热量（单位：J）满足关于温度（单位：℃）的函数

$$f(x)=\begin{cases} 2.1x+84, & -40 \leqslant x \leqslant 0, \\ 4.2x+420, & x>0, \end{cases}$$

问函数在 $x=0$ 处是否连续？

解 因为

$$\lim_{x \to 0^-} f(x) = \lim_{x \to 0^-}(2.1x+84) = 84,$$

$$\lim_{x \to 0^+} f(x) = \lim_{x \to 0^+}(4.2x+420) = 420,$$

$$\lim_{x\to0^-}f(x)\neq\lim_{x\to0^+}f(x),$$

即$\lim\limits_{x\to0}f(x)$ 不存在，所以$f(x)$ 在 $x=0$ 处不连续. 这说明冰融化成水时所需要的热量会突然增加.

例 3 设$f(x)=\begin{cases}x^2, & 0\leqslant x\leqslant1,\\ x+1, & x>1,\end{cases}$讨论 $f(x)$ 在 $x=1$ 处的连续性.

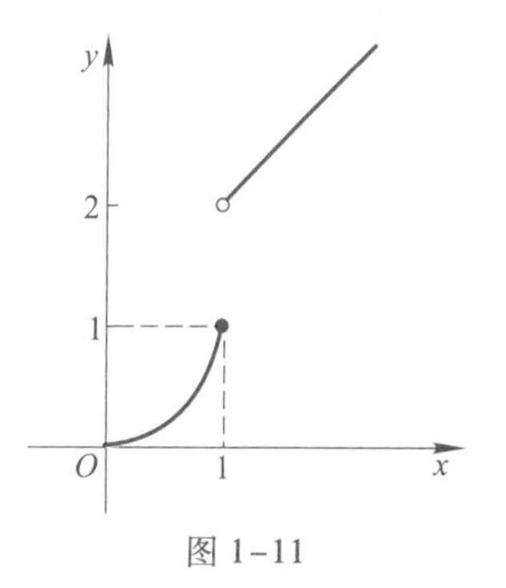

图 1-11

解 因为$f(1)=1$，而

$$\lim_{x\to1^-}f(x)=\lim_{x\to1^-}x^2=1,$$

$$\lim_{x\to1^+}f(x)=\lim_{x\to1^+}(x+1)=2,$$

则$\lim\limits_{x\to1}f(x)$ 不存在. 从而 $x=1$ 是第一类间断点，且为跳跃间断点（如图1-11）.

另外，如果$\lim\limits_{x\to x_0}f(x)=\infty$，则称 x_0 为$f(x)$ 的**无穷间断点**. 无穷间断点属第二类间断点.

例如，$f(x)=\dfrac{1}{(x-1)^2}$在 $x=1$ 处没有定义，且$\lim\limits_{x\to1}\dfrac{1}{(x-1)^2}=\infty$，则称 $x=1$ 为$f(x)$ 的无穷间断点.

1.4.2 初等函数的连续性

初等函数的连续性

1. 初等函数的连续性

在几何上，连续函数的图形是一条连续不间断的曲线，因为基本初等函数的图形在其各自的定义域内都是连续不间断的曲线，所以有如下结论：

结论 1 所有基本初等函数在其各自的定义域内都是连续的.

结论 2（连续的四则运算法则） 若函数$f(x)$ 和 $g(x)$ 均在点 x_0 处连续，则$f(x)+g(x)$，$f(x)-g(x)$，$f(x)\cdot g(x)$ 在该点处也均连续；又若$g(x_0)\neq0$，则$\dfrac{f(x)}{g(x)}$在 x_0 处也连续.

结论 3（复合函数的连续性） 设复合函数 $y=f[\varphi(x)]$，若函数 $u=\varphi(x)$ 在 x_0 处连续，函数 $y=f(u)$ 在对应的 $u_0=\varphi(x_0)$ 处连续，则复合函数$f[\varphi(x)]$也在 x_0 处连续.

由基本初等函数的连续性、连续的四则运算法则以及复合函数的连续性可知：

结论 4 所有初等函数在其各自的定义区间内都是连续的.

因此，求初等函数的连续区间就是求其定义域内的区间. 关于分段函数的连续性，除按上述结论考虑每一段函数的连续性外，还必须讨论分段点处的连续性.

2. 利用函数的连续性求极限

如果 $f(x)$ 在点 x_0 处连续，则 $\lim\limits_{x\to x_0}f(x)=f(x_0)$，即求连续函数的极限，可归结为计算函数值.

3. 复合函数求极限的方法

法则 设复合函数 $y=f[\varphi(x)]$，若 $\lim\limits_{x\to x_0}\varphi(x)=a$，而函数 $f(u)$ 在点 $u=a$ 处连续，则

$$\lim_{x\to x_0}f[\varphi(x)]=f[\lim_{x\to x_0}\varphi(x)]^{①}=f(a).$$

例 4 计算 $\lim\limits_{x\to 0}\dfrac{\ln(1+x)}{x}$.

解 $\lim\limits_{x\to 0}\dfrac{\ln(1+x)}{x}=\lim\limits_{x\to 0}\ln(1+x)^{\frac{1}{x}}=\ln\lim\limits_{x\to 0}(1+x)^{\frac{1}{x}}=\ln e=1.$

例 5（成本分析） 假设生产某品牌汽车的挡泥板 x 对的成本函数是

$$C(x)=80+8\sqrt{1+x^2}\ （单位：元），$$

销售收益函数为

$$R(x)=40x\ （即每对的售价为 40 元），$$

则利润函数

$$L(x)=R(x)-C(x)=40x-80-8\sqrt{1+x^2},$$

出售 $x+1$ 对比出售 x 对所获得的利润增长额为

$$\Delta L(x)=R(x+1)-C(x+1)-[R(x)-C(x)].$$

当产量稳定、生产量很大时，利润增长额为 $\lim\limits_{x\to\infty}\Delta L(x)$，试求此极限.

解
$$\begin{aligned}\lim_{x\to\infty}\Delta L(x)&=\lim_{x\to\infty}\left[40+8\sqrt{1+x^2}-8\sqrt{1+(1+x)^2}\right]\\&=40+8\lim_{x\to\infty}\left[\sqrt{1+x^2}-\sqrt{1+(1+x)^2}\right]\\&=40+8\lim_{x\to\infty}\frac{\left[\sqrt{1+x^2}-\sqrt{1+(1+x)^2}\right]\left[\sqrt{1+x^2}+\sqrt{1+(1+x)^2}\right]}{\sqrt{1+x^2}+\sqrt{1+(1+x)^2}}\\&=40+8\lim_{x\to\infty}\frac{-1-2x}{\sqrt{1+x^2}+\sqrt{1+(1+x)^2}}=40-8=32.\end{aligned}$$

闭区间上连续函数的性质

1.4.3 闭区间上连续函数的性质

定理 1（最大值和最小值定理） 若函数 $y=f(x)$ 在闭区间 $[a, b]$ 上连续，

---

① 在这个法则所述条件下，极限符号 lim 与函数符号 f 可以交换次序.

则 $f(x)$ 在闭区间 $[a, b]$ 上必存在最大值和最小值.

例如，函数 $y=\sin x$ 在闭区间 $[0, 2\pi]$ 上是连续的，在 $\xi_1=\frac{\pi}{2}$ 处，它的函数值 $\sin\frac{\pi}{2}=1$ 为最大值，在 $\xi_2=\frac{3\pi}{2}$ 处，它的函数值 $\sin\frac{3\pi}{2}=-1$ 为最小值.

在上述定理中，函数是在闭区间上连续，但若函数仅是在开区间内连续，或函数在闭区间上有间断点，则它在该区间内未必能取得最大值和最小值.

例如，函数 $y=x^2$ 在开区间 $(0, 1)$ 内就没有最大值和最小值.

又如，函数

$$f(x)=\begin{cases}-x+1, & 0\leqslant x<1,\\ 1, & x=1,\\ -x+3, & 1<x\leqslant 2\end{cases}$$

在闭区间 $[0, 2]$ 上有间断点 $x=1$，这时函数在闭区间 $[0, 2]$ 上既无最大值又无最小值（如图 1-12）.

定理 2（介值定理） 若函数 $f(x)$ 在 $[a, b]$ 上连续，M 和 m 分别是 $f(x)$ 在 $[a, b]$ 上的最大值和最小值，则对于满足 $m\leqslant\mu\leqslant M$ 的任意实数 μ，在闭区间 $[a, b]$ 上至少有一点 ξ，使得

$$f(\xi)=\mu.$$

其几何意义是：如图 1-13 所示，闭区间上连续函数可以取到最小值和最大值之间的任何值.

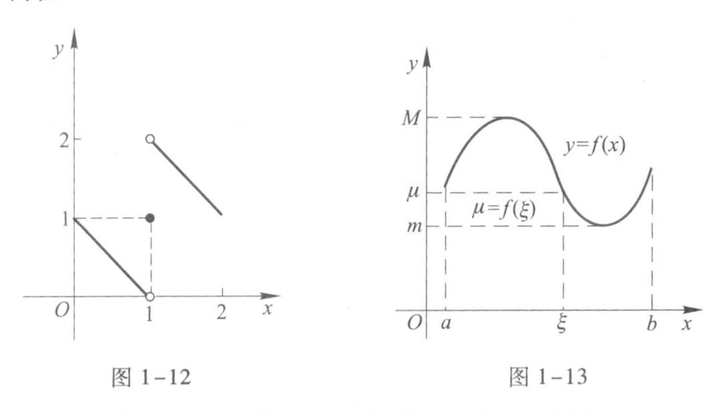

图 1-12　　图 1-13

定理 3（根的存在定理） 若 $f(x)$ 在 $[a, b]$ 上连续，且 $f(a)\cdot f(b)<0$，则至少存在一点 $\xi\in(a, b)$，使得 $f(\xi)=0$.

其几何意义是：如图 1-14 所示，若连续函数 $y=f(x)$ 在闭区间 $[a, b]$ 的端点处的函数值异号，则点 $A(a, f(a))$ 与点 $B(b, f(b))$ 之间的函数图形必与 x 轴相交.

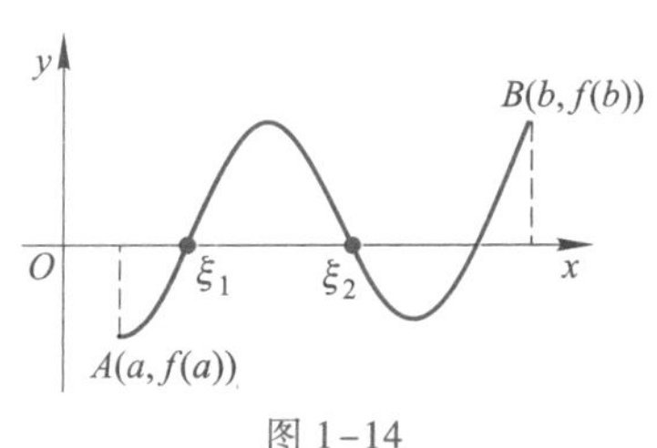

图 1-14

例 6 证明方程 $x^3-4x^2+1=0$ 在区间 $(0, 1)$ 内至少有一个实根.

证明 设$f(x)=x^3-4x^2+1$，由于它在闭区间$[0,1]$上连续，且$f(0)=1>0$，$f(1)=-2<0$，由定理3知，至少存在一点$\xi\in(0,1)$，使得$f(\xi)=0$. 即方程在区间$(0,1)$内至少有一个实根.

练习题 1.4

(A)

1. 设函数$f(x)=x^2-2x+5$，求适合下列条件的函数的增量：

(1) 当x由2变到3；　(2) 当x由2变到1；

(3) 当x由2变到$2+\Delta x$；　(4) 当x由x_0变到$x_0+\Delta x$.

2. 讨论函数$f(x)=\dfrac{x^2+1}{x-3}$在点$x=3$处的连续性.

3. 设函数$f(x)=\begin{cases}\dfrac{x^2-1}{x-1}, & x\neq 1,\\ 3, & x=1,\end{cases}$讨论函数在点$x=1$处的连续性.

4. 证明方程$x^5-3x+1=0$在1与2之间至少存在一个实根.

5. 求下列函数的间断点：

(1) $f(x)=\dfrac{1}{(x-3)^2}$；　(2) $f(x)=\dfrac{\cos x}{x}$；

(3) $f(x)=\dfrac{x^2-1}{x^2-3x+2}$；　(4) $f(x)=\begin{cases}x+1, & x>1,\\ x-1, & x\leqslant 1.\end{cases}$

6. 求下列极限：

(1) $\lim\limits_{x\to\frac{\pi}{2}}\ln\sin x$；　(2) $\lim\limits_{x\to 0}\sqrt{x^2-3x+6}$；

(3) $\lim\limits_{t\to -2}\dfrac{e^t+1}{t}$；　(4) $\lim\limits_{x\to 4}\dfrac{\sqrt{x}-2}{x-4}$.

(B)

1. 设函数$f(x)=\begin{cases}\dfrac{\sin 2x}{x}, & x<0,\\ k, & x=0,\\ x\sin\dfrac{1}{x}+2, & x>0,\end{cases}$问怎样选择$k$，使函数在点$x=0$处连续？

2. 讨论下列函数的连续性，如有间断点，指出其类型：

(1) $y=\dfrac{x^2-4}{x^2-3x+2}$；　(2) $y=\dfrac{\tan 2x}{x}$；

（3）$y=\dfrac{2^{\frac{1}{x}}-1}{2^{\frac{1}{x}}+1}$；（4）$y=\begin{cases} e^{\frac{1}{x}}, & x<0, \\ 1, & x=0, \\ x, & x>0. \end{cases}$

3. 某停车场第一个小时内（含一小时）收费 4 元，以后每小时（或不到整时）收费 2 元，每天最多收费 10 元. 讨论此函数的间断点以及它们的意义.

1.5 用 MATLAB 求函数的极限

1.5.1 数学软件包 MATLAB 简介

MATLAB 是美国 Math Works 公司研发的一个功能强大的数学软件，主要包括 MATLAB 语言、MATLAB 工作环境、MATLAB 图形处理、MATLAB 数学函数库和 MATLAB 应用程序接口 5 个部分，具有强大的数值计算能力、优秀的符号演算功能、方便灵活的绘图功能、高效实用的编程功能、友好的用户界面和使用的帮助功能等. MATLAB R2022a 是当前最新的版本，帮助文件进行了英文汉化.

MATLAB 启动后在默认状态，操作窗口如图 1-15 所示. 主要由工作区、当前文件夹、命令窗口等组成，MATLAB 的各种功能就是通过在命令窗口输入各种不同的命令来实现的，其他窗口的功能可以通过帮助文件了解，这里不一一介绍.

在 MATLAB 命令窗口直接输入命令，再按回车键，则运行相应的结果.

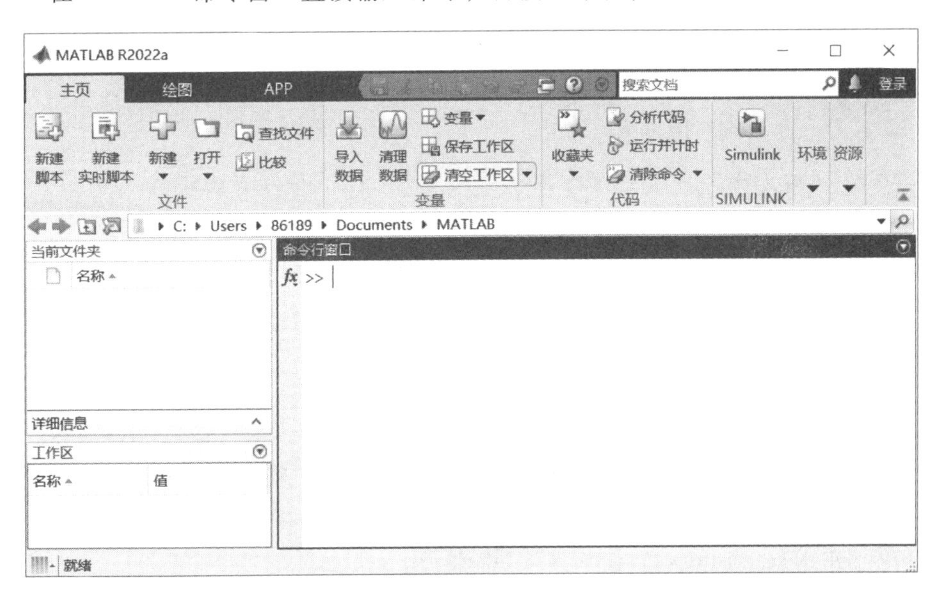

图 1-15

在图 1-16 中可以看到一个例子的运行情况，其中命令行的“≫”是命令输入提示符，“%”后的内容为注释，程序不执行，“ans”是系统自动给出的默认运行结果变量，在语句后面加英文半角状态的“;”则不显示该行的运行结果.

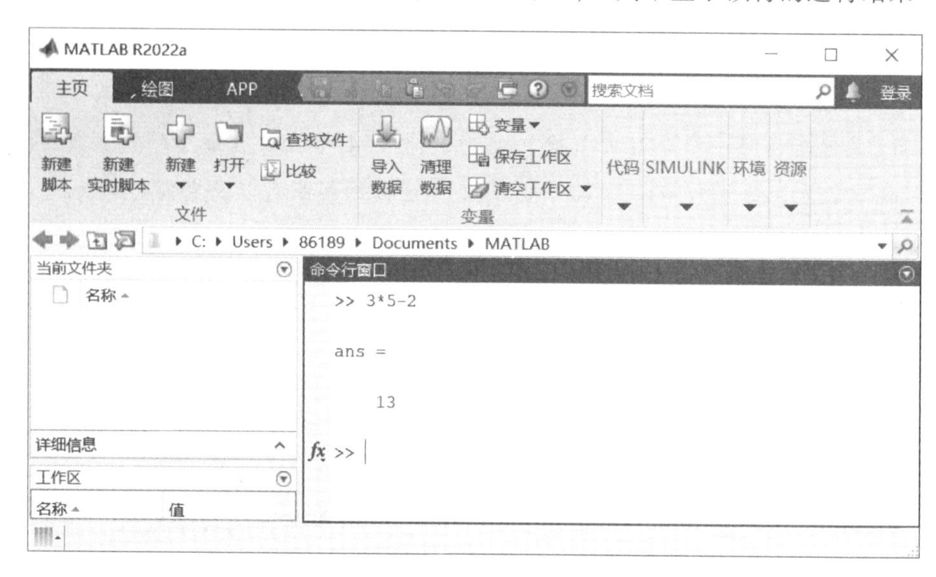

图 1-16

1.5.2 MATLAB 符号计算

1. 符号对象的生成

符号计算必须事前对使用变量进行定义，定义命令主要有两个：

sym('argv') %把字符串 argv 定义为符号对象，只定义单个对象.

syms argv1 argv2 %把 argv1，argv2 定义为符号对象（对象间用逗号隔开）.

例如：

```
>>sym x          % 用命令函数 sym 生成符号表达式 x,>>为命令提示符,不
                   用输入
>>y='exp(x)'     % 用英文半角状态的单引号生成符号表达式
>>syms x y z     % 用命令函数 syms()生成符号表达式 x,y,z
>>x=[1 2 3]      % 生成符号数组
>>y=sin(x)       % 生成正弦函数
```

2. 符号计算中的基本函数

MATLAB 提供了大量的数学函数，常用的有初等函数：

三角函数 sin(x)，cos(x)，tan(x)，cot(x)，sec(x)，csc(x)；

反三角函数 asin(x)，acos(x)，atan(x)，acot(x)；

幂函数 x^a（x 的 a 次幂），sqrt(x)（x 的平方根）；

指数函数 a^x（a 的 x 次幂），exp(x)（e 的 x 次幂）；

对数函数 log(x)（自然对数），log 2(x)（以 2 为底的对数）；

绝对值函数 abs(x).

MATLAB 还有许多函数，可以通过下列命令列出：

```
Help elfun      % 初等数学函数的列表；
Help specfun    % 特殊函数的列表；
Help            % 帮助运行后显示：不熟悉 MATLAB? 请参阅有关快速入
                  门的资源. 要查看文档，请打开帮助浏览器. 同时打开帮
                  助文档.
```

3. 函数计算和作图

我们知道，函数值的计算、函数图形的绘制对理解函数性质有很大帮助，下面学习用 MATLAB 计算函数值和绘制函数图形. 计算函数值时，只要直接输入就行，而绘制符号函数的图形，常用的命令函数是 fplot( ) 和 ezplot( )，具体格式是：

```
fplot(@ (x)f(x),lims)    % 在指定的区间上作符号函数 f 的图形
ezplot(f)                % 在默认的区间上作符号函数 f 的图形
```

MATLAB 的其他绘图命令的用法与上述命令类似，可参阅 MATLAB 在线帮助与使用手册.

例 1 计算函数 $f(x)=\sin(\ln x)$ 在自变量 x 等于 $\frac{1}{\mathrm{e}}$，1，e 处的函数值.

解

```
>>clear
>>syms x y
>>x=[1/exp(1),1,exp(1)]
x=
   0.367 9    1.000 0    2.718 3
>>y=sin(log(x))
y=
   -0.841 5    0    0.841 5
```

这里的 clear 是清除内存中保存的变量（请每次在程序开头输入以养成好习惯）.

例 2 作下列函数的图形：

(1) $f(x)=x^3$； (2) $f(x)=\sin x$； (3) $f(x)=\cos x$.

解 (1) $f(x)=x^3$ (2) $f(x)=\sin x$

```
>>clear
>>lims1=[-2,2];
>>lims2=[-pi,pi];
>>fplot(@ (x)x.^3,lims1)
```

```
>>figure,fplot(@ (x)sin(x),lims2)
```

运行结果如图 1-17 和图 1-18 所示，其中，命令 figure 是强制生成一个新的绘图窗口，没有这个命令，则后一次绘制的图形会覆盖前一次的图形.

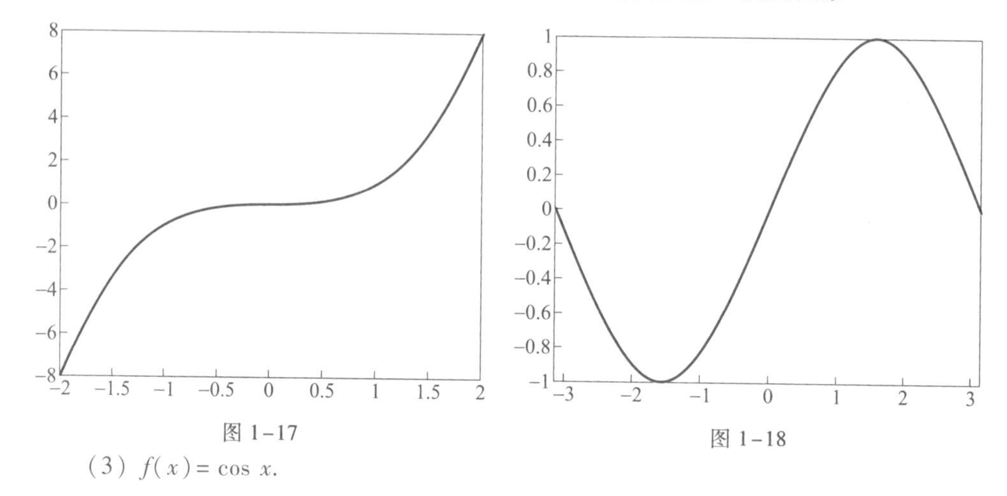

图 1-17　　图 1-18

(3) $f(x)=\cos x$.

```
>>clear
>>ezplot('cos(x)')
```

运行结果如图 1-19 所示.

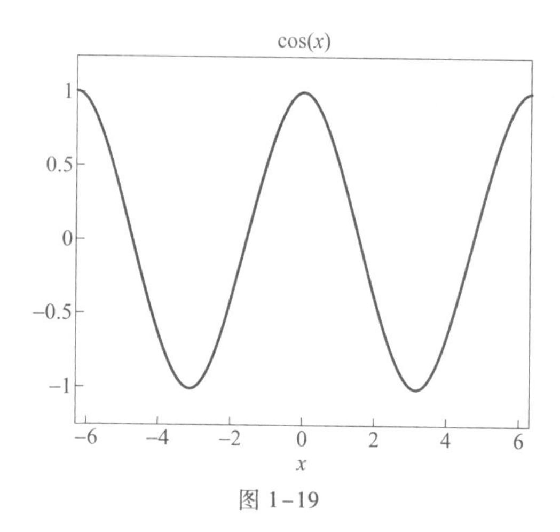

图 1-19

MATLAB 的符号运算在数学中的应用非常广泛，其他应用可参阅在线帮助或使用手册.

1.5.3　用 MATLAB 求极限

在 MATLAB 中，极限运算是通过命令函数 limit( ) 来实现的，该命令的具体格式为：

```
limit(f)                %表示独立变量趋向于 0 时符号表达式 f 的极限;
limit(f,v)              %表示指定变量 v 趋向于 0 时符号表达式 f 的极限;
```

```
limit(f,a)               %表示独立变量趋向于 a 时符号表达式 f 的极限;
limit(f,v,a)             %表示指定变量 v 趋向于 a 时符号表达式 f 的极限;
limit(f,v,a,'left')      %表示指定变量 v 趋向于 a 时符号表达式 f 的左极限;
limit(f,v,a,'right')     %表示指定变量 v 趋向于 a 时符号表达式 f 的右极限.
```

自变量趋向于无穷大时用 inf 表示.

例 3 用 MATLAB 求下列极限:

(1) $\lim\limits_{x\to 0}\dfrac{\sqrt{1+x}-1}{x}$;　　(2) $\lim\limits_{x\to\infty}\left(\dfrac{x-1}{x+1}\right)^{x}$;　　(3) $\lim\limits_{x\to 1^{+}}2^{-\frac{1}{x-1}}$.

解 (1)
```
>>clear
>>syms x
>>limit((sqrt(1+x)-1)/x)
ans =
    1/2
```

(2)
```
>>clear
>>syms x
>>limit(((x-1)/(x+1))^x,inf)
ans =
    exp(-2)
```

可以在 MATLAB2022a 主页窗口打开新建脚本，将求解程序复制粘贴到 untitle. m 文档并重命名保存，这里的 . m 文件是 MATLAB 可以调用、执行的脚本文件. 比如可以将例 3 (2) 内容:

```
clear
syms x
limit(((x-1)/(x+1))^x,inf)
```

保存为 exl. m，以后可以直接用 MATLAB 打开运行，结果一样.

在 MATLAB2022a 的主页界面点击新建实时运行脚本，打开实时编辑器，将代码

```
clear
syms x
limit(((x-1)/(x+1))^x,inf)
```

粘贴到 untitled. mlx，这里的“. mlx”是 MATLAB 实时脚本文件，点击工具栏上的运行后，可得到以 LaTeX 格式的形式显示的结果:

ans =

e^{-2}

这样的结果就和教材上正常的公式形式一致了. 当然，也可以将该文档重新命名保存，比如命名为 exl. mlx，以备再次计算调用.

(3)
```
>>clear
>>syms x
>>limit(2^(-1/(x-1)),'x',1,'right')
ans=
    0
```

在 MATLAB 中要注意正确的书写格式. 例如, $2x$ 要写成 2*x; 当求极限时, 自变量趋向于0时可以缺省, 其他则必须注明; 函数表达式中只有一个变量时, 变量名可以缺省, 一个以上时, 必须注明对哪一个变量求函数的极限.

练习题 1.5

(A)

1. 已知函数 $f(x)=x^3-2x+5$, 求 $f(1)$, $f(t^2)$.
2. 绘制函数 $f(x)=2\ln(x^2+1)$ 的图像.
3. 求下列极限:

(1) $\lim\limits_{x\to\frac{\pi}{2}}\ln\sin x$;　　(2) $\lim\limits_{x\to0}\sqrt{x^2-3x+6}$;

(3) $\lim\limits_{t\to-2}\dfrac{e^t+1}{t}$;　　(4) $\lim\limits_{x\to4}\dfrac{\sqrt{x}-2}{x-4}$.

(B)

求下列极限:

(1) $\lim\limits_{x\to\infty}\dfrac{x^4-3x^3+1}{2x^4+5x^2-6}$;　　(2) $\lim\limits_{x\to2}\dfrac{2-\sqrt{x+2}}{2-x}$;

(3) $\lim\limits_{x\to2}\left(\dfrac{1}{x-2}-\dfrac{12}{x^3-8}\right)$;　　(4) $\lim\limits_{x\to\infty}\left(\dfrac{3x+4}{3x-1}\right)^{x+1}$.

1.6 数学模型案例——椅子平稳问题

本节将通过讨论椅子平稳问题, 来学习数学建模的思想、方法和一般步骤.

1.6.1 问题提出

椅子能在不平的地面上放稳吗? 椅子能否放稳是指椅子的四条腿能否同时着地. 与此相关的因素有: 椅子四条腿的相对长短, 地面不平整的程度, 椅子调整移动方式等情况. 基于生活常识，只要椅子四条腿的长度相等，地面起伏不大，将椅子随便一放通常只有三只脚着地，只要稍微挪动几次就可以放稳. 这就是说椅子能在不平的地面上放稳，问题是如何使用数学的语言来说明这一问题，这就是数学建模的实际案例.

1.6.2 模型假设

(1) 椅子四条腿一样长，椅脚与地面的接触处视为空间中的一个点，四只脚的连线为正方形；

(2) 地面是一个连续曲面，即地面高度是连续变化的，沿任何方向都不会出现间断；

(3) 对于椅脚的间距与椅腿的长度而言，地面是相对平坦的，椅子在任何位置至少有三只脚着地（排除地面出现深沟或突峰的情况）.

1.6.3 模型分析与建立

椅子在地面上位置的改变，可以用旋转和平移来表示，注意到椅子的四脚连线为正方形，中心为对称点，正方形绕中心点的旋转正好代表椅子位置的改变，于是我们可以用旋转来表示位置的改变. 如图 1-20 所示，以 A，B，C，D 表示椅子的四个脚，对角线 AC 作 x 轴，BD 作 y 轴，对角线的交点即椅子的中心为坐标原点 O，建立直角坐标系. 当椅子绕点 O 旋转角度 θ 时，对角线 AC 变为 $A'C'$. 设 A，C 两脚与地面的距离之和为 $f(\theta)$，B，D 两脚与地面的距离之和为 $g(\theta)$.

根据假设条件 (2)，$f(\theta)$ 和 $g(\theta)$ 都是 θ 的连续函数. 由假设条件 (3)，对任意的 θ，$f(\theta)\geqslant 0$，$g(\theta)\geqslant 0$ 且 $f(\theta)$ 和 $g(\theta)$ 中至少有一个为零，如果都为零，表示四脚都着地，椅子平稳. 不妨假设开始时 B，D 着地，而 A，C 两脚不一定同时着地，即 $g(0)=0$，$f(0)\geqslant 0$. 于是把椅子放平稳问题归结为下面的数学模型：

如果连续函数 $f(\theta)$ 和 $g(\theta)$，对任意的 θ 都有 $f(\theta)\cdot g(\theta)=0$，且 $g(0)=0$，$f(0)\geqslant 0$，则至少存在一个 θ_0，使得 $f(\theta_0)=g(\theta_0)=0$.

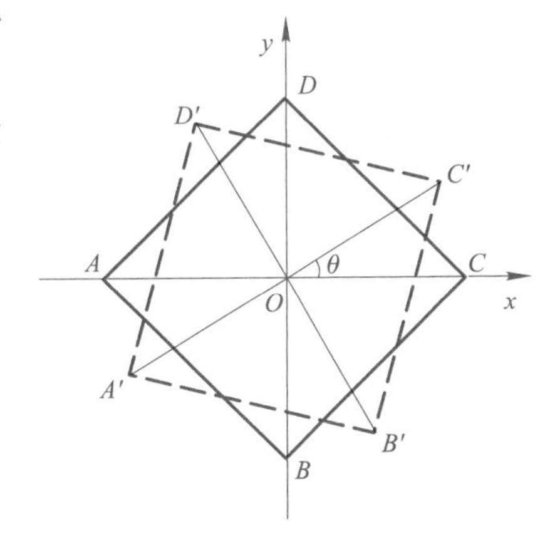

图 1-20

1.6.4 模型求解

(1) 如果 $f(0)=0$，则取 $\theta_0=0$，模型

得到解；

（2）如果 $f(0)>0$，则将椅子旋转 $\frac{\pi}{2}$，这时对角线 AC 与 BD 互换. 由 $g(0)=0$，$f(0)>0$，可以得到 $f\left(\frac{\pi}{2}\right)=0$，$g\left(\frac{\pi}{2}\right)>0$.

令 $h(\theta)=f(\theta)-g(\theta)$，则有

$$h(0)=f(0)-g(0)>0,\ h\left(\frac{\pi}{2}\right)=f\left(\frac{\pi}{2}\right)-g\left(\frac{\pi}{2}\right)<0.$$

显然，$h(\theta)$ 是连续函数，根据连续函数的性质，必然存在 $\theta_0\in\left(0,\ \frac{\pi}{2}\right)$，使得 $h(\theta_0)=0$，即 $f(\theta_0)=g(\theta_0)$. 又因为对任意 θ 有 $f(\theta)\cdot g(\theta)=0$，所以 $f(\theta_0)=g(\theta_0)=0$.

模型求解完毕.

1.6.5 模型推广与评价

此案例利用本章所学知识解决了所建立的数学模型的必然成立性，此结果具有实际意义，当椅子不稳定时，至少有三条腿着地，可以将椅子绕其中心旋转适当的小的角度（锐角），就能把椅子放平稳.

在解决这个生活中的实际问题的时候，我们对其前提进行了适当的合理化假设，使问题变得简单. 实际上还可以继续讨论椅子的四条腿呈长方形的情况，也可以讨论平移的情况以及绕其中一条腿旋转的情况，会发现能得到相同的结论.

自测与提高

1. 判断下列各题中的两个函数是否相同：

（1）$f(x)=\ln(4-x^2)$ 与 $g(x)=\ln(2+x)+\ln(2-x)$；

（2）$f(x)=x$ 与 $g(x)=\sqrt{x^2}$.

2. 求下列函数的定义域：

（1）$y=\frac{1}{\ln(4-x)}+\sqrt{x^2-4}$；　　（2）$f(x)=\begin{cases}x-1, & -1\leqslant x\leqslant 0,\\ x^2+1, & 0<x\leqslant 1.\end{cases}$

3. 指出下列各复合函数的复合过程：

（1）$y=\mathrm{e}^{\sqrt{x}}$；　　（2）$y=\ln(\sin x^5)$.

4. 求下列极限：

（1）$\lim\limits_{x\to9}\dfrac{x-2\sqrt{x}-3}{x-9}$；（2）$\lim\limits_{x\to-1}\left(\dfrac{1}{x+1}-\dfrac{3}{x^3+1}\right)$；

（3）$\lim\limits_{x\to\infty}\left(\dfrac{x-1}{x+1}\right)^x$；（4）$\lim\limits_{x\to1}\dfrac{\sqrt{x^2+3x-1}}{\mathrm{e}^{x-1}}$.

5. 求下列函数的间断点，并判断属于何种类型间断点：

（1）$f(x)=\dfrac{x^2-1}{x^2-3x+2}$；（2）$f(x)=\dfrac{x}{\tan x}$.

6. 在一个电路中的电荷量 Q 满足 $Q=\begin{cases}C, & t=0,\\ C\mathrm{e}^{-\frac{t}{RC}}, & t>0,\end{cases}$ 其中 R，C 为正的常数，分析电荷量 Q 在时间 $t\to0$ 时的极限.

专升本备考专栏 1

考试基本要求

典型例题及精解

人文素养阅读 1

数学能带给你什么

第2章 导数与微分

数学是这样一种东西：她提醒你有无形的灵魂，她赋予她所发现的真理以生命；她唤起心神，澄净智慧；她给我们的内心思想添辉；她涤尽我们有生以来的蒙昧与无知.

——普洛克拉斯

冯·诺伊曼（John von Neumann，1903—1957）说过："微分学是近代数学中最伟大的成就，对它的重要性作怎样的估计都不会过分."恩格斯（F. Engels，1820—1895）也指出："在一切理论成就中，未必再有什么像17世纪下半叶微积分的发明那样被看作是人类精神的最高胜利了."

微积分是人类思维的伟大成果之一，在自然科学和人文科学中都具有重要地位，是人们认识客观世界、探索宇宙奥秘乃至人类自身的重要工具. 微分学是微积分的重要组成部分，它的基本概念是导数与微分，如果认真学习并领会其精髓，就能感受到它的巨大威力.

2.1 导数的概念

2.1.1 引例

微课2.1.1

导数概念的两个引例

导数的概念起源于瞬时变化率问题，看下面的两个例子.

1. 变速直线运动的瞬时速度问题

无论总里程还是运行速度，我国的高铁均居世界第一. 乘坐过高铁的都知道，高铁车厢两端的电子屏幕上会显示着高铁当前运行的实时速度数字，比如照片中的高铁车厢显示的当前速度350 km/h. 这个显示速度其背后的数学原理是怎样的呢？我们将高铁运行的实际情况简化为变速直线运动，就是本节课的引例1变速直线运动的瞬时速度问题要解决的.

如果物体作变速直线运动，其位移函数为 $s=s(t)$，如何确定物体在 $t=t_0$ 时刻的瞬时速度？

从时刻 $t=t_0$ 到 $t=t_0+\Delta t$ 的时间间隔 Δt 内，物体的位移函数 s 相应地有增量（如图 2-1）

$$\Delta s=s(t_0+\Delta t)-s(t_0).$$

t_0　　$t=t_0+\Delta t$

图 2-1

于是，比值

$$\frac{\Delta s}{\Delta t}=\frac{s(t_0+\Delta t)-s(t_0)}{\Delta t}$$

就是物体在时刻 t_0 到 $t_0+\Delta t$ 这段时间内的平均速度，记作 $\bar{v}$，即

$$\bar{v}=\frac{s(t_0+\Delta t)-s(t_0)}{\Delta t}.$$

虽然速度是变化的，但局部看来，当时间的增量 Δt 很小时，速度的变化也很小，因此在 Δt 时间内可以近似地看成是匀速运动，$\bar{v}$ 可作为物体在 t_0 时刻的瞬时速度的近似值. 且 Δt 愈小，近似的程度愈好. 当 $\Delta t\to 0$ 时，若 $\bar{v}$ 的极限存在，则这个极限值就叫作物体在 t_0 时刻的**瞬时速度**，即

$$v(t_0)=\lim_{\Delta t\to 0}\bar{v}=\lim_{\Delta t\to 0}\frac{\Delta s}{\Delta t}=\lim_{\Delta t\to 0}\frac{s(t_0+\Delta t)-s(t_0)}{\Delta t}.$$

就是说，物体运动的瞬时速度是位移函数的增量和时间增量之比当时间增量趋于零时的极限.

2. 平面曲线的切线问题

如何求平面内任意曲线的切线？这个问题在几何和物理中都有重要意义，在望远镜的光程设计时需要知道镜面上任意点处的法线，使得求任意曲线的切线问题变得不可回避.

在中学里，曲线的切线定义为与曲线只有一个交点的直线. 这种定义只适用于圆、椭圆等少数曲线，对于任意曲线就不适合了. 下面给出曲线的切线定义：

定义 1 设点 M_0 是曲线 L 上的一个定点，点 M 是曲线 L 上的动点，当点 M 沿曲线 L 趋向于点 M_0 时，如果割线 M_0M 的极限位置 M_0T 存在，就称直线 M_0T 为曲线 L 在点 M_0 处的**切线**.

设函数 $y=f(x)$ 的图像为曲线 L（如图 2-2），$M_0(x_0, f(x_0))$ 和 $M(x, f(x))$ 为曲线 L 上的两点，它们到 x 轴的垂足分别为 A 和 B，作 M_0N 垂直于 BM 并交 BM 于点 N，则

$$M_0N=\Delta x=x-x_0,$$

$$NM=\Delta y=f(x)-f(x_0),$$

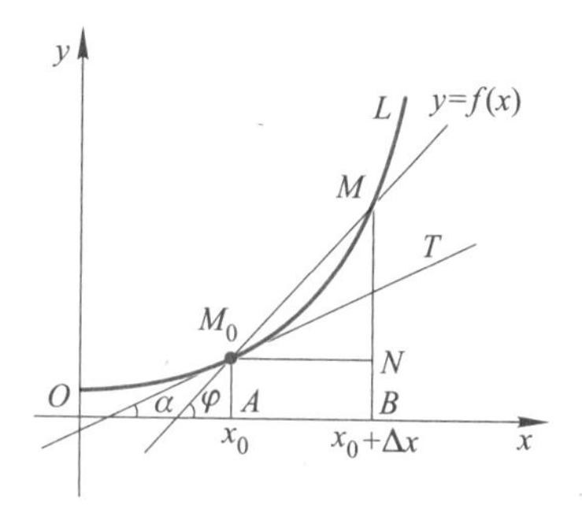

图 2-2

而比值

$$\frac{\Delta y}{\Delta x}=\frac{f(x)-f(x_0)}{x-x_0}=\frac{f(x_0+\Delta x)-f(x_0)}{\Delta x}$$

便是割线 M_0M 的斜率 $\tan\varphi$. 当 $\Delta x\to 0$ 时，M 沿曲线 L 趋于 M_0，从而得到切线的斜率

$$\tan\alpha=\lim_{\Delta x\to 0}\tan\varphi=\lim_{\Delta x\to 0}\frac{\Delta y}{\Delta x}=\lim_{\Delta x\to 0}\frac{f(x_0+\Delta x)-f(x_0)}{\Delta x}.$$

由此可见，曲线 $y=f(x)$ 在点 M_0 处的纵坐标 $y=f(x)$ 的增量 Δy 与横坐标 x 的增量 Δx 之比，当 $\Delta x\to 0$ 时的极限，即为曲线在 M_0 点处的切线斜率.

2.1.2 导数的概念

上述两个例子的实际意义不同，但从数量关系上来讲，却是相同的，都是求自变量的增量趋于零时，函数增量与自变量增量之比$\frac{\Delta y}{\Delta x}$的极限值. 这样的极限抽象为函数的导数的概念.

知识拓展2.1.1

邻域

1. 导数的概念

定义 2 设函数 $y=f(x)$ 在点 x_0 的某个邻域内有定义，当自变量 x 在 x_0 处有增量 Δx（$\Delta x\neq 0$）时，函数相应地有增量

$$\Delta y=f(x_0+\Delta x)-f(x_0),$$

微课2.1.2

导数的概念

Δy 与 Δx 之比$\frac{\Delta y}{\Delta x}$称为 $y=f(x)$ 从 x_0 到 $x_0+\Delta x$ 的**平均变化率**. 如果极限

$$\lim_{\Delta x\to 0}\frac{\Delta y}{\Delta x}=\lim_{\Delta x\to 0}\frac{f(x_0+\Delta x)-f(x_0)}{\Delta x}$$

存在，则称函数 $y=f(x)$ 在点 x_0 处**可导**，并称此极限值为函数 $y=f(x)$ 在点 x_0 处的**导数值**，简称**导数**，记作 $f'(x_0)$，即

$$f'(x_0)=\lim_{\Delta x\to 0}\frac{\Delta y}{\Delta x}=\lim_{\Delta x\to 0}\frac{f(x_0+\Delta x)-f(x_0)}{\Delta x},$$

也记为

$$y'\Big|_{x=x_0},\ f'(x_0),\ \frac{\mathrm{d}f(x)}{\mathrm{d}x}\Big|_{x=x_0},\ 或\frac{\mathrm{d}y}{\mathrm{d}x}\Big|_{x=x_0}.$$

如果上述极限不存在，则称函数 $y=f(x)$ 在点 x_0 处**不可导**.

如果令 $x_0+\Delta x=x$，则当 $\Delta x\to 0$ 时，有 $x\to x_0$，故函数 $y=f(x)$ 在点 x_0 处的导数$f'(x_0)$ 也可表示为

$$f'(x_0)=\lim_{x\to x_0}\frac{f(x)-f(x_0)}{x-x_0}.$$

有了导数的定义，引例 1 中物体在时刻 t_0 的瞬时速度可表示为

$$v_0=s'(t_0).$$

定义 3 极限

$$\lim_{\Delta x\to 0^-}\frac{\Delta y}{\Delta x}=\lim_{\Delta x\to 0^-}\frac{f(x_0+\Delta x)-f(x_0)}{\Delta x}$$

和

$$\lim_{\Delta x\to 0^+}\frac{\Delta y}{\Delta x}=\lim_{\Delta x\to 0^+}\frac{f(x_0+\Delta x)-f(x_0)}{\Delta x}$$

分别称为函数 $y=f(x)$ 在点 x_0 处的**左导数**和**右导数**，且分别记为$f'_-(x_0)$ 和$f'_+(x_0)$.

定理 1 函数 $y=f(x)$ 在点 x_0 处的左、右导数存在且相等是 $f(x)$ 在点 x_0 处可导的充分必要条件（证明略）.

如果函数 $y=f(x)$ 在开区间 (a,b) 内的每一点处都可导，则称 $y=f(x)$ **在开区间** (a,b) **内可导**.

定义 4 如果 $y=f(x)$ 在开区间 (a,b) 内可导，那么对应于 (a,b) 中的每一个确定的 x 的值，都对应着一个确定的导数值 $f'(x)$，这样就确定了一个新的函数，此函数称为函数 $y=f(x)$ 的**导函数**，记作

$$y',\ f'(x),\ \frac{\mathrm{d}y}{\mathrm{d}x},\ 或\frac{\mathrm{d}f(x)}{\mathrm{d}x}.$$

由导数定义知，对任意 $x\in(a,b)$，即

$$f'(x)=\lim_{\Delta x\to 0}\frac{f(x+\Delta x)-f(x)}{\Delta x}.$$

在不致发生混淆的情况下，导函数也简称为**导数**.

显然，函数 $y=f(x)$ 在点 x_0 处的导数 $f'(x_0)$，就是其导函数 $f'(x)$ 在点 $x=x_0$ 处的函数值，即

$$f'(x_0)=f'(x)\Big|_{x=x_0}.$$

如果函数 $y=f(x)$ 在开区间 (a,b) 内的每一点处都可导，且在左端点$x=a$

处有右导数，在右端点 $x=b$ 处有左导数，则称函数**在闭区间 $[a, b]$ 上可导**.

2. 导数的几何意义

对于不同的具体问题，导数有不同的意义，只要理解了作为平均变化率的差商的意义，就可以知道作为瞬时变化率的导数的意义，下面应用案例说明.

(1) 设沿直线运动的物体在 t_0 时刻的瞬时速度为 $v(t_0)$，当时刻由 t_0 变到 $t_0+\Delta t$ 时，$\Delta v=v(t_0+\Delta t)-v(t_0)$ 表示在 Δt 时间内速度的增量，根据加速度的概念，平均变化率 $\frac{\Delta v}{\Delta t}$ 表示 Δt 时间内的平均加速度 $\overline{a}$，所以作为瞬时变化率的导数 $v'(t_0)$ 就是该物体在 t_0 时刻的**瞬时加速度** $a(t_0)$，即 $a(t_0)=v'(t_0)$.

(2) 设力 F 所做的功 W 是时间 t 的函数 $W=W(t)$，当时刻由 t_0 变到 $t_0+\Delta t$ 时，$\Delta W=W(t_0+\Delta t)-W(t_0)$ 表示力 F 在时间 Δt 内所做的功，根据功率的概念，平均变化率 $\frac{\Delta W}{\Delta t}$ 表示 Δt 时间内的平均功率 $\overline{P}$，而 $W'(t_0)$ 就是在 t_0 时刻的**瞬时功率** $P(t_0)$，即 $P(t_0)=W'(t_0)$.

(3) 带电粒子的有序运动形成电流，通过导体某处的电荷量 Q 与时间 t 的比值称为电流 i. 设 $Q=Q(t)$，则平均变化率 $\frac{\Delta Q}{\Delta t}$ 表示 Δt 时间内的平均电流 $\overline{i}$，而 $Q'(t_0)$ 就是在 t_0 时刻的**瞬时电流** $i(t_0)$，即 $i(t_0)=Q'(t_0)$.

导数的几何意义

当然，瞬时角速度、线密度、电动势、低频跨导（具有 PN 结的半导体电流和引起该变化的电压微变之比）、人口增长率、收益率等都可以用导数来表示. 随着问题的改变，导数的实际意义也随之改变，但从几何上看，导数的几何意义都是相同的.

由前面对曲线的切线问题的讨论可知，函数 $y=f(x)$ 在点 x_0 处的导数 $f'(x_0)$ 在几何上表示函数 $y=f(x)$ 的曲线 L 在相应点 (x_0, y_0) 处的切线的斜率，即

$$k\Big|_{x=x_0}=f'(x_0).$$

这就是**导数的几何意义**.

因此，曲线 L 上点 $M(x_0, y_0)$ 处的切线方程为

$$y-y_0=f'(x_0)(x-x_0),$$

其法线方程为

$$y-y_0=-\frac{1}{f'(x_0)}(x-x_0)\quad (f'(x_0)\neq 0).$$

例 1 求抛物线 $y=x^2$ 在点 $(1, 1)$ 处的切线方程和法线方程.

解 因为 $y'=(x^2)'=2x$，由导数的几何意义可知，曲线 $y=x^2$ 在点 $(1, 1)$ 处的切线斜率为

$$y'\Big|_{x=1}=2x\Big|_{x=1}=2.$$

所以，所求的切线方程为

$$y-1=2(x-1)，\text{ 即 } 2x-y-1=0.$$

法线方程为

$$y-1=-\frac{1}{2}(x-1)，\text{ 即 } x+2y-3=0.$$

知识拓展2.1.2

三角函数的和差化积

3. **利用导数定义求导举例**

例 2 求常数函数 $y=C$ 的导数.

解
$$y'=\lim_{\Delta x\to 0}\frac{f(x+\Delta x)-f(x)}{\Delta x}=\lim_{\Delta x\to 0}\frac{C-C}{\Delta x}=0.$$

即
$$(C)'=0.$$

例 3 求函数 $y=\sin x$ 的导数.

解
$$y'=\lim_{\Delta x\to 0}\frac{\sin(x+\Delta x)-\sin x}{\Delta x}$$

$$=\lim_{\Delta x\to 0}\frac{2\sin\frac{\Delta x}{2}\cos\frac{2x+\Delta x}{2}}{\Delta x}$$

$$=\lim_{\Delta x\to 0}\frac{\sin\frac{\Delta x}{2}}{\frac{\Delta x}{2}}\lim_{\Delta x\to 0}\cos\frac{2x+\Delta x}{2}=1\cdot\cos x=\cos x.$$

即
$$(\sin x)'=\cos x.$$

同理
$$(\cos x)'=-\sin x.$$

例 4 求幂函数 $y=x^{\mu}$ 的导数.

解
$$y'=\lim_{\Delta x\to 0}\frac{(x+\Delta x)^{\mu}-x^{\mu}}{\Delta x}=\lim_{\Delta x\to 0}\frac{x^{\mu}\left[\left(1+\frac{\Delta x}{x}\right)^{\mu}-1\right]}{\Delta x}$$

$$=\lim_{\Delta x\to 0}\frac{x^{\mu-1}\left[\left(1+\frac{\Delta x}{x}\right)^{\mu}-1\right]}{\frac{\Delta x}{x}}=\lim_{\Delta x\to 0}\frac{x^{\mu-1}\cdot\mu\cdot\frac{\Delta x}{x}}{\frac{\Delta x}{x}}=\mu x^{\mu-1}.$$

即
$$(x^{\mu})'=\mu x^{\mu-1}.$$

例 5 求对数函数 $y=\log_a x(a>0，a\neq 1)$ 的导数.

解
$$y'=\lim_{\Delta x\to 0}\frac{\log_a(x+\Delta x)-\log_a x}{\Delta x}=\lim_{\Delta x\to 0}\frac{1}{\Delta x}\cdot\log_a\frac{x+\Delta x}{x}$$

$$=\lim_{\Delta x\to 0}\log_a\left(1+\frac{\Delta x}{x}\right)^{\frac{1}{\Delta x}}=\lim_{\Delta x\to 0}\log_a\left(1+\frac{\Delta x}{x}\right)^{\frac{x}{\Delta x}\cdot\frac{1}{x}}$$

$$=\lim_{\Delta x\to 0}\log_a\left[\left(1+\frac{\Delta x}{x}\right)^{\frac{x}{\Delta x}}\right]^{\frac{1}{x}}=\lim_{\Delta x\to 0}\frac{1}{x}\cdot\log_a\left(1+\frac{\Delta x}{x}\right)^{\frac{x}{\Delta x}}$$

$$=\frac{1}{x}\cdot\lim_{\Delta x\to 0}\log_a\left(1+\frac{\Delta x}{x}\right)^{\frac{x}{\Delta x}}=\frac{1}{x}\cdot\log_a\left[\lim_{\Delta x\to 0}\left(1+\frac{\Delta x}{x}\right)^{\frac{x}{\Delta x}}\right]$$

$$=\frac{1}{x}\cdot\log_a e=\frac{1}{x\ln a}.$$

即
$$(\log_a x)'=\frac{1}{x\ln a}.$$

特别地
$$(\ln x)'=\frac{1}{x}.$$

类似的，$f(x)=a^x(a>0,\ a\neq 1)$ 的导数为
$$(a^x)'=a^x\ln a.$$

微课2.1.4

可导与连续的关系

2.1.3 可导与连续的关系

定理2 若函数 $y=f(x)$ 在点 x_0 处可导，则 $y=f(x)$ 在 x_0 处连续.

证明 设 x 在 x_0 处的增量为 $\Delta x(\Delta x\neq 0)$，因为 $y=f(x)$ 在点 x_0 处可导，根据导数定义，有
$$f'(x_0)=\lim_{\Delta x\to 0}\frac{\Delta y}{\Delta x},$$
所以
$$\lim_{\Delta x\to 0}\Delta y=\lim_{\Delta x\to 0}\left(\frac{\Delta y}{\Delta x}\cdot\Delta x\right)=\lim_{\Delta x\to 0}\frac{\Delta y}{\Delta x}\cdot\lim_{\Delta x\to 0}\Delta x=f'(x_0)\cdot 0=0.$$

该定理其逆不真，即 $y=f(x)$ 在 x_0 处连续，但函数 $y=f(x)$ 点 x_0 处不一定可导（反例见例6）. 定理2可简述为**可导必连续，连续不一定可导**.

例6 讨论函数 $y=|x|$ 在 $x_0=0$ 处的连续性与可导性.

解
$$\Delta y=f(0+\Delta x)-f(0)=|0+\Delta x|-|0|=|\Delta x|,$$
$$\lim_{\Delta x\to 0}\Delta y=\lim_{\Delta x\to 0}|\Delta x|=0,$$
即 $f(x)=|x|$ 在 $x_0=0$ 处连续. 又因为
$$\lim_{\Delta x\to 0^-}\frac{\Delta y}{\Delta x}=\lim_{\Delta x\to 0^-}\frac{-\Delta x}{\Delta x}=-1,\quad \lim_{\Delta x\to 0^+}\frac{\Delta y}{\Delta x}=\lim_{\Delta x\to 0^+}\frac{\Delta x}{\Delta x}=1.$$
即在点 $x_0=0$ 处函数 $y=|x|$ 的左、右导数不相等，所以在 $x_0=0$ 处函数 $y=|x|$ 不可导.

练习题 2.1

(A)

1. 选择题：

(1) 在导数定义 $f'(x)=\lim\limits_{\Delta x\to 0}\frac{\Delta y}{\Delta x}$ 中，下面说法正确的是（　　）.

A. Δx 不能为零，Δy 可为零　　　B. Δx 可为零，Δy 不能为零

C. Δx，Δy 都不能为零　　D. Δx，Δy 都可为零

(2) 若函数 $f(x)$ 在点 x_0 处连续，则下面说法正确的是（　　）.

A. $f(x)$ 在点 x_0 处可导　　B. $f(x)$ 在点 x_0 处不可导

C. $f(x)$ 在点 x_0 处不一定可导　　D. $\lim\limits_{x\to x_0}\dfrac{f(x)-f(x_0)}{x-x_0}$ 不存在

(3) 已知 $f'(x_0)=A$（A 为非零常数），则 $\Delta x\to 0$ 时（　　）成立.

A. Δy 是 Δx 的同阶无穷小　　B. Δy 是比 Δx 高阶的无穷小

C. Δy 是比 Δx 低阶的无穷小　　D. Δy 不是无穷小

2. 求曲线 $y=\sqrt{x}$ 在点 (4, 2) 处的切线方程和法线方程.

3. 讨论函数 $f(x)=x^{\frac{1}{3}}$ 在 $x=0$ 处的连续性和可导性.

(B)

1. 试求出曲线 $y=\dfrac{1}{3}x^3$ 上与直线 $x-4y=5$ 平行的切线方程.

2. 在曲线 $y=x^2$ 上有一条切线，已知此直线在 y 轴上的截距为 -1，求此切点.

3. 讨论函数 $f(x)=x|x|=\begin{cases}-x^2, & x<0,\\ x^2, & x\geqslant 0\end{cases}$ 在 $x=0$ 处的可导性.

2.2 导数的运算

上节学习了导数的定义，并运用定义求出了几个基本初等函数的导数. 本节学习导数的运算法则，运用这些法则能方便地求出较为复杂函数的导数.

2.2.1 四则运算求导法则

知识拓展2.2.1
四则运算求导法则的证明

设 $u(x)$，$v(x)$ 在点 x 处可导，则 $u(x)\pm v(x)$，$u(x)v(x)$，$\dfrac{u(x)}{v(x)}(v(x)\neq 0)$ 在点 x 处也可导，且

(1) $[u(x)\pm v(x)]'=u'(x)\pm v'(x)$；

(2) $[u(x)v(x)]'=u'(x)v(x)+u(x)v'(x)$；

(3) $\left[\dfrac{u(x)}{v(x)}\right]'=\dfrac{u'(x)v(x)-u(x)v'(x)}{[v(x)]^2}$.

和、差、积的法则可以推广到有限个可导函数的情形：

$$[u_1(x)\pm u_2(x)\pm\cdots\pm u_n(x)]'=u_1'(x)\pm u_2'(x)\pm\cdots\pm u_n'(x)；$$

$$[u(x)v(x)w(x)]'=u'(x)v(x)w(x)+u(x)v'(x)w(x)+u(x)v(x)w'(x).$$

特别地
$$(Cu(x))'=Cu'(x)\ (C\text{ 为常数});$$
$$\left[\frac{1}{u(x)}\right]'=-\frac{u'(x)}{[u(x)]^2}.$$

例1 设 $y=x^3+\sin x-2^x$，求 y'.

解
$$y'=(x^3+\sin x-2^x)'=(x^3)'+(\sin x)'-(2^x)'$$
$$=3x^2+\cos x-2^x\ln 2.$$

例2 设 $y=x\ln x$，求 y'.

解
$$y'=(x\ln x)'=(x)'\ln x+x(\ln x)'$$
$$=\ln x+x\cdot\frac{1}{x}=1+\ln x.$$

例3 求 $y=\tan x$ 的导数.

解
$$y'=(\tan x)'=\left(\frac{\sin x}{\cos x}\right)'=\frac{(\sin x)'\cos x-\sin x(\cos x)'}{\cos^2 x}$$
$$=\frac{\cos^2 x+\sin^2 x}{\cos^2 x}=\frac{1}{\cos^2 x}=\sec^2 x.$$

同理
$$(\cot x)'=-\csc^2 x.$$

例4 求 $y=\sec x$ 的导数.

解 $y'=(\sec x)'=\left(\dfrac{1}{\cos x}\right)'=-\dfrac{(\cos x)'}{\cos^2 x}=\dfrac{\sin x}{\cos^2 x}=\sec x\tan x.$

同理
$$(\csc x)'=-\csc x\cot x.$$

2.2.2 基本初等函数的导数公式

$(C)'=0\ (C\text{ 为常数});$　　$(x^\alpha)'=\alpha x^{\alpha-1};$

$(a^x)'=a^x\ln a\ (a>0,\ a\neq 1);$　　$(\mathrm{e}^x)'=\mathrm{e}^x;$

$(\log_a x)'=\dfrac{1}{x\ln a}\ (a>0,\ a\neq 1);$　　$(\ln x)'=\dfrac{1}{x};$

$(\sin x)'=\cos x;$　　$(\cos x)'=-\sin x;$

$(\tan x)'=\sec^2 x;$　　$(\cot x)'=-\csc^2 x;$

$(\sec x)'=\sec x\tan x;$　　$(\csc x)'=-\csc x\cot x;$

$(\arcsin x)'=\dfrac{1}{\sqrt{1-x^2}};$　　$(\arccos x)'=\dfrac{-1}{\sqrt{1-x^2}};$

$(\arctan x)'=\dfrac{1}{1+x^2};$　　$(\mathrm{arccot}\ x)'=\dfrac{-1}{1+x^2}.$

微课2.2.1

复合函数求导法则

2.2.3 复合函数的求导法则

设函数 $y=f(u)$ 在点 $u_0=\varphi(x_0)$ 可导，$u=\varphi(x)$ 在点 x_0 可导，则复合函数

$y=f[\varphi(x)]$ 也可导，且

$$y'_x=y'_u\cdot u'_x，\text{或 } y'_x=f'(u)\cdot\varphi'(x)，\text{或}\frac{\mathrm{d}y}{\mathrm{d}x}=\frac{\mathrm{d}y}{\mathrm{d}u}\cdot\frac{\mathrm{d}u}{\mathrm{d}x}.$$

此法则又称为复合函数求导的**链式法则**.

更一般的，设函数 $y=f(u)$，$u=\varphi(v)$，$v=\psi(x)$ 在相应的 u_0，v_0，x_0 点均可导，则复合函数$y=f(\varphi(\psi(x)))$也可导，且

$$y'_x=y'_u\cdot u'_v\cdot v'_x.$$

求复合函数的导数的关键，是要分清函数的复合过程.

复合函数求导法则的证明

例 5　设 $y=(2x+1)^5$，求 y'.

解　令 $y=u^5$，$u=2x+1$，则 $y'_u=5u^4$，$u'_x=2$，于是

$$y'_x=y'_u\cdot u'_x=5u^4\cdot 2=10(2x+1)^4.$$

例 6　设 $y=\sin^2 x$，求 y'.

解　令 $y=u^2$，$u=\sin x$，则 $y'_u=2u$，$u'_x=\cos x$，于是

$$y'_x=y'_u\cdot u'_x=2u\cdot\cos x=2\sin x\cos x.$$

例 7　设 $y=\ln\cos x$，求 y'.

解　原函数可看成由 $y=\ln u$，$u=\cos x$ 复合而成，且

$$y'_u=(\ln u)'=\frac{1}{u}，\quad u'_x=(\cos x)'=-\sin x，$$

所以

$$y'_x=y'_u\cdot u'_x=\frac{1}{u}\cdot(-\sin x)=-\tan x.$$

例 8　设 $y=\sqrt{1-x^2}$，求 y'.

解

$$y'_x=\frac{1}{2}(1-x^2)^{-\frac{1}{2}}\cdot(1-x^2)'_x=\frac{-x}{\sqrt{1-x^2}}.$$

例 9　某金属棒的长度 L（单位：cm）取决于气温 H（单位：℃），而气温 H 又取决于时间 t（单位：h），如果气温每升高 1 ℃，金属棒长度将增加2 cm，而时间每隔1 h，气温上升3 ℃. 求金属棒关于时间的增长率.

解　根据题意，金属棒长度对气温的变化率为$\frac{\mathrm{d}L}{\mathrm{d}H}=2$ cm/℃，气温对时间的变化率为$\frac{\mathrm{d}H}{\mathrm{d}t}=3$ ℃/h. 将金属棒长度 L 看作气温 H 的函数，H 看作时间 t 的函数，则 L 可以看作是关于时间 t 的复合函数，由复合函数的链式法则得

$$\frac{\mathrm{d}L}{\mathrm{d}t}=\frac{\mathrm{d}L}{\mathrm{d}H}\cdot\frac{\mathrm{d}H}{\mathrm{d}t}=2\times 3=6\ (\mathrm{cm/h}).$$

所以，金属棒长度关于时间的增长率为 6 cm/h.

例 10　设 $f(x)=\arcsin(x^2)$，求 $f'(x)$.

解 $$f'(x)=\frac{1}{\sqrt{1-x^4}}\cdot(x^2)'_x=\frac{2x}{\sqrt{1-x^4}}.$$

例 11 求 $y=x^{\sin x}$（$x>0$）的导数.

解 因为 $y=x^{\sin x}=\mathrm{e}^{\sin x\ln x}$，所以

$$\begin{aligned}y'&=(\mathrm{e}^{\sin x\ln x})'=\mathrm{e}^{\sin x\ln x}\cdot(\sin x\ln x)'\\&=\mathrm{e}^{\sin x\ln x}\cdot[(\sin x)'\cdot\ln x+\sin x\cdot(\ln x)']\\&=x^{\sin x}\cdot\left(\cos x\cdot\ln x+\frac{1}{x}\cdot\sin x\right).\end{aligned}$$

例 12 已知 1 g 放射性元素碳 14 的衰减公式为 $Q=\mathrm{e}^{-0.000\,121t}$，其中 Q（单位：g）是碳 14 第 t 年的余量. 求碳 14 的衰减速度（单位：g/a).

解 碳 14 的衰减速度 v 为

$$\begin{aligned}v&=\frac{\mathrm{d}Q}{\mathrm{d}t}=(\mathrm{e}^{-0.000\,121t})'\\&=\mathrm{e}^{-0.000\,121t}(-0.000\,121t)'\\&=-0.000\,121\mathrm{e}^{-0.000\,121t}\ (\mathrm{g/a}).\end{aligned}$$

练习题 2.2

(A)

1. 求下列函数的导数：

(1) $s=\frac{t+1}{t-1}$；　　(2) $y=\mathrm{e}^x\cos x$；

(3) $y=\mathrm{e}^x+2\ln x$；　　(4) $y=\mathrm{e}^2-\frac{\pi}{x}+x^2\ln a$.

2. 求下列函数的导数：

(1) $y=(2x-3)^7$；　　(2) $y=\sin^3 2x$；

(3) $y=\tan(x^2+1)$；　　(4) $y=\sqrt{a^2-x^2}$；

(5) $y=\ln(3x+x^2)$；　　(6) $y=x^{\cos x}$.

3. 某城市正在遭受一场传染病的威胁，研究发现，第 t 天感染该病的人数为 $y=120t^2-2t^3$（t 的单位：天；$0\leqslant t\leqslant 40$）. 求该疾病在第 $t=10$ 天，$t=20$ 天，$t=40$ 天时的传播速度.

(B)

1. 求下列函数的导数：

(1) $y=x^3-\frac{1}{x}+2$；　　(2) $y=\mathrm{e}^{\sin 2x}$；

(3) $y=\ln\sin 3x$；

(4) $y=\dfrac{x\ln x}{1+x}-\ln(1+x)$；

(5) $y=\sqrt{x^2-a^2}-a\arccos\dfrac{a}{x}$，$a>0$，$x>0$；

(6) $y=\arcsin\dfrac{1-x^2}{1+x^2}$.

2. 当 a 与 b 取何值时，才能使曲线 $y=\ln x-1$ 与曲线 $y=ax^2+bx$ 在 $x=1$ 处有共同的切线.

3. 当推出一种新的电子游戏时，短期内其销量会迅速增加，然后开始下降. 销售量 s 与时间 t 之间的函数关系为

$$s=\frac{200t}{t^2+100}\text{，}t\text{ 的单位为月.}$$

(1) 求 $s'(t)$；

(2) 求 $s(5)$ 和 $s'(5)$，并解释其意义.

2.3 隐函数和由参数方程所确定的函数的导数

2.3.1 隐函数的导数

在前面所遇到的函数都是形如 $y=f(x)$ 的函数，如 $y=x^2+1$，这种一个变量明显是另一个变量的函数，称为**显函数**. 在实际应用中还有一种函数，如方程 $e^y+x-3=0$，隐含着 y 是 x 的函数关系，这种以一个方程 $F(x, y)=0$ 所确定的函数称为**隐函数**.

把一个隐函数化成显函数，叫作**隐函数的显化**. 如从方程 $x+y^3-1=0$ 解出 $y=\sqrt[3]{1-x}$，就把隐函数化成显函数. 隐函数的显化有时是困难的，甚至是不可能的. 但在实际中，有时需要计算隐函数的导数，因此，我们希望有一种方法，不管隐函数能否显化，都能直接由方程算出它所确定的隐函数的导数来.

微课2.3.1

隐函数的求导法则

我们可以利用复合函数求导法则求隐函数的导数，方法是：

将方程两端对 x 求导，并注意其中变量 y 是 x 的函数，遇到 y 的函数时，把 y 看成中间变量，先对 y 求导，再乘上 y 对 x 的导数 y'，然后求出 y' 即可.

例 1 设方程 $x^2+y^2=R^2$（R 为常数）确定函数 $y=f(x)$，求 $\dfrac{dy}{dx}$.

解 方程两端分别对 x 求导，得

$$2x+2y\cdot y'_x=0,$$

解得

$$y'=-\frac{x}{y}.$$

例 2 设方程 $y+x-e^{xy}=0$ 确定函数 $y=f(x)$，求$\dfrac{dy}{dx}$.

解 方程两端分别对 x 求导，得

$$y'+1-e^{xy}\cdot(y+x\cdot y')=0.$$

所以，当 $1-xe^{xy}\neq 0$ 时，有

$$y'=\frac{ye^{xy}-1}{1-xe^{xy}}.$$

例 3 求函数 $y=\arcsin x\,(-1<x<1)$ 的导数.

解 $y=\arcsin x$ 可理解为 $x-\sin y=0$ 所确定的隐函数.

方程两边对 x 求导，注意到$-\dfrac{\pi}{2}<y<\dfrac{\pi}{2}$，得

$$1-\cos y\cdot y'=0,$$

解得

$$y'=\frac{1}{\cos y}=\frac{1}{\sqrt{1-\sin^2 y}}=\frac{1}{\sqrt{1-x^2}}.$$

用上述方法可分别求得

$$(\arccos x)'=\frac{-1}{\sqrt{1-x^2}},$$

$$(\arctan x)'=\frac{1}{1+x^2},$$

$$(\text{arccot}\ x)'=-\frac{1}{1+x^2}.$$

例 4 求函数 $y=x^{2x}$的导数（**对数求导法**）.

解 函数 $y=x^{2x}$的两端分别取自然对数，得

$$\ln y=\ln(x^{2x}),$$

即

$$\ln y=2x\ln x,$$

两端分别对 x 求导数，得

$$\frac{1}{y}y'=2\ln x+2,$$

解得

$$\begin{aligned}y'&=2y(\ln x+1)\\&=2x^{2x}(\ln x+1).\end{aligned}$$

2.3.2 由参数方程所确定的函数的导数

在解析几何中，我们知道椭圆的参数方程为

$$\begin{cases}x=a\cos\theta,\\ y=b\sin\theta\end{cases}\quad(0\leqslant\theta\leqslant 2\pi).$$

一般来说，参数方程$\begin{cases}x=\varphi(t),\\ y=\psi(t)\end{cases}$通过参数 t 确定了函数 $y=f(x)$. 现在来求$\dfrac{\mathrm{d}y}{\mathrm{d}x}$.

对于参数方程所确定的函数的求导，通常不需要先由参数方程消去参数 t 化为函数 $y=f(x)$ 后再求导. 如果函数 $x=\varphi(t)$，$y=\psi(t)$ 都可导，且 $\varphi'(t)\neq 0$，又 $x=\varphi(t)$ 具有单调连续的反函数 $t=\varphi^{-1}(x)$，则参数方程所确定的函数可以看成 $y=\psi(t)$ 与 $t=\varphi^{-1}(x)$ 复合而成的函数.

根据复合函数的求导法则，有

$$\frac{\mathrm{d}y}{\mathrm{d}x}=\frac{\mathrm{d}y}{\mathrm{d}t}\frac{\mathrm{d}t}{\mathrm{d}x}=\frac{\dfrac{\mathrm{d}y}{\mathrm{d}t}}{\dfrac{\mathrm{d}x}{\mathrm{d}t}}=\frac{\psi'(t)}{\varphi'(t)}.$$

由参数方程所确定的函数求导数

此即为参数方程确定的函数的求导公式.

例 5 求摆线$\begin{cases}x=a(t-\sin t),\\ y=a(1-\cos t)\end{cases}\quad(0\leqslant t\leqslant 2\pi)$.

(1) 在任意点处的切线斜率；(2) 在 $t=\dfrac{\pi}{2}$处的切线方程.

解 (1) 摆线在任意点处的切线斜率为

$$\frac{\mathrm{d}y}{\mathrm{d}x}=\frac{a\sin t}{a(1-\cos t)}=\cot\frac{t}{2}.$$

(2) 当 $t=\dfrac{\pi}{2}$时，摆线上对应点为$\left(a\left(\dfrac{\pi}{2}-1\right),\ a\right)$，过此点的切线斜率为

$$\left.\frac{\mathrm{d}y}{\mathrm{d}x}\right|_{t=\frac{\pi}{2}}=\left.\cot\frac{t}{2}\right|_{t=\frac{\pi}{2}}=1,$$

于是，所求切线方程为

$$y-a=x-a\left(\frac{\pi}{2}-1\right),$$

即

$$y=x+a\left(2-\frac{\pi}{2}\right).$$

练习题 2.3

(A)

1. 求下列方程所确定的隐函数的导数 y'：

(1) $\dfrac{x}{y}=\ln(xy)$；　　(2) $2x^2y-xy^2+y^3=0$；

(3) $e^y=a\cos(x+y)$ (a 为常数); (4) $e^{xy}+y\ln x=\sin 2x$.

2. 问曲线$\sqrt{x}+\sqrt{y}=1$在何处的切线斜率为-1.

3. 求下列参数方程所确定的函数的导数 y':

(1) $\begin{cases}x=a\cos bt+b\sin at,\\ y=a\sin bt-b\cos at\end{cases}$ (a, b 为常数);

(2) $\begin{cases}x=a\cos^3 t,\\ y=b\sin^3 t\end{cases}$ (a, b 为常数);

(3) $\begin{cases}x=\arctan t,\\ y=\ln(1+t^2).\end{cases}$

4. 求曲线$\begin{cases}x=te^{-t}+1,\\ y=(2t-t^2)e^{-t}\end{cases}$在 $t=0$ 处的切线方程与法线方程.

(B)

1. 求曲线 $x^7+y^5-2xy=0$ 在点 $(1, 1)$ 处的切线方程.

2. 已知 $y\sin x-\cos(x+y)=0$, 求在点$\left(0, \dfrac{\pi}{2}\right)$处的 y' 值.

3. 用对数求导法求下列函数的导数:

(1) $y=x^{x^2}$; (2) $y=(1+\cos x)^x$.

2.4 导数的应用

导数作为函数的变化率已经广泛地应用于自然科学、工程技术和社会科学等诸多领域, 本节学习利用导数讨论函数单调性、极值、最值, 以及求未定式的极限.

2.4.1 拉格朗日中值定理

中值定理对于运用导数作为工具去分析、解决复杂的问题, 无论在理论和应用上都有深远的影响.

知识拓展2.4.1

拉格朗日中值定理的证明

定理 (拉格朗日中值定理) 设函数 $y=f(x)$ 在闭区间 $[a, b]$ 上连续, 在开区间 (a, b) 内可导, 则在开区间 (a, b) 内至少存在一点 ξ, 使得

$$f'(\xi)=\frac{f(b)-f(a)}{b-a}, \text{ 或 } f(b)-f(a)=f'(\xi)(b-a).$$

定理证明见知识拓展.

下面结合图 2-3, 来讨论拉格朗日中值定理的几何意义. 因为 $f'(\xi)$ 为点 C

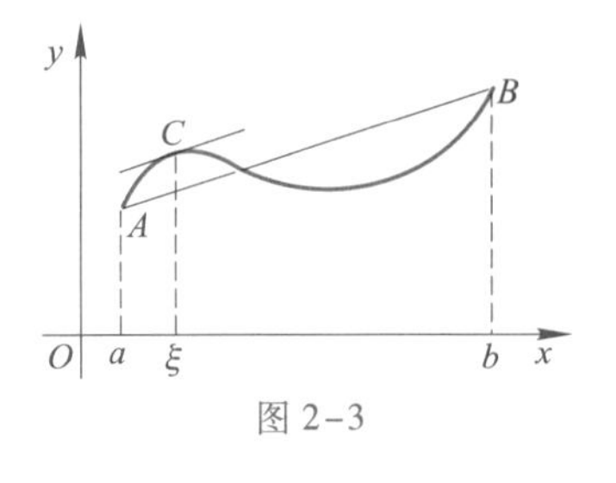

图 2-3

处的切线的斜率，而 $\frac{f(b)-f(a)}{b-a}$ 为弦 AB 的斜率，因此，拉格朗日中值定理的几何意义是：对于连续且除端点外处处有不垂直于 x 轴的切线的曲线弧 AB 而言，在此弧上至少存在一点 C，使得在点 C 处的切线平行于弦 AB.

由拉格朗日中值定理，还可以得到下面的推论.

柯西中值定理与泰勒中值定理

推论 如果函数 $y=f(x)$ 在区间 (a, b) 内，恒有 $f'(x)=0$，则 $y=f(x)$ 在区间(a, b)内恒等于常数.

证 在区间 (a, b) 内任取两点 x_1，x_2，且 $x_1<x_2$，则在区间 $[x_1, x_2]$ 上，函数 $y=f(x)$ 满足拉格朗日中值定理的条件，因而可得

$$f(x_2)-f(x_1)=f'(\xi)(x_2-x_1)，其中 \xi\in(x_1, x_2).$$

因为 $f'(x)=0$，所以

$$f(x_1)=f(x_2).$$

又由于 x_1，x_2 是 (a, b) 内任意两点，因此，$y=f(x)$ 在区间 (a, b) 内的函数值处处相等，即 $y=f(x)$ 在区间 (a, b) 内恒等于常数.

2.4.2 函数的单调性与极值

利用导数探讨函数的单调性

我们在第一章已经介绍了函数的单调性，下面介绍如何用导数来研究函数的单调性.

1. 函数单调性的判定方法

设函数 $y=f(x)$ 在闭区间 $[a, b]$ 上连续，在开区间 (a, b) 内可导，

(1) 如果在开区间 (a, b) 内 $f'(x)>0$，则函数 $y=f(x)$ 在闭区间 $[a, b]$ 上单调增加；

(2) 如果在开区间 (a, b) 内 $f'(x)<0$，则函数 $y=f(x)$ 在闭区间$[a, b]$上单调减少.

例 1 判断函数 $y=x+e^x$ 的单调性.

解 因为 $y'=1+e^x>0$，所以 $y=x+e^x$ 在 $(-\infty, +\infty)$ 内单调增加.

例 2 求函数 $f(x)=x^3+3x^2+1$ 的单调区间.

解 函数 $f(x)$ 的定义域是 $(-\infty, +\infty)$，而

$$f'(x)=3x^2+6x=3x(x+2).$$

令 $f'(x)=0$ 得 $x=-2$，$x=0$. 于是，$x=-2$，$x=0$ 把函数的定义域划分为三个部分区间，列表讨论如下（表 2-1）：

表 2-1

x	$(-\infty, -2)$	-2	$(-2, 0)$	0	$(0, +\infty)$
$f'(x)$	+	0	−	0	+
$f(x)$	↗		↘		↗

所以，$(-\infty, -2)$ 与 $(0, +\infty)$ 是函数 $f(x)$ 的单调增加区间，$(-2, 0)$ 是函数 $f(x)$ 的单调减少区间.

2. 函数的极值

在本节例 2 中，$x=-2$ 是函数 $f(x)$ 由递增转为递减的转折点，且对此点的左右邻近的 x，有 $f(-2)>f(x)$；而 $x=0$ 是函数 $f(x)$ 由递减转为递增的转折点，且对此点的左右邻近的 x，有 $f(0)<f(x)$. 这种使函数增减性改变的转折点称为函数的极值点.

定义 设函数 $y=f(x)$ 在点 x_0 的某一去心邻域内的任一点 x $(x\neq x_0)$，恒有 $f(x_0)>f(x)$（或 $f(x_0)<f(x)$），则称点 x_0 为函数 $y=f(x)$ 的**极大值点**（或**极小值点**），而称 $f(x_0)$ 为函数 $y=f(x)$ 的**极大值**（或**极小值**）.

微课2.4.2
函数的极值

极大值点与极小值点统称为**极值点**，极大值与极小值统称为**极值**.

显然，极值是一个局部概念，它只是与极值点邻近的函数值相比较而言，并非是区间上的最小值或最大值.

极值存在的必要条件 设函数 $y=f(x)$ 在点 x_0 处可导，且在点 x_0 处取得极值 $f(x_0)$，则 $f'(x_0)=0$.

$f'(x_0)=0$ 是点 x_0 为极值点的必要条件，不是充分条件. 如 $f(x)=x^3$ 是单调递增的，虽有 $f'(x_0)=0$，但 $x_0=0$ 不是极值点. 使 $f'(x_0)=0$ 的点 x_0 称为函数 $y=f(x)$ 的**驻点**. 驻点可能是极值点，也可能不是极值点.

导数不存在的点也可能是极值点. 如函数 $f(x)=|x|$ 在 $x_0=0$ 处不可导，而 $x_0=0$ 却为函数 $f(x)=|x|$ 的极值点（如图 2-4）.

微课2.4.3
极值的求解

函数极值的判别法 设函数 $y=f(x)$ 在点 x_0 处连续，且在 x_0 的某一去心邻域内可导.

(1) 如果当 $x<x_0$ 时，$f'(x)>0$；而 $x>x_0$ 时，$f'(x)<0$，则函数 $y=f(x)$ 在 x_0 点处取得极大值；

(2) 如果当 $x<x_0$ 时，$f'(x)<0$；而 $x>x_0$ 时，$f'(x)>0$，则函数 $y=f(x)$ 在 x_0 点处取得极小值；

(3) 如果在 x_0 两侧 $f'(x)$ 同号，则函数 $y=f(x)$ 在 x_0 点处不取极值.

图 2-4

例 3 求函数 $y=x-\frac{3}{2}x^{\frac{2}{3}}$ 的极值.

解 函数 $y=x-\frac{3}{2}x^{\frac{2}{3}}$ 的定义域为 $(-\infty, +\infty)$，而

$$y'=\left(x-\frac{3}{2}x^{\frac{2}{3}}\right)'=1-x^{-\frac{1}{3}}=\frac{\sqrt[3]{x}-1}{\sqrt[3]{x}}.$$

令 $y'=0$，得驻点 $x=1$ 及不可导点 $x=0$. 列表讨论如下（表 2-2）：

表 2-2

x	$(-\infty, 0)$	0	$(0, 1)$	1	$(1, +\infty)$
y'	+	不存在	−	0	+
y	↗	极大值 0	↘	极小值 $-\frac{1}{2}$	↗

由表 2-2 知，$y=x-\frac{3}{2}x^{\frac{2}{3}}$ 的极大值为 0，极小值为 $-\frac{1}{2}$.

2.4.3 函数的最值

在实践中常会遇到在一定条件下怎样使材料最省、效率最高、性能最好、进程最快等优化问题，可归结为求一个函数在给定区间上的最大值和最小值（简称为最值）问题. 最值有别于极值，它是全局性的概念，是函数全部函数值中的最大者或最小者.

由于闭区间 $[a, b]$ 上连续的函数 $y=f(x)$ 一定存在最大值与最小值，因此，只需找到函数在区间 $[a, b]$ 内的全部驻点、不可导点以及端点，并求出各点处的函数值，其中最大（小）的就是 $y=f(x)$ 在区间 $[a, b]$ 上的最大（小）值.

例 4 求函数 $f(x)=(x-1)\sqrt[3]{x}$ 在区间 $[-1, 1]$ 上的最大值与最小值.

解
$$f'(x)=\sqrt[3]{x}+(x-1)\frac{1}{3\sqrt[3]{x^2}}=\frac{4x-1}{3\sqrt[3]{x^2}}.$$

令 $f'(x)=0$，得 $x=\frac{1}{4}$，且 $f(x)$ 在 $x=0$ 处不可导，所以，$f(x)$ 在区间 $(-1, 1)$ 内的所有可能的极值点为 $x=0$ 与 $x=\frac{1}{4}$.

又因为

$$f(-1)=2,\ f(0)=f(1)=0,\ f\left(\frac{1}{4}\right)=-\frac{3}{8}\sqrt[3]{2},$$

所以，$f(x)$ 在区间 $[-1, 1]$ 上的最大值为 $f(-1)=2$，最小值为 $f\left(\frac{1}{4}\right)=-\frac{3}{8}\sqrt[3]{2}$.

在求解实际问题时，如果函数 $f(x)$ 在其定义区间内只有一个驻点 x_0，而最值存在，则 $f(x_0)$ 便是函数的最值.

例 5 设有一块边长为 a 的正方形铁片，从它的四角剪去同样大小的正方形，做成一个无盖的铁盒，问截去的小正方形边长为多大，才使做成的铁盒容积最大?

解 如图 2-5 所示：设剪去的小正方形的边长为 x，则铁盒的容积为

$$V=x(a-2x)^2 \quad \left(0<x<\frac{a}{2}\right).$$

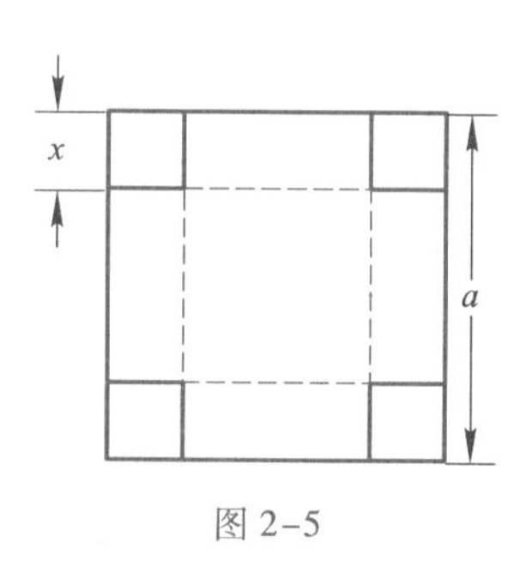

图 2-5

问题转化为求 V 在区间$\left(0,\ \frac{a}{2}\right)$上的最大值.

由 $V'=(a-2x)(a-6x)$，得 V 在$\left(0,\ \frac{a}{2}\right)$内有唯一驻点 $x=\frac{a}{6}$.

因为 $0<x<\frac{a}{6}$时，$V'>0$；$\frac{a}{6}<x<\frac{a}{2}$时，$V'<0$，所以 $x=\frac{a}{6}$是 V 的唯一极大值点，也是 V 在该区间上的最大值点，所以截去的小正方形边长为 $x=\frac{a}{6}$时做成的铁盒容积最大.

例 6 某工厂准备年计划生产某商品 4 000 套，平均分成若干批生产，已知每批生产准备费为 100 元，每套产品库存费为 5 元，如果产品均匀投放市场（上一批用完之后立即生产下一批，因此库存量为批量的一半），试问每批生产多少套产品才能使生产准备费与库存费之和为最小？

解 设每批生产 x 套，总费用为 y 元. 因为年生产 4 000 套，从而年生产批数为$\frac{4\ 000}{x}$，生产准备费为

$$\frac{4\ 000}{x}\cdot 100=\frac{400\ 000}{x},$$

库存费为$\frac{5x}{2}$，所以

$$y=\frac{400\ 000}{x}+\frac{5x}{2}.$$

因为

$$y'=-\frac{400\ 000}{x^2}+\frac{5}{2},$$

令 $y'=0$，得 $x=400$.

又因为当 $x=400$ 时，y 取得极小值，亦即最小值. 因此，每批生产 400 套产品时，生产准备费与库存费之和为最小.

2.4.4 利用导数求极限

由于两个无穷小之比的极限或两个无穷大之比的极限可能存在，也可能不存在，我们称它们为$\frac{0}{0}$型与$\frac{\infty}{\infty}$型的**未定式**. 下面学习利用导数计算该类函数极限的方法，即洛必达（L'Hospital，1661—1704）法则.

1. 洛必达法则

设函数 $f(x)$ 与 $g(x)$ 满足：

(1) $\lim\limits_{x\to x_0}f(x)=\lim\limits_{x\to x_0}g(x)=0$（或 ∞），即 $\lim\limits_{x\to x_0}\dfrac{f(x)}{g(x)}$ 是 $\dfrac{0}{0}\left(\text{或}\dfrac{\infty}{\infty}\right)$ 型；

(2) 在点 x_0 的某一去心邻域内可导，且 $g'(x)\neq 0$；

(3) $\lim\limits_{x\to x_0}\dfrac{f'(x)}{g'(x)}=A$（$A$ 可为 ∞），

则

$$\lim_{x\to x_0}\frac{f(x)}{g(x)}=\lim_{x\to x_0}\frac{f'(x)}{g'(x)}=A.$$

在洛必达法则中，极限过程 $x\to x_0$，换成 $x\to x_0^-$，$x\to x_0^+$ 或者 $x\to\infty$，$x\to-\infty$，$x\to+\infty$ 等，结论都成立.

2. $\dfrac{0}{0}$ 型与 $\dfrac{\infty}{\infty}$ 型的未定式

例 7 $\lim\limits_{x\to\pi}\dfrac{\sin x-\sin\pi}{x-\pi}$.

解 $\lim\limits_{x\to\pi}\dfrac{\sin x-\sin\pi}{x-\pi}\overset{\frac{0}{0}}{=\!=}\lim\limits_{x\to\pi}\dfrac{\cos x}{1}=-1.$

例 8 求 $\lim\limits_{x\to 2}\dfrac{x^3-3x^2+4}{x^2-4x+4}$.

解 $\lim\limits_{x\to 2}\dfrac{x^3-3x^2+4}{x^2-4x+4}\overset{\frac{0}{0}}{=\!=}\lim\limits_{x\to 2}\dfrac{3x^2-6x}{2x-4}\overset{\frac{0}{0}}{=\!=}\lim\limits_{x\to 2}\dfrac{6x-6}{2}=3.$

例 9 求 $\lim\limits_{x\to\infty}\dfrac{\ln\left(1+\dfrac{1}{x}\right)}{\sin\dfrac{1}{x}}$.

解 $\lim\limits_{x\to\infty}\dfrac{\ln\left(1+\dfrac{1}{x}\right)}{\sin\dfrac{1}{x}}\overset{\frac{0}{0}}{=\!=}\lim\limits_{x\to\infty}\dfrac{\dfrac{x}{x+1}\left(-\dfrac{1}{x^2}\right)}{\left(-\dfrac{1}{x^2}\right)\cos\dfrac{1}{x}}=\lim\limits_{x\to\infty}\left(\dfrac{x}{x+1}\right)\left(\dfrac{1}{\cos\dfrac{1}{x}}\right)=1.$

例 10 求 $\lim\limits_{x\to 0^+}\dfrac{\ln x}{1+2\ln\sin x}$.

解 $\lim\limits_{x\to 0^+}\dfrac{\ln x}{1+2\ln\sin x}\overset{\frac{\infty}{\infty}}{=\!=\!=}\lim\limits_{x\to 0^+}\dfrac{\dfrac{1}{x}}{2\dfrac{\cos x}{\sin x}}=\dfrac{1}{2}\lim\limits_{x\to 0^+}\dfrac{1}{\cos x}\cdot\dfrac{\sin x}{x}=\dfrac{1}{2}.$

例 11 求 $\lim\limits_{x\to+\infty}\dfrac{x^n}{e^x}$.

解 $\lim\limits_{x\to+\infty}\frac{x^n}{e^x}\xlongequal{\frac{\infty}{\infty}}\lim\limits_{x\to+\infty}\frac{nx^{n-1}}{e^x}\xlongequal{\frac{\infty}{\infty}}\lim\limits_{x\to+\infty}\frac{n(n-1)x^{n-2}}{e^x}\xlongequal{\frac{\infty}{\infty}}\cdots\xlongequal{\frac{\infty}{\infty}}\lim\limits_{x\to+\infty}\frac{n!}{e^x}=0.$

3. 其他类型的未定式

其他类型的未定式还有 $0\cdot\infty$，$\infty-\infty$，1^∞，∞^0，0^0 等类型，它们的极限通常经过适当变形都能化为 $\frac{0}{0}$ 或 $\frac{\infty}{\infty}$ 型未定式的极限，再用洛必达法则求极限.

例 12 求 $\lim\limits_{x\to+\infty}xe^{-x}$.

解 $\lim\limits_{x\to+\infty}xe^{-x}\xlongequal{0\cdot\infty}\lim\limits_{x\to+\infty}\frac{x}{e^x}\xlongequal{\frac{\infty}{\infty}}\lim\limits_{x\to+\infty}\frac{1}{e^x}=0.$

例 13 求 $\lim\limits_{x\to0}\left(\frac{1}{\sin x}-\frac{1}{x}\right)$.

解 $\lim\limits_{x\to0}\left(\frac{1}{\sin x}-\frac{1}{x}\right)\xlongequal{\infty-\infty}\lim\limits_{x\to0}\frac{x-\sin x}{x\sin x}\xlongequal{\frac{0}{0}}\lim\limits_{x\to0}\frac{1-\cos x}{\sin x+x\cos x}\xlongequal{\frac{0}{0}}\lim\limits_{x\to0}\frac{\sin x}{2\cos x-x\sin x}=0.$

例 14 求 $\lim\limits_{x\to0^+}x^x$.

解 $\lim\limits_{x\to0^+}x^x\xlongequal{0^0}\lim\limits_{x\to0^+}e^{x\ln x}=e^{\lim\limits_{x\to0^+}x\ln x}$ 而

$$\lim_{x\to0^+}x\ln x\xlongequal{0\cdot\infty}\lim_{x\to0^+}\frac{\ln x}{\frac{1}{x}}\xlongequal{\frac{\infty}{\infty}}\lim_{x\to0^+}\frac{\frac{1}{x}}{-\frac{1}{x^2}}=\lim_{x\to0^+}(-x)=0,$$

所以 $\lim\limits_{x\to0^+}x^x=e^0=1$.

2.4.5 导数的应用实例

为进一步用数学知识解决实际问题，下面再举几个导数在物理、化学、生物、经济等领域的例子.

1. 物理中的导数应用

例 15 瞬时电流

在导体中，只要有电荷运动，就有电流存在. 如果 ΔQ 是 Δt 时间间隔中通过某横截面的电荷量，那么在这个时间间隔中的平均电流定义为 $\bar{I}=\frac{\Delta Q}{\Delta t}$. 如果 $\Delta t\to0$，平均电流 $\bar{I}$ 的极限存在，就是在时刻 t 的瞬时电流 I，即 $I=\lim\limits_{\Delta t\to0}\frac{\Delta Q}{\Delta t}=\frac{dQ}{dt}$.

假设通过导线某横截面的电荷量是时间 t 的函数 $Q(t)=t+t^2$，则通过该导线

的电流 $I(t)=\frac{\mathrm{d}Q}{\mathrm{d}t}=1+2t$.

例 16 热力学中的压缩系数

压缩系数是热力学中重要的物理量之一，如果给定的气体温度保持不变，则体积 V 取决于压强 p，因此可以考虑体积关于压强的变化率，即导数$\frac{\mathrm{d}V}{\mathrm{d}p}$. 由于 V 随 p 的增加而减少，所以$\frac{\mathrm{d}V}{\mathrm{d}p}\leqslant 0$. 因此，等温压缩系数 β 就是用体积 V 除该导数的相反数来定义的，即等温压缩系数 $\beta=-\frac{1}{V}\frac{\mathrm{d}V}{\mathrm{d}p}$.

例如，取温度为 25 ℃的空气，其体积与压强（单位分别为 m^3 和 kPa）满足：$V=\frac{5.3}{p}$. 则当 $p=50$ kPa 时，V 关于 p 的变化率为$\left.\frac{\mathrm{d}V}{\mathrm{d}p}\right|_{p=50}=-\left.\frac{5.3}{p^2}\right|_{p=50}=-0.002\ 12$ $(\mathrm{m}^3/\mathrm{kPa})$. 即此时若压强增加 1 kPa，体积将减小 0.002 12 m^3. 此时的压缩系数为$\beta(50)=-\left.\frac{1}{V}\frac{\mathrm{d}V}{\mathrm{d}p}\right|_{p=50}=0.02(1/\mathrm{kPa})$. 如果压强继续增加 1 kPa，体积将减小 2%.

显然，用压缩系数刻画体积随压强的变化程度更准确.

除了以上介绍的例子外，物理学中还有很多重要的与变化率（导数）有关的概念，例如功率、热导率、温度梯度以及核放射性物质的衰变率等.

2. 化学中的导数应用

例 17 化学反应速度

化学反应是一种或多种反应物变为一种或多种生成物的过程. 考虑如下反应：$1A+B=C$. 其中 A，B 为反应物，C 为生成物. 用 x_A，x_B，x_C 分别表示物质 A、B、C 的浓度，由于浓度在反应过程中是变化的，所以 x_A，x_B，x_C 都是时间 t 的函数. 在时间间隔 $[t,t+\Delta t]$ 上生成物 C 的平均反应速度为 $\frac{\Delta x_C}{\Delta t}=\frac{x_C(t+\Delta t)-x_C(t)}{\Delta t}$，它在 $\Delta t\to 0$ 时的极限称为瞬时反应速度，即

$$v_C(t)=\lim_{\Delta t\to 0}\frac{\Delta x_C}{\Delta t}=\frac{\mathrm{d}x_C}{\mathrm{d}t}.$$

显然，生成物浓度在反应过程中是增加的，因此$\frac{\mathrm{d}x_C}{\mathrm{d}t}\geqslant 0$. 而反应物的浓度将逐渐减小，因此$\frac{\mathrm{d}x_A}{\mathrm{d}t}\leqslant 0$，$\frac{\mathrm{d}x_B}{\mathrm{d}t}\leqslant 0$. 它们的绝对值是相等的，即

$$\frac{\mathrm{d}x_C}{\mathrm{d}t}=-\frac{\mathrm{d}x_A}{\mathrm{d}t}=-\frac{\mathrm{d}x_B}{\mathrm{d}t}.$$

3. 生物学中的导数应用

例 18 血管中的血流速度梯度

当考虑血管中血液的流动时，可以把血管看做是半径为 R，长度为 l 的圆柱形管子. 由于血管壁的摩擦，血流速度 v 在血管的中心轴达到最大，并随着与轴的距离 r 的增加而减小，直到在血管壁处变为零. 速度 v 与 r 之间的关系由法国内科医生普瓦瑟耶（Poiseuille）在 1840 年发现的层流律确定：

$$v=\frac{p}{4\eta l}(R^2-r^2),$$

其中 η 是血的黏滞系数，p 是血管两端的压强差. 如果 p 和 l 是常数，则 v 是 r 的函数，定义域为 $[0, R]$.

我们称速度 v 关于 r 的瞬时变化率为血流速度梯度（即血流速度关于位置的变化率）.

$$\text{速度梯度}=\lim_{\Delta r\to 0}\frac{\Delta v}{\Delta r}=\frac{\mathrm{d}v}{\mathrm{d}r}.$$

由层流律公式可得

$$\frac{\mathrm{d}v}{\mathrm{d}r}=-\frac{pr}{2\eta l}.$$

例如，在典型的人类小动脉中，$\eta=0.002\ 7$ Pa · s，$R=0.008$ cm，取 $l=2$ cm，测得 $p=400$ Pa 时，有

$$v\approx 1.85\times 10^4(6.4\times 10^{-5}-r^2).$$

在 $r=0.002$ cm 处，血流速度为 $v(0.002)=1.11(\mathrm{cm/s})$.

$$\text{速度梯度}\left.\frac{\mathrm{d}v}{\mathrm{d}r}\right|_{r=0.002}=-74(1/\mathrm{s}).$$

意即，在 $r=0.002$ cm 处，如果到血管中心轴的距离再增加一个单位，血流速度减小 74 个单位.

4. 经济学中的导数应用

例 19 边际经济函数

假设 $C(Q)$ 为某产品的成本函数，当产品的数量 Q 增加 ΔQ 时，成本的平均变化率为

$$\frac{\Delta C(Q)}{\Delta Q}=\frac{C(Q+\Delta Q)-C(Q)}{\Delta Q}.$$

当 $\Delta Q\to 0$ 时，上式的极限值就是成本关于产量的瞬时变化率，即导数 $\frac{\mathrm{d}C}{\mathrm{d}Q}$，经济学上称为**边际成本函数**：

$$\text{边际成本函数}=\frac{\mathrm{d}C(Q)}{\mathrm{d}Q}=C'(Q).$$

取 $\Delta Q=1$ 和足够大的产量数 Q（使 ΔQ 相对于 Q 很小），则 $C'(Q)\approx C(Q+1)-C(Q)$，因而可以说，生产 Q 件产品的边际成本近似等于多生产一件的成本，因此，边际成本函数也可以定义为产量增加一个单位时所增加的成本，简称**边际成本**.

例如，某公司生产 Q 件产品的成本为 $C(Q)=6\ 000+5Q+0.01Q^2$（元），则边际成本为 $C'(Q)=5+0.02Q$（元/件）. 生产 100 件产品时的边际成本为 $C'(100)=5+0.02\times100=7$（元/件）.

即在产量为 100 件时，再多生产 1 件产品的成本约增加 7 元.

边际概念是经济学中的一个概念，一般指经济函数的变化率. 除了边际成本函数 $C'(Q)$，还有边际收益函数 $R'(Q)$、边际利润函数 $L'(Q)$、边际需求函数 $Q'(P)$、边际供给函数 $S'(P)$ 等，分别是收益函数 $R(Q)$、利润函数 $L(Q)$、需求函数$Q(P)$、供给函数 $S(P)$ 等的导数.

经济学中所关注的常常是最大利润的问题，即利润函数 $L(Q)$ 的最大值问题. $L(Q)$ 有最大值的充分必要条件是 $L'(Q)=0$ 且 $L''(Q)<0$，即 $R''(Q)<C''(Q)$. 由此取最大利润的充分条件是边际收益的变化率小于边际成本的变化率，这就是最大利润原则. 例如，假设生产某产品的成本为 30 000 元，每多生产一件成本增加 200 元，该产品的需求函数 $Q=900-2P$，则

$$\text{成本函数 } C(Q)=30\ 000+200Q,$$

$$\text{收益函数 } R(Q)=PQ=\frac{900-Q}{2}Q=450Q-\frac{Q^2}{2},$$

利润函数为 $L(Q)=R(Q)-C(Q)=250Q-\dfrac{Q^2}{2}-30\ 000$，因为 $L'(Q)=250-Q$，令 $L'(Q)=0$，得 $Q=250$，且 $L''(Q)=-1<0$，故当产品产量 $Q=250$ 时，利润最大.

例 20 弹性函数

对于需求函数 $Q(P)$，如果极限 $\lim\limits_{\Delta P\to0}\dfrac{\Delta Q/Q}{\Delta P/P}$存在，则

$$\lim_{\Delta P\to0}\frac{\Delta Q/Q}{\Delta P/P}=\lim_{\Delta P\to0}\frac{\Delta Q}{\Delta p}\ \frac{P}{Q}=\frac{P}{Q}\ \frac{\mathrm{d}Q}{\mathrm{d}P}$$

称为需求函数 $Q(P)$ 在点 P 处的**弹性**，记作 E_d，即

$$E_d=\frac{P}{Q}\ \frac{\mathrm{d}Q}{\mathrm{d}P}.$$

函数的弹性可以看作是函数的相对增量与自变量的相对增量的比值的极限，它是函数的相对变化率，或解释为当自变量变化百分之一时函数变化的百分数.

根据经济理论，需求函数的弹性一般取负值.

例如，某商品的需求函数为 $Q(P)=2\ 000\mathrm{e}^{-0.03P}$，则需求弹性为

$$E_d=\frac{P}{Q}\ \frac{\mathrm{d}Q}{\mathrm{d}P}=\frac{-0.03P\times2\ 000\mathrm{e}^{-0.03P}}{2\ 000\mathrm{e}^{-0.03P}}=-0.03P.$$

当价格为100时的弹性为 $E_d(100)=-3$，即当价格为100时，若价格增加1%，则需求减少3%.

利用供给函数 $S(P)$，同样可以定义供给弹性 $E_S=\frac{P}{S}\frac{\mathrm{d}S}{\mathrm{d}P}$.

练习题2.4

(A)

1. 求下列函数的单调区间：

(1) $f(x)=3x^2+6x+2$；　　(2) $f(x)=\sqrt[3]{x^2}$；

(3) $f(x)=\frac{x^2}{1+x}$；　　(4) $f(x)=2x^2-\ln x$.

2. 求下列函数的极值：

(1) $f(x)=x^2-3x-4$；　　(2) $f(x)=x^2\mathrm{e}^{-x}$.

3. 求下列函数在所给区间上的最值：

(1) $f(x)=x^4-2x^2+5$，$[-2,2]$；　　(2) $f(x)=x+2\sqrt{x}$，$[0,4]$.

4. 用围墙围成面积为216 m^2 的一矩形仓库，并在正中用一堵墙将其一分为两间. 问这个仓库的长和宽取多少时所用材料最少？

5. 一个旅馆有200个房间，每间定价不超过40元可以全部出租，如果每间定价高出1元，则会少出租4间. 设出租房间的服务费为8元/间，问管理者把房间价格定为多少可获最大利润？

6. 求下列极限：

(1) $\lim\limits_{x\to0}\frac{\sin 3x}{\tan 4x}$；　　(2) $\lim\limits_{x\to2}\frac{x^3-2x^2+x-2}{x-2}$；

(3) $\lim\limits_{x\to+\infty}\frac{\ln x}{2^x}$；　　(4) $\lim\limits_{x\to+\infty}\frac{x^2+\ln x}{x\ln x}$；

(5) $\lim\limits_{x\to0^+}x^n\ln x$；　　(6) $\lim\limits_{x\to+\infty}\frac{x^3}{\mathrm{e}^{3x}}$；

(7) $\lim\limits_{x\to1}\left(\frac{x}{x-1}-\frac{1}{\ln x}\right)$；　　(8) $\lim\limits_{x\to0^+}x^{\tan x}$.

7. 某商户以每条50元的价格购进一批牛仔裤，设此牛仔裤的需求函数为 $Q=200-P$，问该商户将销售价格定为多少，才能获得最大利润？

8. 设某商品的需求函数为指数函数 $Q=3\mathrm{e}^{-\frac{P}{2}}$，求需求弹性函数及当 $P=6$ 时的需求弹性.

9. 证明恒等式：$\arcsin x+\arccos x=\frac{\pi}{2}$，$x\in[-1,1]$.

10. 设 $a>b>0$，证明：$\frac{a-b}{a}<\ln\frac{a}{b}<\frac{a-b}{b}$.

(B)

1. 设函数 $f(x)=ax^3-6ax^2+b$ 在 $[-1, 2]$ 上的最大值是 3，最小值是 -29，且 $a>0$，求 a，b 的值.

2. 若函数 $f(x)=a\sin x+\frac{1}{3}\sin 3x$ 在 $x=\frac{\pi}{3}$ 处取得极值，

(1) 求 a 的值；　　(2) 判断此极值为极大值还是极小值.

3. 甲船位于乙船正南 82 n mile（1 n mile≈1852 m）处，甲船以 20 n mile/h 的速度向东行驶，同一时间乙船以每小时 16 n mile 的速度向南行驶，问这两船经过多少时间距离最近？最近距离为多少？

4. 某企业计划每年生产某种产品 x 件的总成本 $C(x)=0.56x+5\,000(0\leqslant x\leqslant 50\,000)$，单位价格 p 与产量 x 的关系为 $p(x)=\frac{60\,000-x}{20\,000}$，问年生产多少件产品才能使利润最大？

5. 求下列函数的极值：

(1) $f(x)=x-\ln(1+x)$；　　(2) $f(x)=\sqrt[5]{(x+1)^2}$.

6. 求下列极限：

(1) $\lim\limits_{x\to 1}\frac{\ln x}{x-1}$；　　(2) $\lim\limits_{x\to a}\frac{a^x-x^a}{x-a}(a>0)$；

(3) $\lim\limits_{x\to\infty}\frac{x^2\sin\frac{1}{x}}{4x-1}$；　　(4) $\lim\limits_{x\to 0}x^2\mathrm{e}^{\frac{1}{x^2}}$；

(5) $\lim\limits_{x\to\infty}\left(1+\frac{2}{x}\right)^x$；　　(6) $\lim\limits_{x\to\frac{\pi}{2}}(\sec x-\tan x)$.

7. 设每生产 x 单位某种产品的费用为

$$C(x)=200+4x,$$

得到的收益为

$$R(x)=10x-\frac{x^2}{100}.$$

求每批生产多少单位产品才能使利润最大，最大利润为多少？

8. 设某产品的需求量 Q 对价格 p 的函数关系为 $Q=1\,600\left(\frac{1}{4}\right)^p$，求当 $p=3$ 时的需求弹性是多少.

9. 证明：若函数 $f(x)$ 在 $(-\infty, +\infty)$ 内满足关系式 $f'(x)=f(x)$，且 $f(0)=1$，则 $f(x)=\mathrm{e}^x$.

2.5 高阶导数及其应用

2.5.1 高阶导数的概念

我们知道变速直线运动的速度 $v(t)$ 是路程函数 $s(t)$ 关于时间 t 的导数，即

$$v(t)=\frac{\mathrm{d}s}{\mathrm{d}t}\text{或 } v(t)=s'(t),$$

而加速度 $a(t)$ 又是速度 $v(t)$ 关于时间 t 的导数，即

$$a(t)=\frac{\mathrm{d}v}{\mathrm{d}t}=\frac{\mathrm{d}}{\mathrm{d}t}\left(\frac{\mathrm{d}s}{\mathrm{d}t}\right)\text{ 或 } a(t)=(s'(t))'.$$

高阶导数

定义1 函数 $y=f(x)$ 的导函数 $f'(x)$ 的导数 $[f'(x)]'$称为函数 $y=f(x)$ 的**二阶导数**，记作 y''，$f''(x)$ 或$\frac{\mathrm{d}^2y}{\mathrm{d}x^2}$.

相应地，称 $f'(x)$ 为函数 $y=f(x)$ 的**一阶导数**.

类似地，二阶导数 $f''(x)$ 的导数称为函数 $y=f(x)$ 的**三阶导数**，记作 y'''，$f'''(x)$ 或$\frac{\mathrm{d}^3y}{\mathrm{d}x^3}$；如果函数 $y=f(x)$ 的三阶导数仍然可导，则称 $y=f(x)$ 的三阶导数 $f'''(x)$ 的导数为 $y=f(x)$ 的**四阶导数**，记作 $y^{(4)}$，$f^{(4)}(x)$ 或$\frac{\mathrm{d}^4y}{\mathrm{d}x^4}$. 一般地，函数 $y=f(x)$ 的 $n-1$ 阶导数 $f^{(n-1)}(x)$ 的导数，称为 $y=f(x)$ 的 n **阶导数**，记作 $y^{(n)}$，$f^{(n)}(x)$ 或$\frac{\mathrm{d}^ny}{\mathrm{d}x^n}$.

二阶及二阶以上的导数统称为**高阶导数**. 高阶导数的求法就是逐阶求导，前面所学的一阶导数的方法仍然适用.

例1 设 $y=x^3$，求 y''，y'''，$y^{(4)}$.

解 $y'=3x^2$，$y''=3\cdot 2x$，$y'''=3\cdot 2\cdot 1=3!$，$y^{(4)}=0$.

例2 设 $y=\mathrm{e}^x$，求 $y^{(n)}$.

解 $y'=\mathrm{e}^x$，$y''=\mathrm{e}^x$，$y'''=\mathrm{e}^x$，…，$y^{(n)}=\mathrm{e}^x$.

例3 设 $y=x\mathrm{e}^x$，求 $y^{(n)}$.

解 $y'=\mathrm{e}^x+x\mathrm{e}^x$，$y''=\mathrm{e}^x+\mathrm{e}^x+x\mathrm{e}^x$，$y'''=\mathrm{e}^x+\mathrm{e}^x+\mathrm{e}^x+x\mathrm{e}^x$，…，$y^{(n)}=n\mathrm{e}^x+x\mathrm{e}^x$.

2.5.2 二阶导数的应用

1. 曲线的凹凸性与拐点

函数的图形能直观地反映函数的变化规律，除了要知道图形是上升还是下降

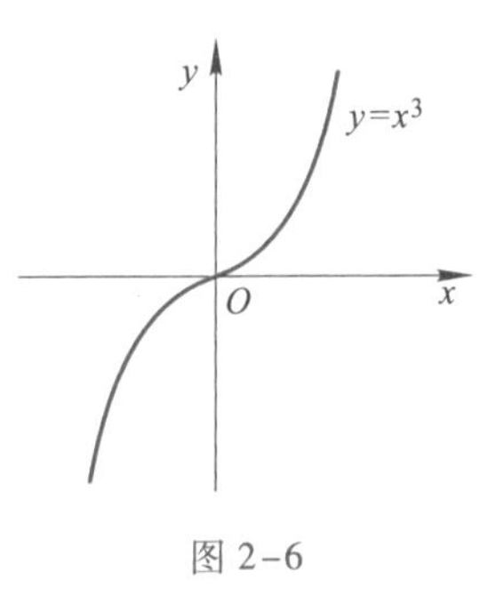

图 2-6

的以外，还要了解函数图形（曲线）在上升或下降的过程中的弯曲方向.

例如，函数 $y=x^3$ 在区间（$-\infty$，$+\infty$）上单调增加，它的图形是经过原点的上升曲线（图 2-6），但在区间($-\infty$，0）和（0，$+\infty$）上升时的弯曲状况是不同的，在 y 轴左边的曲线是凸的，而右边的曲线是凹的. 因此，考察曲线弧的凹凸性是很必要的.

定义 2 在区间（a，b）内任意作曲线 $y=f(x)$ 的切线，如果曲线总是在切线的下方，则称此曲线在区间（a，b）内是**凸的**；如果曲线总是在切线的上方，则称此曲线在区间（a，b）内是**凹的**（如图 2-7 所示）. 曲线凹凸的分界点称为**曲线的拐点**.

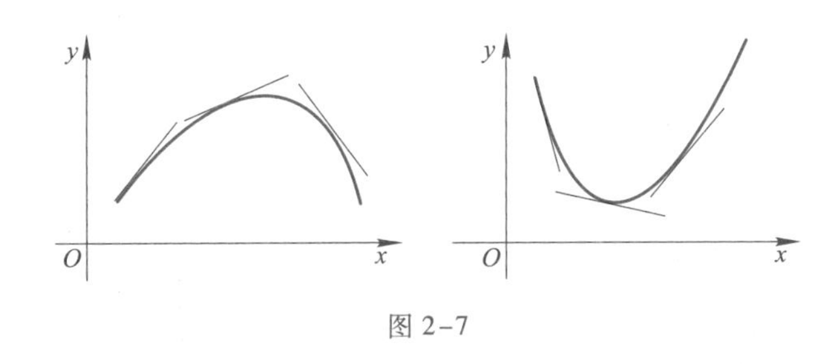

图 2-7

2. 曲线凹凸性的判定法

如果函数 $f(x)$ 在区间（a，b）内的二阶导数 $f''(x)>0$，则曲线在（a，b）内是凹的；如果 $f''(x)<0$，则曲线在（a，b）内是凸的.

凹凸性判定与拐点求解

例 4 判定曲线 $y=e^x$ 的凹凸性.

解 因为 $y=e^x$ 的定义域为（$-\infty$，$+\infty$），且 $y'=e^x$，$y''=e^x>0$，所以 $y=e^x$ 在定义域（$-\infty$，$+\infty$）内是凹的.

例 5 判定曲线 $y=x^3+x$ 的凹凸性与拐点.

解 $y=x^3+x$ 的定义域为（$-\infty$，$+\infty$），$y'=3x^2+1$，$y''=6x$，易知，在区间（$-\infty$，0）上 $y''<0$，所以曲线 $y=x^3+x$ 在区间（$-\infty$，0）内是凸的；在区间（0，$+\infty$）上 $y''>0$，所以曲线 $y=x^3+x$ 在区间（0，$+\infty$）内是凹的；点（0，0）是曲线 $y=x^3+x$ 的拐点.

利用二阶导数判断极值的证明

3. 利用二阶导数判断函数的极值

函数驻点是否是极值点的判别法 设函数 $f(x)$ 在 x_0 点具有二阶导数且 $f'(x_0)=0$，$f''(x_0)\neq 0$，那么

(1) 当 $f''(x_0)<0$ 时，函数 $f(x)$ 在 x_0 点取得极大值；

(2) 当 $f''(x_0)>0$ 时，函数 $f(x)$ 在 x_0 点取得极小值.

该判别法说明，当函数在驻点的二阶导数不为零时，可以利用其符号判断该驻点是不是极值点，当函数的二阶导数在驻点为零时，该方法失效，可以利用2.4.2的判别法判定.

例如，可以用此法验证2.4.2节例3中的驻点 $x=1$ 是极小值点的正确性.

*2.5.3 曲率

我国已成为世界上第一大桥梁建造国，“十三五”期间铁路建成通车桥梁14 039座达8 864.1 km，其中高铁桥梁6 392座6 343.7 km. 我国设计建造的桥梁创下多个世界第一，比如北盘江大桥是世界最高桥梁，丹昆特大桥是最长高铁桥，常泰长江大桥是首座集高速公路、城际铁路、一级公路为一体的创世界纪录的斜拉桥，五峰山长江公铁大桥是速度最快、荷载与跨度最大的公铁两用悬索桥，港珠澳大桥是里程最长、施工难度最大、设计使用寿命最长的跨海公路桥梁，等等.

在为中国桥梁建设取得的举世瞩目的成就骄傲的同时，我们要更加努力学习知识，锤炼本领. 要设计这些雄伟的桥梁，在工程技术中，就需要考虑桥梁曲线的弯曲程度问题、荷载下的弯曲变形问题. 除此之外，铁路和高速路的弯道设计、弧形工件的机械加工等众多实际应用中都会涉及定量分析曲线的弯曲程度的问题.

弧微分

数学上，我们用曲率来表示曲线的弯曲程度. 先从几何图形直观地分析曲线的弯曲程度与哪些因素有关，如图2-8（a）所示，曲线 L 上的动点 M 移动到点 N，M 点的切线沿着弧段移动，如果把切线转过的角度（称为**转角**）记为 $\Delta\alpha$，则 $\Delta\alpha$ 越大，弧 $\overset{\frown}{MN}$ 弯曲程度越高；如图2-8（b）所示，弧 $\overset{\frown}{MN}$ 与 $\overset{\frown}{M_1N_1}$ 的切线转角都是 $\Delta\alpha$，但较短的弧 $\overset{\frown}{M_1N_1}$ 比较长的弧 $\overset{\frown}{MN}$ 弯曲程度高.

可见，曲线的弯曲程度与曲线的弧长和它的切线的转角这两个因素有关，弯曲程度与转角成正比，与弧长成反比.

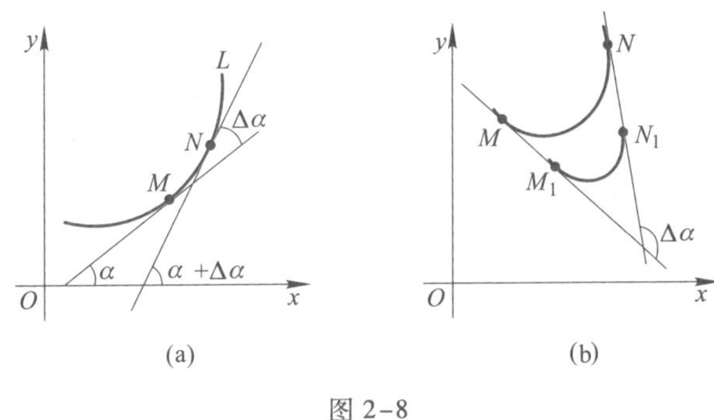

图 2-8

定义 3 设 M 和 N 是曲线 L 上的两点，如果当 N 点沿曲线 L 趋近于 M 点时，弧$\widehat{MN}$的平均曲率$\overline{K}=\left|\frac{\Delta\alpha}{\Delta s}\right|$（切线的转角 $\Delta\alpha$ 与该弧长 Δs 之比的绝对值称为弧的平均曲率）的极限 $\lim\limits_{\Delta s\to 0}\left|\frac{\Delta\alpha}{\Delta s}\right|$存在，则称此极限为曲线 L 在 M 点处的**曲率**，记作 K，即

曲率公式

$$K=\lim_{\Delta s\to 0}\left|\frac{\Delta\alpha}{\Delta s}\right|=\left|\frac{\mathrm{d}\alpha}{\mathrm{d}s}\right|.$$

曲率反映了曲线的弯曲程度，曲率越大，弯曲程度越高；反之，曲率越小，弯曲程度越小.

曲线 $y=f(x)$ 上任意点处的**曲率计算公式**为

$$K=\left|\frac{y''}{(1+y'^2)^{\frac{3}{2}}}\right|.$$

因为只考虑曲线弯曲程度的大小，所以曲率 K 只取非负值.

对于直线 $y=kx+b$，因为 $y'=k$，$y''=0$，所以，$K=0$. 即直线不弯曲或弯曲程度为 0.

例 6 求半径为 R 的圆上任意一点处的曲率.

解 $K=\lim\limits_{\Delta s\to 0}\left|\frac{\Delta\alpha}{\Delta s}\right|=\lim\limits_{\Delta s\to 0}\left|\frac{\Delta\alpha}{R\cdot\Delta\alpha}\right|=\lim\limits_{\Delta s\to 0}\frac{1}{R}=\frac{1}{R}.$

这说明，圆周上任意点的曲率都相等，其值等于圆的半径的倒数，半径越小，曲率越大，弯曲程度越高.

定义 4 如果一个圆满足下列三个条件：

（1）在点 M 处与曲线有公切线；

（2）与曲线在点 M 附近有相同的凹凸方向；

（3）与曲线在点 M 处的曲率相同，则称该圆为曲线在点 M 处的**曲率圆**，如图2-9所示.

图 2-9

曲率圆的中心 C 称为曲线在点 M 处的**曲率中**

心；曲率圆的半径 R，称为曲线在点 M 处的**曲率半径**，即

$$R=\frac{1}{K}.$$

例7 某桥梁的桥面设计为抛物线 $y=x^2$，求它在点 $M(1,1)$ 处的曲率.

解 由 $y'=2x$，$y''=2$，得 $y'(1)=2$，$y''(1)=2$，代入曲率计算公式，得

$$K=\left|\frac{y''}{(1+y'^2)^{\frac{3}{2}}}\right|_{(1,1)}=\frac{2}{5^{\frac{3}{2}}}=\frac{2\sqrt{5}}{25}.$$

例8 设某工件内表面的截线为抛物线 $y=0.4x^2$，现在要用砂轮打磨其内表面，问用直径多大的砂轮才比较合适？

分析 在磨削弧形工件时，为了不使砂轮与工件接触处附近的那部分工件磨去太多，砂轮的半径不应大于弧形工件上各点处曲率半径的最小值. 已知抛物线在其顶点处的曲率最大，即抛物线在其顶点处的曲率半径最小.

解 由于抛物线在其顶点处的曲率半径最小，因此只要求出抛物线 $y=0.4x^2$ 在其顶点 $O(0,0)$ 处的曲率半径即可.

由 $y'=0.8x$，$y''=0.8$，有 $y'(0)=0$，$y''(0)=0.8$，代入曲率计算公式，得 $K=0.8$，抛物线顶点处的曲率半径为

$$R=\frac{1}{K}=1.25.$$

所以，选用砂轮的半径不大于1.25个单位长度比较合适.

练习题 2.5

(A)

1. 求函数 $f(x)=\sin x+\ln x$ 的二阶导数.

2. 求下列曲线的凹凸区间与拐点：

(1) $f(x)=x+\dfrac{1}{x}$；　　(2) $f(x)=x\mathrm{e}^{-x}$.

3. 步枪子弹垂直向正上方发射，子弹与地面的距离 s（单位：m）与时间 t（单位：s）的关系式为 $s=670t-4.9t^2$，求该子弹的加速度.

4. 试确定 a，b，c 的值，使曲线 $y=ax^2+bx+c$ 在 $x=0$ 处与曲线 $y=\cos x$ 有相同的切线和曲率.

(B)

1. 试确定 a，b 的值，使点 $(1,3)$ 是曲线 $f(x)=ax^3+bx^2$ 的拐点.

2. 试确定 a，b，c 的值，使 $f(x)=ax^3+bx^2+cx$ 有一拐点 $(1,2)$，且在该点

的切线斜率为-1.

3. 求曲线 $f(x)=\ln(1+x^2)$ 的凹凸区间与拐点.

4. 设有两个弧形工件 A，B，工件 A 满足曲线方程 $y=x^3$，工件 B 满足曲线方程 $y=x^2$，试比较此两个工件在点 $x=1$ 处的弯曲程度.

2.6 微分及其应用

2.6.1 微分的概念

引例 设边长为 x_0 的某正方形金属薄片受热后边长增加，当边长增加 Δx 时（如图 2-10），其面积增加多少？

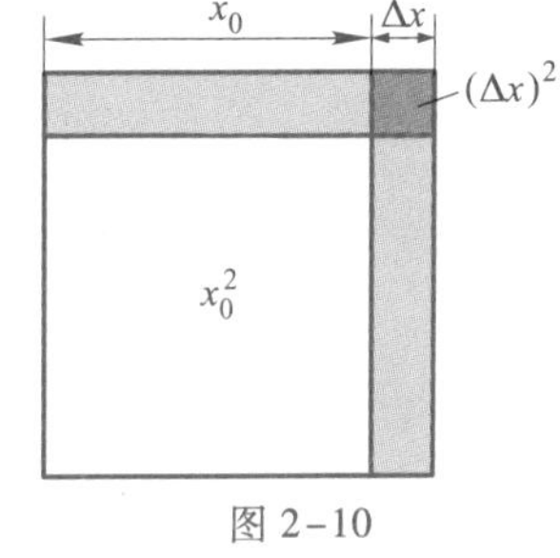

图 2-10

设金属片的原面积为 A，面积增加部分为ΔA，则

$$\Delta A=(x_0+\Delta x)^2-x_0^2=2x_0\Delta x+(\Delta x)^2.$$

ΔA 可分成两部分：一部分是 $2x_0\Delta x$，一部分是 $(\Delta x)^2$. 因为 $\Delta x\to 0$ 时，$(\Delta x)^2$ 是 Δx 的高阶无穷小，当$|\Delta x|$很小时，ΔA 可以近似地用 $2x_0\Delta x$ 表示，即

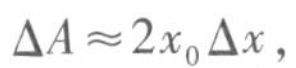

$$\Delta A\approx 2x_0\Delta x,$$

其中 $2x_0=(x^2)'\big|_{x=x_0}$. $2x_0\Delta x$ 就称为 $y=x^2$ 在 x_0 处的微分.

微分的定义

定义 若函数 $y=f(x)$ 在点 x_0 的某个邻域内可导，则称 $f'(x_0)\Delta x$ 为函数 $y=f(x)$ 在 x_0 处的**微分**，记作 $\mathrm{d}y\big|_{x=x_0}$ 或 $\mathrm{d}f(x)\big|_{x=x_0}$，即

$$\mathrm{d}y\big|_{x=x_0}=f'(x_0)\Delta x.$$

习惯上将自变量 x 的增量 Δx 记作 $\mathrm{d}x$，称为**自变量的微分**，所以函数 $y=f(x)$ 在点 x_0 处的微分也记作

$$\mathrm{d}y\big|_{x=x_0}=f'(x_0)\,\mathrm{d}x.$$

一般地，可导函数 $y=f(x)$ 在任一点 x 处的微分记作

$$\mathrm{d}y=f'(x)\,\mathrm{d}x，\text{或 }\mathrm{d}f(x)=f'(x)\,\mathrm{d}x.$$

微分及可微的条件

函数 $y=f(x)$ 的导数$f'(x)=\dfrac{\mathrm{d}y}{\mathrm{d}x}$可以理解成$f'(x)$等于函数 y 的微分 $\mathrm{d}y$ 与自变量 x 的微分 $\mathrm{d}x$ 的商，所以导数又称为**微商**.

微分与导数虽然有着密切的联系，但它们是有区别的：导数是函数的变化率，而微分是函数由自变量增量所引起的函数相应增量的主要部分；导数的值只与 x 有关，而微分的值与 x 和 Δx 都有关.

2.6.2 微分的几何意义

设函数 $y=f(x)$ 的图形如图 2-11 所示，微分 $\mathrm{d}y=f'(x_0)\Delta x$ 就是当自变量 x 有增量 Δx 时，曲线 $y=f(x)$ 在点 (x_0,y_0) 处的切线 $g(x)=f'(x)(x-x_0)+y_0$ 的纵坐标的增量 Δg，即

$$\Delta y=f(x_0+\Delta x)-f(x_0)\approx\Delta g=f(x_0)\Delta x.$$

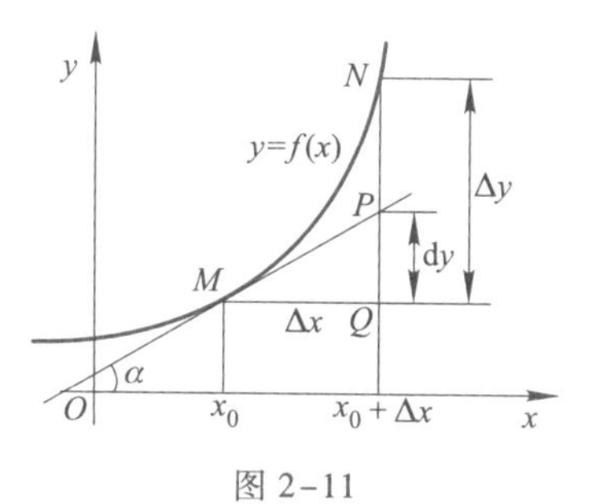

图 2-11

微分的几何意义

从几何上解释，就是用点 $M(x_0,y_0)$ 处的切线纵坐标的增量 QP 来近似代替曲线 $y=f(x)$ 的纵坐标的增量 QN，这就是函数 $y=f(x)$ 在 x_0 处**微分的几何意义**. 微分的几何意义是微积分“以直代曲”思想的具体体现.

2.6.3 微分的计算

根据微分的定义和导数公式容易得到基本的**微分公式**：

$\mathrm{d}(C)=0$（C 为常数）；　　$\mathrm{d}(x^\alpha)=\alpha x^{\alpha-1}\mathrm{d}x$；

$\mathrm{d}(a^x)=a^x\ln a\mathrm{d}x$（$a>0$，$a\neq1$）；　　$\mathrm{d}(\mathrm{e}^x)=\mathrm{e}^x\mathrm{d}x$；

$\mathrm{d}(\log_a x)=\dfrac{1}{x\ln a}\mathrm{d}x$；　　$\mathrm{d}(\ln x)=\dfrac{1}{x}\mathrm{d}x$；

$\mathrm{d}(\sin x)=\cos x\mathrm{d}x$；　　$\mathrm{d}(\cos x)=-\sin x\mathrm{d}x$；

$\mathrm{d}(\tan x)=\sec^2x\mathrm{d}x$；　　$\mathrm{d}(\cot x)=-\csc^2x\mathrm{d}x$；

$\mathrm{d}(\sec x)=\tan x\sec x\mathrm{d}x$；　　$\mathrm{d}(\csc x)=-\csc x\cot x\mathrm{d}x$；

$\mathrm{d}(\arcsin x)=\dfrac{1}{\sqrt{1-x^2}}\mathrm{d}x$；　　$\mathrm{d}(\arccos x)=-\dfrac{1}{\sqrt{1-x^2}}\mathrm{d}x$；

$\mathrm{d}(\arctan x)=\dfrac{1}{1+x^2}\mathrm{d}x$；　　$\mathrm{d}(\mathrm{arccot}\, x)=-\dfrac{1}{1+x^2}\mathrm{d}x$.

微分运算法则：

$\mathrm{d}(u\pm v)=\mathrm{d}u\pm\mathrm{d}v$，$\mathrm{d}(uv)=v\mathrm{d}u+u\mathrm{d}v$，$\mathrm{d}\left(\dfrac{u}{v}\right)=\dfrac{v\mathrm{d}u-u\mathrm{d}v}{v^2}$.

$\mathrm{d}\{f[\varphi(x)]\}=f'[\varphi(x)]\mathrm{d}[\varphi(x)]=f'[\varphi(x)]\varphi'(x)\mathrm{d}x$.

例 1 求 $y=\sin x+\mathrm{e}^x$ 的微分.

解 $\mathrm{d}y=\mathrm{d}(\sin x+\mathrm{e}^x)=\mathrm{d}(\sin x)+\mathrm{d}(\mathrm{e}^x)$

$=\cos x\mathrm{d}x+\mathrm{e}^x\mathrm{d}x=(\cos x+\mathrm{e}^x)\mathrm{d}x$.

例 2 求 $y=\ln(1+x^2)$ 的微分.

解 $dy=d[\ln(1+x^2)]=\frac{1}{1+x^2}d(1+x^2)=\frac{2x}{1+x^2}dx.$

2.6.4 微分在近似计算中的应用

当 Δx 很小时，有近似计算公式：

（1）$\Delta y=f(x_0+\Delta x)-f(x_0)\approx f'(x_0)\Delta x$；

（2）$f(x_0+\Delta x)\approx f(x_0)+f'(x_0)\Delta x$，或者 $f(x)\approx f(x_0)+f'(x_0)(x-x_0)$.

例 3 某气象气球在地面的半径为 $r=2$ m，上升到空中 4 km 时，半径增加 $\Delta r=0.01$ m，计算气球体积增量的近似值.

解 所求气球在地面的体积 $V=\frac{4}{3}\pi r^3$（m^3），则 $dV=4\pi r^2\Delta r$（m^3）. 将 $r=2$ m，$\Delta r=0.01$ m 代入上式，得体积增量的近似值为

$$\Delta V\approx dV=4\pi r^2\Delta r=4\times3.14\times4\times0.01\approx0.5024\ (m^3).$$

例 4 求 $\sqrt{8.9}$ 的近似值.

解 设 $f(x)=\sqrt{x}$，则 $f'(x)=\frac{1}{2\sqrt{x}}$，

$$\sqrt{8.9}\approx f(9)+f'(9)(8.9-9)=3-\frac{1}{6}\times0.1\approx2.98.$$

练习题 2.6

(A)

1. 求函数 $y=x^2+x$ 在 $x=3$ 处，在 $\Delta x=0.1,\ 0.01$ 时的增量与微分.

2. 求下列函数的微分：

（1）$y=3\sqrt[3]{x}-\frac{1}{x}$；　（2）$y=\frac{1-\sin x}{1+\sin x}$；

（3）$y=\tan^2(1+x^2)$；　（4）$y=3^{\ln\cos x}$.

3. 将适当的函数填入下列各题括号内，使等号成立.

（1）$d(\quad)=xdx$；　（2）$d(\quad)=\cos xdx$；

（3）$d(\quad)=\sqrt{x}dx$；　（4）$d(\quad)=\sin\omega tdt$；

（5）$d(\quad)=\frac{1}{1+x}dx$；　（6）$d(\quad)=\frac{1}{x^2}dx$；

（7）$d(\quad)=\sec^2 3xdx$；　（8）$d(\quad)=\frac{1}{1+x^2}dx$；

（9）$d(\quad)=e^{-3x}dx$；　（10）$d(\quad)=\frac{x}{\sqrt{1+x^2}}dx$.

4. 利用微分求下列函数的近似值：

（1） $\sin 29°$；（2） $\sqrt{9.001}$.

5. 有一批半径为 1 cm 的钢球，为了提高钢球表面的光洁度，要镀上厚为 0.01 cm 的一层铜，若铜的密度为 8.9 g/cm^3，试估计一下每个钢球用多少克铜.

(B)

1. 求函数 $y=x^3-x$，自变量由 2 变到 1.99 时在 $x=2$ 处的微分.

2. 某公司生产一种产品，若能全部售出，收入函数为 $R=36x-\dfrac{x^2}{20}$，其中 x 为公司的日产量. 如果公司的日产量从 250 增加到 260，请估算公司收入的增加量（提示：用 $\mathrm{d}R$ 估算 ΔR）.

3. 一座机械挂钟的钟摆的周期为 1 s，在冬天摆长因热胀冷缩而缩短了 0.01 cm，已知单摆的周期为 $T=2\pi\sqrt{\dfrac{l}{g}}$，其中 $g=980\ cm/s^2$，问这只挂钟每秒大约快（或慢）多少？

2.7 数学模型案例与 MATLAB 求导数

2.7.1 数学模型案例——时间最短问题

1. 问题重述与分析

某海岛 A 盛产海鲜，某内陆城市 B 距离海岸线有一定距离，对海岛 A 的海鲜产品需求量较大，鉴于海鲜产品的保鲜问题，根据实际情况，在海上用轮船运输，陆地上用汽车运输，现在需要在海岸线建立一个转运站，使得通过该运输线的运输时间尽可能短，问转运站应建在哪里？

假设海岛 A 和内陆城市 B 到海岸线的垂直距离分别为 a km，b km，A，B 之间的水平距离为 d km. 轮船在海上的速度为 v_1 km/h，汽车在陆地上的速度为 v_2 km/h. 问题就是要建立一个运输时间 t 的函数，使得从 A 到 B 的运输时间最短（图 2-12）.

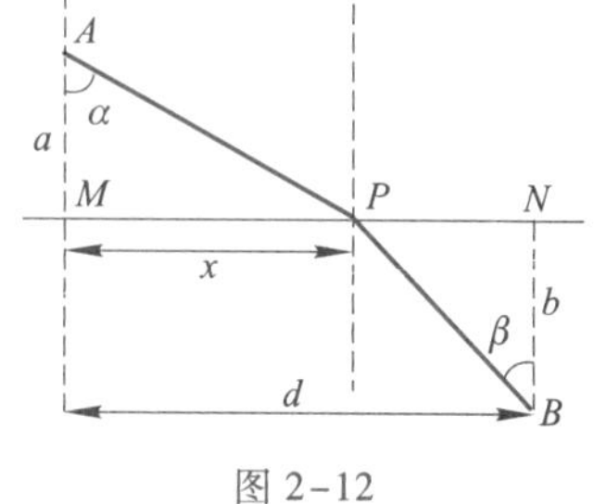

图 2-12

2. 模型假设与建立

假设：

(1) 在运输过程中不考虑其他自然因素;

(2) 海岸线是直线 MN (图 2-12);

(3) 海岸线上任一位置都允许建转运站 P;

(4) $|MP|=x$ km.

则海上和陆地运输所需时间分别为

$$t_1=\frac{|AP|}{v_1}=\frac{\sqrt{a^2+x^2}}{v_1},\quad t_2=\frac{|PB|}{v_2}=\frac{\sqrt{b^2+(d-x)^2}}{v_2}.$$

因此,目标函数为

$$t=t_1+t_2=\frac{\sqrt{a^2+x^2}}{v_1}+\frac{\sqrt{b^2+(d-x)^2}}{v_2}\quad(0\leqslant x\leqslant d).$$

3. **模型求解**

我们来计算目标函数 $t=t(x)$ 的最小值.

因为

$$t'=\frac{x}{v_1\sqrt{a^2+x^2}}-\frac{d-x}{v_2\sqrt{b^2+(d-x)^2}},$$

$$t''=\frac{a^2}{v_1(a^2+x^2)^{\frac{3}{2}}}+\frac{b^2}{v_2(b^2+(d-x)^2)^{\frac{3}{2}}},$$

显然在区间 $[0,d]$ 上,$t''>0$,所以 t' 单调增加,且

$$t'(0)=-\frac{d}{v_2\sqrt{b^2+d^2}}<0,\quad t'(d)=\frac{d}{v_1\sqrt{a^2+d^2}}>0.$$

根据根的存在定理,必定存在唯一的 $\xi\in(0,d)$,使得 $t'(\xi)=0$.

因为 ξ 是 $t=t(x)$ 的唯一驻点,根据问题的实际意义,$x=\xi$ 就是 $t=t(x)$ 的最小值点.

由于从 $t'=0$ 求驻点 $x=\xi$ 比较麻烦,我们引入两个辅助角 α,β.

由图 2-12 可以得到

$$\sin\alpha=\frac{x}{\sqrt{a^2+x^2}},\quad \sin\beta=\frac{d-x}{\sqrt{b^2+(d-x)^2}}.$$

令 $t'=0$,得 $\frac{\sin\alpha}{v_1}-\frac{\sin\beta}{v_2}=0$,即

$$\frac{\sin\alpha}{v_1}=\frac{\sin\beta}{v_2}.$$

这说明,当点 P 取在等式 $\frac{\sin\alpha}{v_1}=\frac{\sin\beta}{v_2}$ 成立的地方时,从 A 到 B 的运输时间最短.

4. 模型推广与评价

等式$\frac{\sin\alpha}{v_1}=\frac{\sin\beta}{v_2}$也是光学中的折射定理，根据光学中的费马原理，光线在两点之间的传播必取时间最短的路线．若光线在两种不同的介质中的速度分别为v_1，v_2，则同样经过上面的推导可知，光源A从一种介质传播到另一种介质中的B点所用最短路线由$\frac{\sin\alpha}{v_1}=\frac{\sin\beta}{v_2}$确定，其中$\alpha$为入射角，$\beta$为反射角．

由于在海上与陆地上的两种不同的运输速度相当于光线在两种不同传播介质中的速度，因而所得结论也与光的折射定理相同．这说明，很多属于不同学科领域的问题，虽然其具体意义不同，但在数量关系上却可以用同一数学模型来描述，这正是数学的魅力所在．所以，本模型具有推广价值．

2.7.2 利用 MATLAB 求导数

1. MATLAB 求导数的命令格式

函数的求导包括求函数的一阶和高阶导数等，MATLAB 的符号运算工具箱中有着相当强大的求导运算功能，求导命令函数为 diff( )，具体格式如下：

```
diff(f)         % 对函数 f 关于默认自变量求导数;
diff(f,v)       % 对指定变量 v 求导数(偏导数);
diff(f,n)       % 对函数 f 关于默认自变量求 n 阶导数;
diff(f,v,n)     % 对指定变量 v 求 n 阶导数.
```

上述命令中的 f 为所需求导的函数的符号表达式，v 为变量，n 是大于 1 的自然数．

2. MATLAB 求导数应用

例 1 求下列函数的导数：

(1) $y=x^3$；　　(2) $y=\ln x+\cos 2x$．

解

```
>>clear
>>> syms x y1 y2;
>> y1 =x^3;
>> y2 =log(x) +cos(2 * x);
>> dy1 =diff(y1);
>> dy2 =diff(y2);
>> dy1
dy1 =
```

```
        3 * x^2
    >> dy2
    dy2 =
        1/x-2 * sin(2 * x)
```

如果在实时编辑器编辑以下代码：

```
clear
syms  y1(x) y2(x)
y1(x)=x^3;
y2(x)=log(x)+cos(2 * x);
dy1=diff(y1(x))
dy2=diff(y2(x))
```

不用保存，运行即可得到 LaTeX 编译出的如下形式的结果

dy1 $=3x^2$

dy2 $=\frac{1}{x}-2\sin(2x)$

可以将结果复制粘贴到 word 、LaTeX 等其他文档，LaTeX 和 MathML 两种格式，编辑软件不一样，显示形式一致.

例 2 求下列函数的二阶导数：

（1）$y=\cos(x^3)-\sin x$；（2）$y=x^3+e^{2x}$.

解

```
    >> clear
    >> syms x y1 y2
    >> y1=cos(x^3)-sin(x);
    >> y2=x^3+exp(2 * x);
    >> dy1=diff(y1,x,2);
    >> dy2=diff(y2,x,2);
    >> dy1
    dy1 =
        -9 * cos(x^3) * x^4-6 * sin(x^3) * x+sin(x)
    >> dy2
    dy2 =
        6 * x+4 * exp(2 * x)
```

在实时编辑器编辑、运行上述代码，则得结果为

dy1 $=\sin(x)-6x\sin(x^3)-9x^4\cos(x^3)$

dy2 $=6x+4e^{2x}$

例 3 讨论函数 $y=\frac{x^2}{1+x^2}$的极值、单调性、凹凸性和其导数的关系.

解

```
>> clear
>> syms x y dy d2y
>> y=x^2/(1+x^2);
>> dy=diff(y)
dy =
   2*x/(1+x^2)-2*x^3/(1+x^2)^2
>> dy=simplify(dy)                  % simplify 化简命令,化简 dy
dy =
   2*x/(1+x^2)^2
>> x1=solve(dy)                     % solve 求方程 dy=0 的解
x1 =
   0
>>d2y=diff(y,2)
d2y=
  2/(1+x^2)-10*x^2/(1+x^2)^2+8*x^4/(1+x^2)^3
>>d2y=simplify(d2y)
d2y=
   -2*(-1+3*x^2)/(1+x^2)^3
>>x2=solve(d2y)      % 求 d2y=0 的解
x2=
   -1/3*3^(1/2)
   1/3*3^(1/2)
>>subplot(3,1,1)                   % 在同一窗口生成一个 3 行 1 列的
                                     绘图区域并激活第 1 绘图区
>>ezplot('x.^2/(1+x.^2)')           % 绘制 y=x^2/(1+x^2)的图像
>>subplot(3,1,2)
>>ezplot('2*x/(1+x^2)^2')
>>subplot(3,1,3)
>>ezplot('-2*(-1+3*x^2)/(1+x^2)^3')
```

运行结果如图 2-13 所示.

分析 从图 2-13 可以看出，第一条曲线是函数 $y=\frac{x^2}{1+x^2}$的图像，第二条是 $y'=\frac{2x}{(1+x^2)^2}$的图像，第三条是 $y''=-\frac{2(-1+3x^2)}{(1+x^2)^3}$的图像.

虽然给出的图像为 [-5, 5] 上的图像，但从第一条不难发现函数在区间

$(-\infty, 0]$ 上是减函数，在 $[0, +\infty)$ 上是增函数，并且 $x=0$ 是一个极小值点，极小值为 0；从第二条可以看出导数 y' 在区间 $(-\infty, 0]$ 上为负值，在 $[0, +\infty)$ 上为正值，在 $x=0$ 处的值为 0，验证了前面的结果.

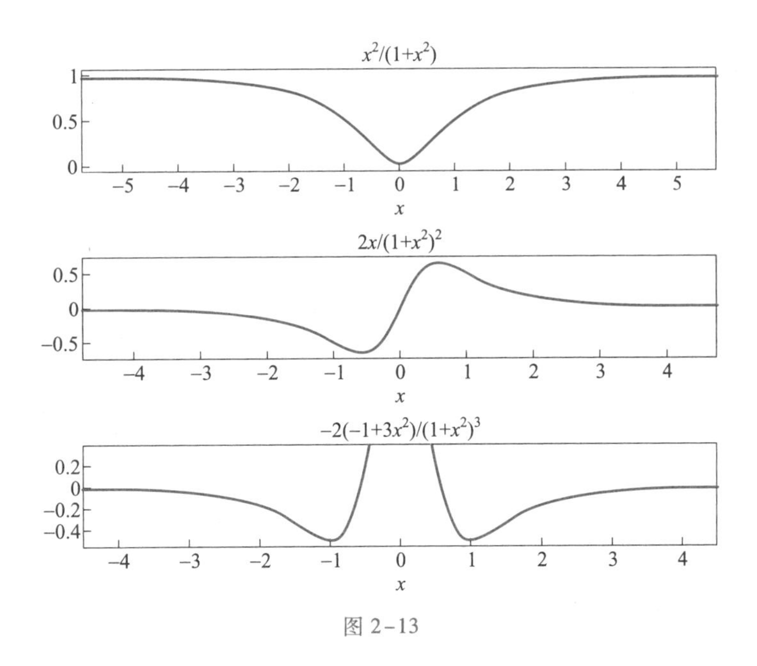

图 2-13

从第三条即二阶导数 y'' 的图像中看出二阶导数 y'' 在区间 $(-\infty, -1]$ 和 $[1, +\infty)$ 上为负值，所以相应的函数 y 的曲线是凸的；y'' 在 $x=0$ 的附近为正值，所以相应的函数曲线是凹的. 经过计算函数有两个拐点 $\left(-\frac{\sqrt{3}}{3}, \frac{1}{4}\right)$ 和 $\left(\frac{\sqrt{3}}{3}, \frac{1}{4}\right)$.

练习题 2.7

(A)

1. 求函数 $y=\ln[\ln(\ln x)]$ 的导数.
2. 求函数 $y=x^4+e^{-x}$ 的三阶导数.

(B)

1. 讨论函数 $y=x^3+6x^2+x-1$ 的极值、单调性、凹凸性和其导数的关系.
2. 作出函数 $y=\frac{e^x}{1+x}$ 的图像.

自测与提高

1. 填空题.

(1) 已知作变速直线运动的物体的运动规律为 $s=s(t)$，则在时间间隔 $[t, t+\Delta t]$ 内，物体的平均速度 $\bar{v}=($　　$)$，在时刻 t 的速度为 $v=($　　$)$.

(2) 设函数 $y=f(x)$ 在点 x_0 处可导，则极限 $\lim\limits_{\Delta x\to 0}\dfrac{f(x_0+3\Delta x)-f(x_0)}{\Delta x}=$ (　　).

(3) 函数 $y=f(x)$ 在点 x_0 处的导数 $f'(x_0)=0$，则曲线 $y=f(x)$ 在点 $(x_0, f(x_0))$ 处有（　　）的切线；若 $f'(x_0)=\infty$，则曲线 $y=f(x)$ 在点 $(x_0, f(x_0))$ 处有（　　）的切线.

(4) 设函数 $f(u)=\tan u$，则 $f'\left(\dfrac{\pi}{4}\right)=($　　$)$，　$[f(2x)]'=($　　$)$，$f'(2x)=($　　$)$.

2. 选择题.

(1) 曲线 $y=x^3-3x$ 上切线平行于 x 轴的点是（　　）.

A. $(1, -2)$　　B. $(2, 2)$　　C. $(0, 0)$　　D. $(-1, -4)$

(2) 若 $f(u)$ 可导，且 $y=f(2^x)$，则 $\mathrm{d}y=($　　$)$.

A. $f'(2^x)\mathrm{d}x$　　B. $f'(2^x)\mathrm{d}(2^x)$

C. $[f(2^x)]'\mathrm{d}(2^x)$　　D. $f'(2^x)2^x\mathrm{d}x$

(3) 设 $x=\dfrac{1}{t}$，$y=1-\ln t$，则 $\dfrac{\mathrm{d}y}{\mathrm{d}x}=($　　$)$.

A. t　　B. $\dfrac{1}{t}$　　C. $-t$　　D. $-\dfrac{1}{t}$

3. 求下列函数的导数：

(1) $f(x)=\dfrac{2x}{\sqrt{1-x^2}}$；　　(2) $f(x)=2^{\ln x}$；

(3) $f(x)=\ln\tan(x^2)$；　　(4) $f(x)=\dfrac{1}{1+\sqrt{x}}+\dfrac{1}{1-\sqrt{x}}$；

(5) $f(x)=\arcsin\sqrt{1-x^2}$；　　(6) $f(x)=(\tan x)^{\sin x}$.

4. 求下列方程所确定的隐函数的导数：

(1) $x^2+3y^2-2xy=0$；　　(2) $\sin(xy)=x^2$.

5. 求下列函数的三阶导数：

(1) $y=\sin^2 x$；　　(2) $y=\dfrac{1-x}{1+x}$.

6. 将长为 l 的线段分为两段，分别围成正三角形和正方形，问怎样的分法使它们的面积之和最小.

专升本备考专栏 2

考试基本要求

典型例题及精解

人文素养阅读 2

数学领域里的一座高耸的金字塔——拉格朗日

第3章 积分

学习数学是为了探索宇宙的奥妙.数学集中并引导着我们的精力、自尊和愿望去认识真理,并由此而生活在上帝的大家庭中,正如文学诱导人们的情感与了解一样,数学则启发人们的想象和推理.

——羌塞劳尔

本章将运用极限这一基本概念,在导数和微分的基础上学习一元函数的积分. 与导数与微分主要研究变量的“变化率”问题不同,积分是处理变量的“累积”问题,这一类问题在几何、力学、工程、经济、化工、机械、电子等诸多领域内都有大量的应用.

3.1 定积分

3.1.1 引例

微课3.1.1

定积分概念的引例

1. 曲边梯形的面积

所谓**曲边梯形**是指在直角坐标系中,由连续曲线 $y=f(x)$,直线 $x=a$,$x=b$ 和 x 轴所围成的平面图形(如图 3-1 所示).

那么如何求曲边梯形的面积呢?如图 3-2 所示,把曲边梯形分成许多很窄的小曲边梯形,每个小曲边梯形的面积用一个小矩形的面积近似代替,加起来就是曲边梯形面积的近似值,分割越细,误差越小,于是当每一个小曲边梯形的宽都趋于零时,所有小曲边梯形面积之和的极限就是曲边梯形的面积.

以上思路可按下面四个步骤进行:

(1) 分割　任意取分点

$$a=x_0<x_1<x_2<\cdots<x_{i-1}<x_i<\cdots<x_{n-1}<x_n=b,$$

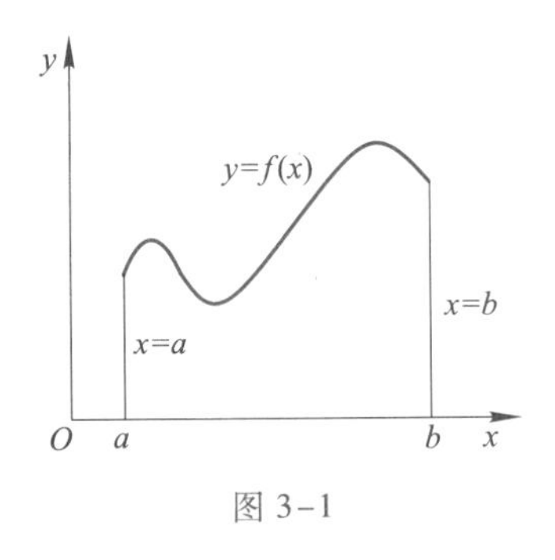

图 3-1

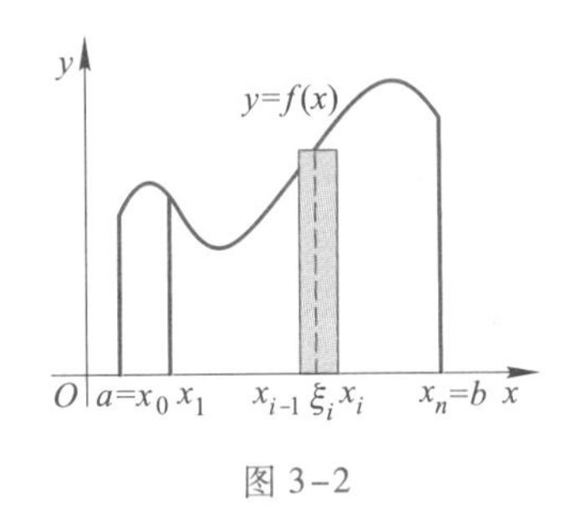

图 3-2

把曲边梯形的底 $[a, b]$ 分成 n 个小区间

$$[x_0, x_1], [x_1, x_2], \cdots, [x_{i-1}, x_i], \cdots, [x_{n-1}, x_n],$$

每个小区间的长度记为

$$\Delta x_i = x_i - x_{i-1} \ (i=1, 2, \cdots, n).$$

过每一分点作平行于 y 轴的直线，它们把曲边梯形分成 n 个小曲边梯形.

（2）**近似代替** 在每个小区间 $[x_{i-1}, x_i]$ $(i=1, 2, \cdots, n)$ 上任取一点 $\xi_i(x_{i-1} \leqslant \xi_i \leqslant x_i)$，每个小曲边梯形面积 ΔA_i 近似等于以 $f(\xi_i)$ 为高，Δx_i 为底的小矩形的面积，即

$$\Delta A_i \approx f(\xi_i)\Delta x_i \ (i=1, 2, \cdots, n).$$

（3）**求和** 把 n 个小矩形面积加起来，得和式 $\sum\limits_{i=1}^{n} f(\xi_i)\Delta x_i$，它就是曲边梯形面积的近似值，即

$$A \approx \sum_{i=1}^{n} f(\xi_i)\Delta x_i.$$

（4）**取极限** 为保证所有的 Δx_i 都能趋于零，要求小区间长度中的最大值 λ（即 $\lambda = \max\{\Delta x_i\}$）趋近于零，这时上述和式的极限就是曲边梯形面积的精确值，即

$$A = \lim_{\lambda \to 0} \sum_{i=1}^{n} f(\xi_i)\Delta x_i.$$

2. **变速直线运动的路程**

设一物体做直线运动，已知速度 $v=v(t)$ 是时间 t 的连续函数，求在时间段 $[T_1, T_2]$ 上物体所经过的路程 s.

（1）**分割** 任取分点

$$T_1 = t_0 < t_1 < \cdots < t_{n-1} < t_n = T_2,$$

把时间段 $[T_1, T_2]$ 分成 n 个小时间段

$$[t_0, t_1], [t_1, t_2], \cdots, [t_{i-1}, t_i], \cdots, [t_{n-1}, t_n].$$

每个小区间的长度记为

$$\Delta t_i=t_i-t_{i-1}\ (i=1,\ 2,\ \cdots,\ n),$$

相应的路程 s 被分为 n 段小路程 $\Delta s_i(i=1,\ 2,\ \cdots,\ n)$.

（2）**近似代替** 在任意小时间段 $[t_i,\ t_{i-1}]$ 上任意取一点 $\xi_i(t_{i-1}\leqslant\xi_i\leqslant t_i)$，把 $v(\xi_i)$ 近似看作是 $[t_i,\ t_{i-1}]$ 时间段中的平均速度，于是在 Δt_i 时间所经过的路程近似为 Δs_i，即

$$\Delta s_i\approx v(\xi_i)\Delta t_i\ (i=1,\ 2,\ \cdots,\ n).$$

（3）**求和** 把 n 个小时间段上的路程相加得到整个路程 s 的近似值，即

$$s\approx\sum_{i=1}^{n}v(\xi_i)\Delta t_i.$$

（4）**取极限** 当 $\lambda=\max\{\Delta t_i\}\to 0$时，和式 $\sum\limits_{i=1}^{n}v(\xi_i)\Delta t_i$ 的极限就是总路程 s 的精确值，即

$$s=\lim_{\lambda\to 0}\sum_{i=1}^{n}v(\xi_i)\Delta t_i.$$

从以上两个例子可以看到，它们的实际意义虽然不同，但是解决问题的思想方法和步骤以及最后得到的数学表达式都是相同的．在科学技术和实际生活中，还有大量的问题可以归结为这种特定和式的极限．因此，在数学上抽象为定积分的概念．

3.1.2 定积分的概念

定义 设函数 $y=f(x)$ 在区间 $[a,\ b]$ 上有定义，任意取分点

$$a=x_0<x_1<x_2<\cdots<x_{i-1}<x_i<\cdots<x_{n-1}<x_n=b,$$

把区间 $[a,\ b]$ 分成 n 个小区间 $[x_{i-1},\ x_i]$ $(i=1,\ 2,\ 3,\ \cdots,\ n)$，其长度记为 $\Delta x_i=x_i-x_{i-1}$ $(i=1,\ 2,\ \cdots,\ n)$，在每个小区间 $[x_{i-1},\ x_i]$ 上任取一点 $\xi_i(x_{i-1}\leqslant\xi_i\leqslant x_i)$，得相应的函数值 $f(\xi_i)$，作乘积 $f(\xi_i)\Delta x_i(i=1,\ 2,\ \cdots,\ n)$ 的和式 $\sum\limits_{i=1}^{n}f(\xi_i)\Delta x_i$，当 n 无限增大时，且区间的最大长度 λ 趋于零时（即 $\lambda=\max\{\Delta x_i\}\to 0$），如果上述和式的极限存在，则称函数 $f(x)$ 在区间 $[a,\ b]$ 上**可积**，并将此极限值称为函数 $f(x)$ 在 $[a,\ b]$ 上的**定积分**，记作 $\int_a^b f(x)\mathrm{d}x$，即

$$\int_a^b f(x)\mathrm{d}x=\lim_{\lambda\to 0}\sum_{i=1}^{n}f(\xi_i)\Delta x_i.$$

其中 $\int$ 为**积分号**，函数 $f(x)$ 为**被积函数**，$f(x)\mathrm{d}x$ 为**被积表达式**，x 为**积分变量**，区间 $[a,\ b]$ 为**积分区间**，a 与 b 为**积分下限与积分上限**.

定积分的概念中体现了“以直代曲”和极限的思想，即“无限细分，无限

求和”的思想.

根据定积分的定义，上面两个例子都可以表示为定积分：

(1) 曲边梯形面积 A 是曲边函数 $f(x)$ 在区间 $[a, b]$ 上的定积分，即

$$A=\int_a^b f(x)\,\mathrm{d}x.$$

(2) 变速直线运动的路程 s 是速度函数 $v(t)$ 在时间间隔 $[T_1, T_2]$ 上的积分，即

$$s=\int_{T_1}^{T_2} v(t)\,\mathrm{d}t.$$

关于定积分的定义的几点说明：

(1) 因为定积分是和式极限，是一个数，它是由函数 $f(x)$ 与区间 $[a, b]$ 所确定的，因此，它与积分变量的记号无关，即

定积分的概念及其几何意义

$$\int_a^b f(x)\,\mathrm{d}x=\int_a^b f(t)\,\mathrm{d}t=\int_a^b f(u)\,\mathrm{d}u.$$

(2) 定义中 $a<b$，如果 $a>b$，规定

$$\int_a^b f(x)\,\mathrm{d}x=-\int_b^a f(x)\,\mathrm{d}x.$$

特别地，当 $a=b$ 时，规定

$$\int_a^a f(x)\,\mathrm{d}x=0.$$

(3) 如果函数 $f(x)$ 在 $[a, b]$ 上的定积分存在，我们就说 $f(x)$ 在区间 $[a, b]$ 上可积.

对于定积分，有这样一个重要的问题：函数 $f(x)$ 在 $[a, b]$ 上满足什么条件时，$f(x)$ 在 $[a, b]$ 上一定可积呢？这个问题我们不做深入的讨论，而只给出以下两个充分的条件：

(1) 设 $f(x)$ 在区间 $[a, b]$ 上连续，则 $f(x)$ 在 $[a, b]$ 上可积.

(2) 设 $f(x)$ 在区间 $[a, b]$ 上有界，且只有有限个间断点，则 $f(x)$ 在 $[a, b]$ 上可积.

3.1.3 定积分的几何意义

当 $f(x)>0$ 时，定积分在几何上表示曲边 $y=f(x)$ 在区间 $[a, b]$ 上方的曲边梯形的面积 A，即

$$\int_a^b f(x)\,\mathrm{d}x=A.$$

如果 $f(x)<0$，曲边梯形在 x 轴下方，此时该定积分为负值，它在几何上表示 x 轴下方的曲边梯形面积 A 的相反数（图 3-3 所示），即

$$\int_a^b f(x)\,dx=-A.$$

如果$f(x)$在$[a,\ b]$上有正有负（图3-4所示），定积分$\int_a^b f(x)\,dx$在几何上表示x轴上方的曲边梯形面积与x轴下方的曲边梯形面积的代数和，即$\int_a^b f(x)\,dx=-A_1+A_2-A_3$.

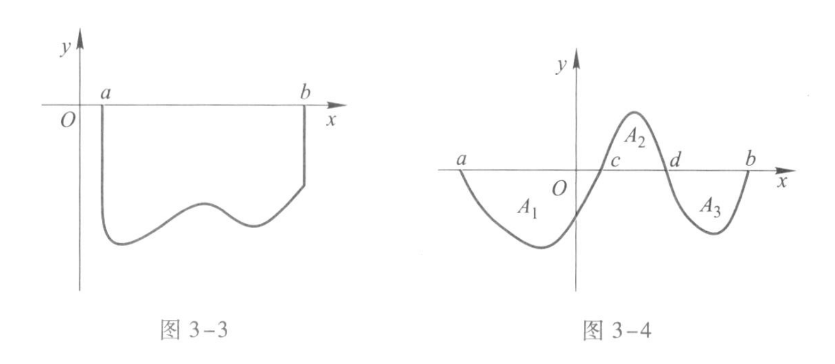

图3-3　　　　图3-4

根据定积分的几何意义易知：

设函数$f(x)$在关于原点对称的区间$[-a,\ a]$上可积，如果$f(x)$是奇函数，则$\int_{-a}^a f(x)\,dx=0$；如果$f(x)$是偶函数，则$\int_{-a}^a f(x)\,dx=2\int_0^a f(x)\,dx$.

3.1.4　定积分的基本性质

根据定积分的定义及极限的运算性质，容易得到定积分的下列基本性质.

假设函数$f(x)$，$g(x)$都是可积的.

定积分的基本性质

性质1（被积函数的可加性）　两个函数和的定积分等于它们定积分的和，即

$$\int_a^b [f(x)+g(x)]\,dx=\int_a^b f(x)\,dx+\int_a^b g(x)\,dx.$$

性质2　被积函数的常数因子可以提到积分号的外面，即

$$\int_a^b kf(x)\,dx=k\int_a^b f(x)\,dx.$$

性质3（积分对区间可加性）　若$a<c<b$（如图3-5所示），则

$$\int_a^b f(x)\,dx=\int_a^c f(x)\,dx+\int_c^b f(x)\,dx.$$

当c介于a与b之外，即$a<b<c$，或$c<a<b$时，结论也成立.

性质4（积分的保序性）　若在区间$[a,\ b]$上有$f(x)\leqslant g(x)$（如图3-6所示），则

$$\int_a^b f(x)\,dx\leqslant\int_a^b g(x)\,dx.$$

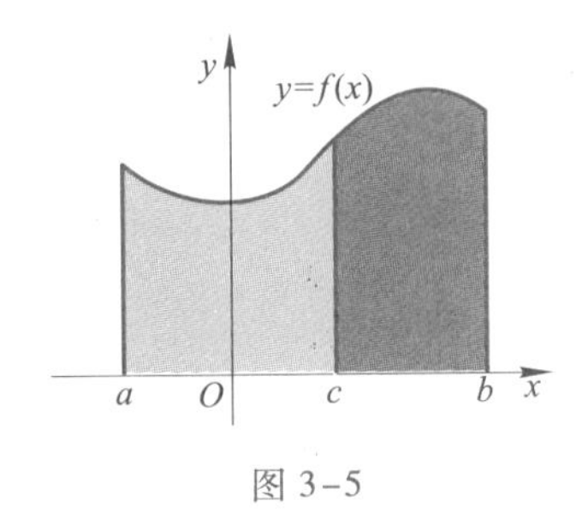

图 3-5

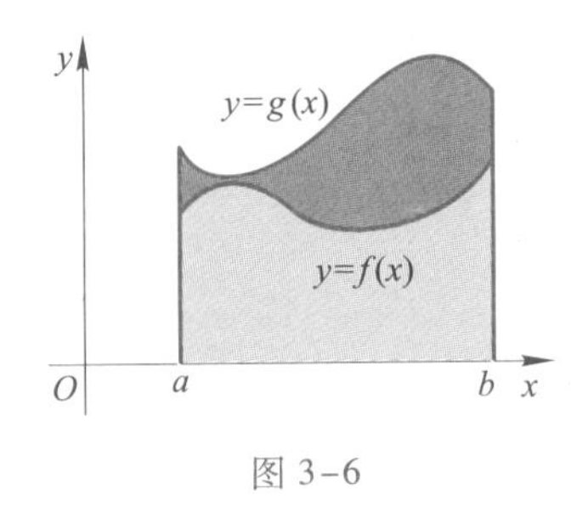

图 3-6

当且仅当 $f(x)=g(x)$ 时，等号成立.

性质 5（积分估值定理） 设 M 和 m 是函数 $f(x)$ 在闭区间 $[a, b]$ 上的最大值和最小值（如图 3-7 所示），则

$$m(b-a)\leqslant\int_a^b f(x)\,dx\leqslant M(b-a).$$

即曲线 $y=f(x)$ 在 $[a, b]$ 上的曲边梯形面积介于以区间 $[a, b]$ 的长度为底，分别以 m 和 M 为高的两个矩形面积之间.

性质 6（积分中值定理） 若函数 $f(x)$ 在区间 $[a, b]$ 上连续，则在区间 $[a, b]$ 上至少存在一点 ξ（如图 3-8 所示），使得

$$\int_a^b f(x)\,dx=f(\xi)(b-a).$$

即一条连续曲线 $y=f(x)$ 在 $[a, b]$ 上的曲边梯形面积等于以区间 $[a, b]$ 的长度为底，$[a, b]$ 中某一点处的函数值为高的矩形面积.

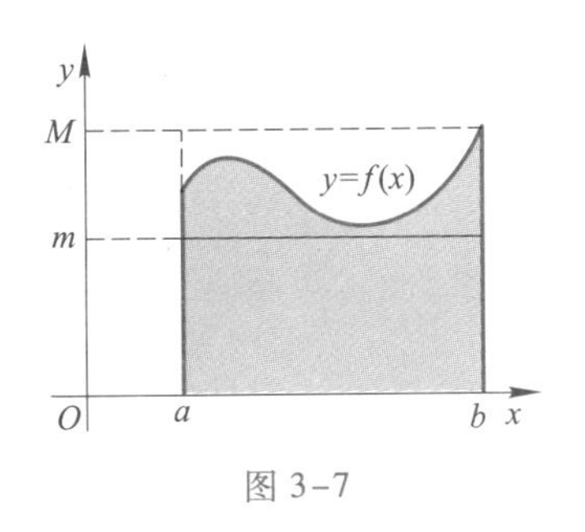

图 3-7

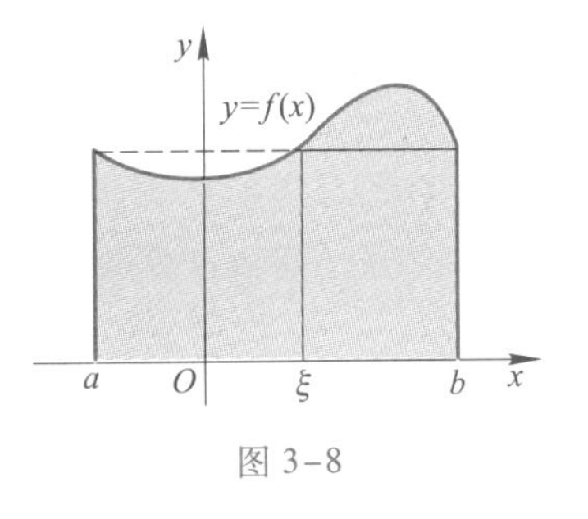

图 3-8

积分中值定理的证明

例 1 比较下列各对积分值的大小：

(1) $\int_0^1 \sqrt[3]{x}\,dx$ 与 $\int_0^1 x^3\,dx$； (2) $\int_0^1 x\,dx$ 与 $\int_0^1 \ln(1+x)\,dx$.

解 (1) 根据幂函数的性质，在区间 $[0, 1]$ 上，有 $\sqrt[3]{x}\geqslant x^3$，由定积分的性质 4，得

$$\int_0^1 \sqrt[3]{x}\,dx>\int_0^1 x^3\,dx.$$

(2) 对于 $f(x)=x-\ln(1+x)$，由在区间 $[0, 1]$ 上

$$f'(x)=1-\frac{1}{1+x}=\frac{x}{1+x}>0$$

知函数 $f(x)$ 在区间 $[0,1]$ 上单调增加，所以，

$$f(x)\geqslant f(0)=[x-\ln(1+x)]_{x=0}=0,$$

从而有 $x\geqslant\ln(1+x)$，由定积分性质4，$\int_0^1 x\mathrm{d}x>\int_0^1\ln(1+x)\mathrm{d}x$.

例2 利用定积分的几何意义求定积分 $\int_{-R}^{R}\sqrt{R^2-x^2}\,\mathrm{d}x$.

解 根据定积分的几何意义，该定积分为由曲线 $y=\sqrt{R^2-x^2}$ 以及 x 轴所围成的图形的面积（图3-9），即以 R 为半径的圆的面积的一半，故

$$\int_{-R}^{R}\sqrt{R^2-x^2}\,\mathrm{d}x=\frac{1}{2}\pi R^2.$$

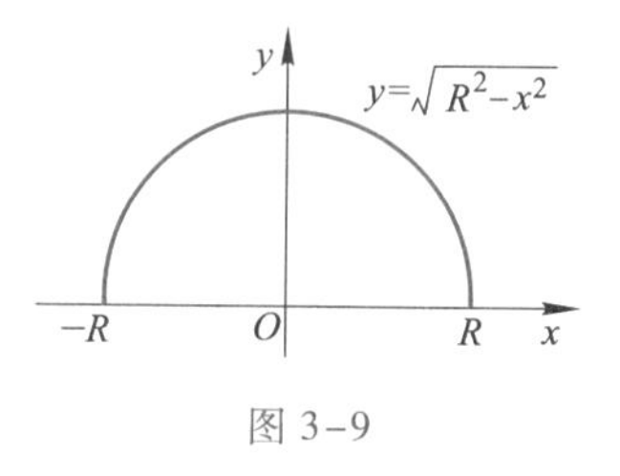

图3-9

练习题3.1

(A)

1. 根据定积分的几何意义写出下列定积分的值：

(1) $\int_{-1}^{1}x\mathrm{d}x$；　(2) $\int_{-1}^{1}|x|\mathrm{d}x$；　(3) $\int_0^{2\pi}\cos x\mathrm{d}x$.

2. 比较下列定积分的大小：

(1) $\int_{\mathrm{e}}^{2\mathrm{e}}\ln x\mathrm{d}x$ 与 $\int_{\mathrm{e}}^{2\mathrm{e}}\ln^2 x\mathrm{d}x$；　(2) $\int_0^1 x\mathrm{d}x$ 与 $\int_0^1 x^2\mathrm{d}x$.

3. 估计定积分 $\int_{-1}^{4}(x^2+1)\mathrm{d}x$ 的值.

(B)

1. 设有一长为 l 的质量非均匀的细棒，取其一端为原点，假设细棒上任一点 x 处的线密度为 $\rho(x)$，试用定积分表示细棒的质量 M.

2. 设 $C(t)$（单位：元/天）为某一房间每天的取暖费，$t=0$ 对应于2010年1月1日. 请解释 $\int_0^{31}C(t)\mathrm{d}t$ 所表示的实际意义.

3. 估计定积分 $\int_{\frac{\pi}{4}}^{\frac{5\pi}{4}}(1+\sin x)\mathrm{d}x$ 的值.

3.2 不定积分与微积分基本公式

定积分是一种特定和式的极限，直接利用定义计算很困难. 本节通过对原函数的讨论，引入微分运算的逆运算——不定积分，并通过微积分基本公式，揭示导数与不定积分、不定积分与定积分之间的联系，从而寻求定积分运算的基本

方法.

3.2.1　原函数与不定积分

原函数与不定积分

在第二章里学习了已知可导函数 $F(x)$ 求 $F'(x)$，而在实际生活中，常常需要解决与其相反的问题. 例如，已知平面曲线上任意一点 $M(x, y)$ 处的切线斜率 $k(x)=f'(x)$，求曲线方程 $y=f(x)$. 又如，已知作变速直线运动的物体在任意时刻 t 的瞬时速度 $v(t)=s'(t)$，求物体的运动方程 $s=s(t)$.

上述两个例子中单从数量关系来看，都是已知一个函数的导数，求该函数的表达式.

1. 原函数与不定积分

定义 1　如果在区间 I 上可导函数 $F(x)$ 的导数为 $f(x)$，即

$$F'(x)=f(x), \text{ 或 } \mathrm{d}F(x)=f(x)\mathrm{d}x,$$

则称函数 $F(x)$ 为函数 $f(x)$ 在区间 I 上的一个**原函数**.

例如，$(\sin x)'=\cos x$，所以 $\sin x$ 是 $\cos x$ 的一个原函数.

一个函数的原函数不是唯一的，由

$$(\sin x+1)'=(\sin x-3)'=(\sin x+C)' \ (C \text{ 为任意常数}),$$

知道 $\sin x+1$，$\sin x-3$，$\sin x+C$（C 为任意常数）等都是 $\cos x$ 的原函数. 事实上，**一个函数若有原函数，就有无限个原函数，任意两个原函数之间至多相差一个常数**. 因此，如果 $F(x)$ 是函数 $f(x)$ 的一个原函数，则 $f(x)$ 所有的原函数可以写成 $F(x)+C$（C 为任意常数）.

定义 2　若 $F(x)$ 是 $f(x)$ 在某个区间上的一个原函数，则 $F(x)+C$（C 为任意常数）称为 $f(x)$ 在该区间上的**不定积分**，记为 $\int f(x)\mathrm{d}x$，即

$$\int f(x)\mathrm{d}x=F(x)+C.$$

其中符号 $\int$ 称为**积分号**，$f(x)$ 称为**被积函数**，$f(x)\mathrm{d}x$ 称为**被积表达式**，x 称为**积分变量**，C 称为**积分常数**.

由不定积分的定义可知，求函数 $f(x)$ 的不定积分，只需求出 $f(x)$ 的一个原函数再加上积分常数 C.

例 1　求下列不定积分：

(1) $\int \cos x\mathrm{d}x$；　　(2) $\int \mathrm{e}^{-x}\mathrm{d}x$；　　(3) $\int \frac{1}{x}\mathrm{d}x$.

解　(1) 因为 $(\sin x)'=\cos x$，即 $\sin x$ 是 $\cos x$ 的一个原函数，所以

$$\int \cos x\mathrm{d}x=\sin x+C.$$

（2）因为 $(-\mathrm{e}^{-x})'=\mathrm{e}^{-x}$，即 $-\mathrm{e}^{-x}$ 是 e^{-x} 的一个原函数，所以

$$\int \mathrm{e}^{-x}\mathrm{d}x=-\mathrm{e}^{-x}+C.$$

（3）当 $x>0$ 时，因为 $(\ln x)'=\frac{1}{x}$，所以

$$\int \frac{1}{x}\mathrm{d}x=\ln x+C;$$

当 $x<0$ 时，因为 $[\ln(-x)]'=\frac{1}{x}$，

$$\int \frac{1}{x}\mathrm{d}x=\ln(-x)+C.$$

所以

$$\int \frac{1}{x}\mathrm{d}x=\ln|x|+C\ (x\neq 0).$$

2. **不定积分的几何意义**

函数的导数和微分都有几何意义，函数的不定积分同样有它的几何意义．函数 $f(x)$ 的一个原函数 $F(x)$ 的图形称为函数 $f(x)$ 的一条**积分曲线**，其方程为 $y=F(x)$．函数 $f(x)$ 的不定积分 $\int f(x)\mathrm{d}x$ 在几何上表示由一条积分曲线上下平移得到的一族积分曲线，称为**积分曲线族**，记作 $y=F(x)+C$（C 为任意常数）．此即为不定积分的**几何意义**．

例2 已知曲线上任一点处的切线斜率等于该点处横坐标平方的3倍，且过点（0，1），求此曲线方程．

解 设所求曲线方程为 $y=f(x)$，由题意，曲线上任意一点 (x, y) 处的切线斜率为 $\frac{\mathrm{d}y}{\mathrm{d}x}=3x^2$，所以

$$y=\int 3x^2\mathrm{d}x=x^3+C.$$

又由曲线经过点（0，1），有 $1=0^3+C$，即 $C=1$．所以，所求曲线方程为 $y=x^3+1$．

3. **不定积分与导数或微分的关系**

从不定积分的定义还可知，不定积分运算与导数或微分是两种互逆的运算，它们的互逆关系是：

（1）$\left[\int f(x)\mathrm{d}x\right]'=f(x)$，或 $\mathrm{d}\left[\int f(x)\mathrm{d}x\right]=f(x)\mathrm{d}x$.

此式表明，若先求积分后求导数（或求微分），则两者的作用互相抵消.

(2) $\int F'(x)\,\mathrm{d}x = F(x)+C$，或$\int \mathrm{d}F(x) = F(x)+C$.

此式表明，若先求导数（或求微分）后求积分，则两者的作用互相抵消后还保留积分常数.

3.2.2 不定积分的性质与基本运算

不定积分的性质与基本运算

性质 1 两个函数代数和的不定积分等于两个函数不定积分的代数和，即

$$\int [f(x)\pm g(x)]\,\mathrm{d}x = \int f(x)\,\mathrm{d}x \pm \int g(x)\,\mathrm{d}x.$$

性质 1 可推广到有限个函数代数和的情况，即

$$\int [f_1(x)\pm f_2(x)\pm\cdots\pm f_n(x)]\,\mathrm{d}x = \int f_1(x)\,\mathrm{d}x \pm \int f_2(x)\,\mathrm{d}x \pm\cdots\pm \int f_n(x)\,\mathrm{d}x.$$

性质 2 $\int kf(x)\,\mathrm{d}x = k\int f(x)\,\mathrm{d}x$（$k$ 为不等于零的常数）.

积分运算与微分运算互为逆运算，所以从导数公式可以直接得到基本积分公式. 例如，由$\left(\dfrac{x^{\alpha+1}}{\alpha+1}\right)' = x^{\alpha}$，得

$$\int x^{\alpha}\,\mathrm{d}x = \frac{x^{\alpha+1}}{\alpha+1}+C \quad (\alpha\neq -1).$$

类似地可以得到其他积分公式，下面列出一些常见的积分公式，通常称为**基本积分公式**：

(1) $\int k\,\mathrm{d}x = kx+C$（$k$ 为常数）；

(2) $\int x^{\alpha}\,\mathrm{d}x = \dfrac{1}{\alpha+1}x^{\alpha+1}+C \ (\alpha\neq -1)$；

(3) $\int \dfrac{1}{x}\,\mathrm{d}x = \ln|x|+C$；

(4) $\int \mathrm{e}^{x}\,\mathrm{d}x = \mathrm{e}^{x}+C$；

(5) $\int a^{x}\,\mathrm{d}x = \dfrac{1}{\ln a}a^{x}+C$（$a>0$ 且 $a\neq 1$）；

(6) $\int \sin x\,\mathrm{d}x = -\cos x+C$；

(7) $\int \cos x\,\mathrm{d}x = \sin x+C$；

(8) $\int \sec^2 x\,\mathrm{d}x = \tan x+C$；

(9) $\int \csc^2 x\,\mathrm{d}x = -\cot x+C$；

(10) $\int \sec x\tan x\mathrm{d}x=\sec x+C$;

(11) $\int \csc x\cot x\mathrm{d}x=-\csc x+C$;

(12) $\int \frac{1}{\sqrt{1-x^2}}\mathrm{d}x=\arcsin x+C$;

(13) $\int \frac{1}{1+x^2}\mathrm{d}x=\arctan x+C$.

有些函数的不定积分，被积函数经过适当的恒等变换（包括代数的与三角的变换）后，可利用积分性质和基本积分公式计算，这种方法称为**直接积分法**.

例3 求下列不定积分：

(1) $\int \frac{1}{x^2}\mathrm{d}x$;　　(2) $\int x\sqrt[3]{x}\,\mathrm{d}x$.

解 (1) $\int \frac{1}{x^2}\mathrm{d}x=\int x^{-2}\mathrm{d}x=\frac{1}{-2+1}x^{-2+1}+C=-x^{-1}+C$.

(2) $\int x\sqrt[3]{x}\,\mathrm{d}x=\int x^{\frac{4}{3}}\mathrm{d}x=\frac{1}{\frac{4}{3}+1}x^{\frac{4}{3}+1}+C=\frac{3}{7}x^2\sqrt[3]{x}+C$.

例4 求不定积分$\int (x^3-2\sin x+2^x)\mathrm{d}x$.

解
$$\begin{aligned}\int (x^3-2\sin x+2^x)\mathrm{d}x&=\int x^3\mathrm{d}x-2\int \sin x\mathrm{d}x+\int 2^x\mathrm{d}x\\&=\frac{1}{4}x^4+2\cos x+\frac{2^x}{\ln 2}+C.\end{aligned}$$

例5 求下列不定积分：

(1) $\int \frac{(1-x)^3}{x^2}\mathrm{d}x$;　　(2) $\int \frac{2x^2+1}{x^2(x^2+1)}\mathrm{d}x$.

解 把被积函数化为和差的形式，然后再逐项积分.

(1)
$$\begin{aligned}\int \frac{(1-x)^3}{x^2}\mathrm{d}x&=\int \frac{1-3x+3x^2-x^3}{x^2}\mathrm{d}x=\int\left(\frac{1}{x^2}-\frac{3}{x}+3-x\right)\mathrm{d}x\\&=\int \frac{1}{x^2}\mathrm{d}x-3\int \frac{1}{x}\mathrm{d}x+3\int \mathrm{d}x-\int x\mathrm{d}x\\&=-\frac{1}{x}-3\ln|x|+3x-\frac{1}{2}x^2+C.\end{aligned}$$

(2)
$$\begin{aligned}\text{原式}&=\int \frac{x^2+1+x^2}{x^2(x^2+1)}\mathrm{d}x=\int \frac{x^2+1}{x^2(x^2+1)}\mathrm{d}x+\int \frac{x^2}{x^2(x^2+1)}\mathrm{d}x\\&=\int \frac{1}{x^2}\mathrm{d}x+\int \frac{1}{x^2+1}\mathrm{d}x=-\frac{1}{x}+\arctan x+C.\end{aligned}$$

例6 求下列不定积分：

(1) $\int \tan^2 x\mathrm{d}x$;　　(2) $\int \frac{\cos 2x}{\cos x-\sin x}\mathrm{d}x$.

解　(1) 原式 $=\int(\sec^2x-1)\mathrm{d}x=\int\sec^2x\mathrm{d}x-\int\mathrm{d}x=\tan x-x+C.$

(2) $\int\frac{\cos 2x}{\cos x-\sin x}\mathrm{d}x=\int\frac{\cos^2x-\sin^2x}{\cos x-\sin x}\mathrm{d}x=\int(\cos x+\sin x)\mathrm{d}x=\sin x-\cos x+C.$

例 7　若某池塘结冰的速度由$\frac{\mathrm{d}y}{\mathrm{d}t}=k\sqrt{t}$确定，其中 y（单位：cm）是自结冰起到时刻 t（单位：h）冰的厚度，$k>0$ 是常数．求结冰厚度 y 关于时间 t 的函数．

解　$\frac{\mathrm{d}y}{\mathrm{d}t}=k\sqrt{t}$，求不定积分，得

$$y=\int k\sqrt{t}\,\mathrm{d}t=k\int\sqrt{t}\,\mathrm{d}t=\frac{2}{3}kt\sqrt{t}+C.$$

由于 $t=0$ 时池塘开始结冰，此时结冰的厚度为 0，即 $y(0)=0$，代入上式，得 $C=0$，所以结冰的函数为

$$y=\frac{2}{3}kt\sqrt{t}.$$

3.2.3　微积分基本公式（牛顿-莱布尼茨公式）

我们从两个角度来讨论同一个问题：如作直线运动的某物体的速度为 $v=v(t)$，则在时间段 $[t_1,t_2]$ 内经过的路程从定积分角度研究应为

$$s=\int_{t_1}^{t_2}v(t)\mathrm{d}t;$$

从另一个角度研究 $s=s(t_2)-s(t_1)$，二者应相等，即

$$s=\int_{t_1}^{t_2}v(t)\mathrm{d}t=s(t_2)-s(t_1).$$

所以，速度函数 $v=v(t)$ 在 $[t_1,t_2]$ 上的定积分等于 $v(t)$ 的原函数 $s=s(t)$ 在相同区间 $[t_1,t_2]$ 上的函数的增量．

微积分基本公式

从这个例子可以看出，求函数的定积分$\int_{t_1}^{t_2}v(t)\mathrm{d}t$ 可以转化为求该函数的不定积分$\int v(t)\mathrm{d}t$．

微积分基本公式　如果 $F(x)$ 是连续函数 $f(x)$ 在区间 $[a,b]$ 上的一个原函数（即$F'(x)=f(x)$），则

$$\int_a^b f(x)\mathrm{d}x=F(b)-F(a)=F(x)\Big|_a^b.$$

此公式称为微积分基本公式，也称为**牛顿-莱布尼茨公式**．

积分上限的函数

微积分基本公式把定积分与不定积分联系起来了，为计算定积分提供了一种简便有效的方法．

例 8　计算定积分$\int_1^2\left(x+\frac{1}{x}\right)^2\mathrm{d}x$．

解 $\int_1^2\left(x+\frac{1}{x}\right)^2\mathrm{d}x=\int_1^2\left(x^2+2+\frac{1}{x^2}\right)\mathrm{d}x=\left(\frac{1}{3}x^3+2x-\frac{1}{x}\right)\Big|_1^2=\frac{29}{6}.$

练习题 3.2

(A)

1. 求下列不定积分：

(1) $\int\frac{1}{x^2}\mathrm{d}x$；　　(2) $\int x\sqrt{x}\,\mathrm{d}x$；

(3) $\int(3\mathrm{e})^x\mathrm{d}x$；　　(4) $\int\mathrm{e}^{x+3}\mathrm{d}x$；

(5) $\int\left(3\cos t+\frac{1}{\cos^2 t}\right)\mathrm{d}t$；　　(6) $\int\frac{x^2+7x+12}{x+4}\mathrm{d}x$.

2. 求下列定积分：

(1) $\int_0^{\frac{\pi}{2}}\cos x\mathrm{d}x$；　　(2) $\int_2^4\frac{1}{x}\mathrm{d}x$；

(3) $\int_{-1}^1\frac{1}{1+x^2}\mathrm{d}x$；　　(4) $\int_1^2\frac{(1-x)^2}{x^2}\mathrm{d}x$.

3. 已知一条曲线在任一点处的切线的斜率等于该点横坐标的倒数，且曲线过点 $(\mathrm{e}^3,5)$，求曲线方程.

(B)

1. 求下列不定积分：

(1) $\int\frac{1}{\sqrt{x}}\mathrm{d}x$；　　(2) $\int(x^5+3\mathrm{e}^x+\csc^2 x-2^x)\mathrm{d}x$；

(3) $\int\left(\frac{x}{2}+\frac{3}{x}\right)^2\mathrm{d}x$；　　(4) $\int\tan^2 x\mathrm{d}x$.

2. 求下列定积分：

(1) $\int_0^{\frac{\pi}{2}}\sin x\mathrm{d}x$；　　(2) $\int_{-1}^1(x-1)^3\mathrm{d}x$；

(3) $\int_0^1(\mathrm{e}^x-3\sin x)\mathrm{d}x$；　　(4) $\int_0^{\frac{\pi}{2}}|\sin x-\cos x|\mathrm{d}x$.

3. 已知函数 $f(x)$ 的导数为 $3x^2+1$，且当 $x=1$ 时 $y=3$，求此函数.

4. 设 $f(x)=\begin{cases}x^2, & -2\leqslant x\leqslant 0,\\ \cos x-1, & 0<x\leqslant\pi,\end{cases}$ 计算 $\int_{-2}^{\pi}f(x)\mathrm{d}x$.

3.3 换元积分法

前两节我们学习了不定积分的直接积分法，并了解到定积分和原函数的关系，掌握了如何利用牛顿-莱布尼茨公式计算定积分. 从本节起，学习不定积分和定积分的常用的方法——换元积分法、分部积分法. 换元积分法是常用而有效的积分方法.

3.3.1 不定积分的换元积分法

1. 第一换元积分法

第一换元积分法是求复合函数的不定积分的基本方法.

引例 1 如何求$\int \cos 3x\mathrm{d}x$.

不定积分的第一换元法

分析 因为 $\mathrm{d}(3x)=3\mathrm{d}x$，所以

$$\int \cos 3x\mathrm{d}x=\frac{1}{3}\int 3\cos 3x\mathrm{d}x=\frac{1}{3}\int \cos 3x\mathrm{d}(3x)\xlongequal{令\ u=3x}\frac{1}{3}\int \cos u\mathrm{d}u$$

$$=\frac{1}{3}\sin u+C\xlongequal{回代}\frac{1}{3}\sin 3x+C.$$

根据不定积分的定义经验证，计算结果正确.

引例中用到了变量代换，我们称这种方法为**换元积分法**.

由引例，容易得到不定积分的第一换元积分法.

不定积分的第一换元积分法 设$\int f(u)\mathrm{d}u=F(u)+C$，且函数 $u=\varphi(x)$ 可导，则

$$\int f[\varphi(x)]\varphi'(x)\mathrm{d}x=\int f(u)\mathrm{d}u=F[\varphi(x)]+C.$$

对上式右端求导数，有

$$\{F[\varphi(x)]+C\}'=F'[\varphi(x)]\cdot\varphi'(x)=f[\varphi(x)]\cdot\varphi'(x).$$

即 $F[\varphi(x)]$ 是 $f[\varphi(x)]\cdot\varphi'(x)$ 的一个原函数，所以第一换元法成立.

利用第一换元积分法求不定积分的一般步骤为

$$\int f[\varphi(x)]\varphi'(x)\mathrm{d}x\xlongequal{凑微分}\int f[\varphi(x)]\mathrm{d}[\varphi(x)]\xlongequal{令\ u=\varphi(x)}\int f(u)\mathrm{d}u$$

$$\xlongequal{公式}F(u)+C\xlongequal{回代}F[\varphi(x)]+C.$$

例 1 求$\int \mathrm{e}^{5x}\mathrm{d}x$.

解 因为 $\mathrm{d}x=\frac{1}{5}\mathrm{d}(5x)$（这一步称为凑微分），所以

$$\int \mathrm{e}^{5x}\mathrm{d}x\xlongequal{凑微分}\frac{1}{5}\int \mathrm{e}^{5x}\mathrm{d}(5x)\xlongequal{令\ u=5x}\frac{1}{5}\int \mathrm{e}^{u}\mathrm{d}u\xlongequal{公式}\frac{1}{5}\mathrm{e}^{u}+C\xlongequal{回代}\frac{1}{5}\mathrm{e}^{5x}+C.$$

利用换元积分法时，要把被积表达式分解出 $\varphi'(x)\mathrm{d}x$，并凑成 $\mathrm{d}[\varphi(x)]$，因此这种方法也称为**凑微分法**，其关键在于凑微分，这是一种技巧，需要熟记下列

一些等式：

$$\mathrm{d}x=\frac{1}{a}\mathrm{d}(ax+b)\text{；}\ x\mathrm{d}x=\frac{1}{2}\mathrm{d}(x^2)\text{；}\ \frac{1}{\sqrt{x}}\mathrm{d}x=2\mathrm{d}(\sqrt{x})\text{；}$$

$$\frac{1}{x^2}\mathrm{d}x=-\mathrm{d}\left(\frac{1}{x}\right)\text{；}\ \frac{1}{x}\mathrm{d}x=\mathrm{d}(\ln|x|)\text{；}\ \mathrm{e}^x\mathrm{d}x=\mathrm{d}(\mathrm{e}^x)\text{；}$$

$$\cos x\mathrm{d}x=\mathrm{d}(\sin x)\text{；}\ \sin x\mathrm{d}x=-\mathrm{d}(\cos x)\text{；}$$

$$\sec^2x\mathrm{d}x=\mathrm{d}(\tan x)\text{；}\ \csc^2x\mathrm{d}x=-\mathrm{d}(\cot x)\text{；}$$

$$\frac{1}{\sqrt{1-x^2}}\mathrm{d}x=\mathrm{d}(\arcsin x)\text{；}\ \frac{1}{1+x^2}\mathrm{d}x=\mathrm{d}(\arctan x).$$

利用以上等式可以对下列类型的不定积分用凑微分法进行计算：

$$\int f(ax+b)\mathrm{d}x=\frac{1}{a}\int f(ax+b)\mathrm{d}(ax+b)\quad(a\neq0)\text{；}$$

$$\int f(x^2)\cdot x\mathrm{d}x=\frac{1}{2}\int f(x^2)\mathrm{d}(x^2)\text{；}$$

微课3.3.2 不定积分的第一换元法的例题

$$\int f(\sqrt{x})\cdot\frac{1}{\sqrt{x}}\mathrm{d}x=2\int f(\sqrt{x})\mathrm{d}(\sqrt{x})\text{；}$$

$$\int f\left(\frac{1}{x}\right)\cdot\frac{1}{x^2}\mathrm{d}x=-\int f\left(\frac{1}{x}\right)\mathrm{d}\left(\frac{1}{x}\right)\text{；}$$

$$\int f(\ln x)\cdot\frac{1}{x}\mathrm{d}x=\int f(\ln x)\mathrm{d}(\ln x)\quad(x>0)\text{；}$$

$$\int f(\mathrm{e}^x)\cdot\mathrm{e}^x\mathrm{d}x=\int f(\mathrm{e}^x)\mathrm{d}(\mathrm{e}^x)\text{；}$$

$$\int f(\sin x)\cdot\cos x\mathrm{d}x=\int f(\sin x)\mathrm{d}(\sin x)\text{；}$$

$$\int f(\cos x)\cdot\sin x\mathrm{d}x=-\int f(\cos x)\mathrm{d}(\cos x)\text{；}$$

$$\int f(\tan x)\cdot\sec^2x\mathrm{d}x=\int f(\tan x)\mathrm{d}(\tan x)\text{；}$$

$$\int f(\cot x)\cdot\csc^2x\mathrm{d}x=-\int f(\cot x)\mathrm{d}(\cot x)\text{；}$$

$$\int f(\arcsin x)\cdot\frac{1}{\sqrt{1-x^2}}\mathrm{d}x=\int f(\arcsin x)\mathrm{d}(\arcsin x)\text{；}$$

$$\int f(\arctan x)\cdot\frac{1}{1+x^2}\mathrm{d}x=\int f(\arctan x)\mathrm{d}(\arctan x)\text{等.}$$

方法熟悉后，换元的中间步骤可省略，凑成以上某种形式直接用公式写出结果.

例 2 求下列不定积分：

(1) $\int(2x+5)^{10}\mathrm{d}x$；　(2) $\int\frac{1}{x\ln x}\mathrm{d}x$；　(3) $\int\frac{\arctan x}{1+x^2}\mathrm{d}x$.

解 (1) $\int(2x+5)^{10}\mathrm{d}x=\frac{1}{2}\int(2x+5)^{10}\mathrm{d}(2x+5)=\frac{1}{2}\cdot\frac{1}{11}(2x+5)^{11}+C$

$$=\frac{1}{22}(2x+5)^{11}+C.$$

(2) $\int\frac{1}{x\ln x}\mathrm{d}x=\int\frac{1}{\ln x}\cdot\frac{1}{x}\mathrm{d}x=\int\frac{1}{\ln x}\mathrm{d}(\ln x)=\ln|\ln x|+C.$

(3) $\int\frac{\arctan x}{1+x^2}\mathrm{d}x=\int\arctan x\cdot\frac{1}{1+x^2}\mathrm{d}x=\int\arctan x\,\mathrm{d}(\arctan x)$

$$=\frac{1}{2}(\arctan x)^2+C.$$

例 3 求下列不定积分：

(1) $\int\frac{\cos(\sqrt{x}+1)}{\sqrt{x}}\mathrm{d}x$； (2) $\int\frac{\mathrm{e}^x}{\sqrt{1-\mathrm{e}^{2x}}}\mathrm{d}x$； (3) $\int\frac{1}{x^2}\cos\frac{1}{x}\mathrm{d}x$.

解 (1) $\int\frac{\cos(\sqrt{x}+1)}{\sqrt{x}}\mathrm{d}x=\int\cos(\sqrt{x}+1)\cdot\frac{1}{\sqrt{x}}\mathrm{d}x$

$$=2\int\cos(\sqrt{x}+1)\,\mathrm{d}(\sqrt{x}+1)$$

$$=2\sin(\sqrt{x}+1)+C;$$

(2) $\int\frac{\mathrm{e}^x}{\sqrt{1-\mathrm{e}^{2x}}}\mathrm{d}x=\int\frac{1}{\sqrt{1-\mathrm{e}^{2x}}}\mathrm{d}(\mathrm{e}^x)=\arcsin\mathrm{e}^x+C$;

(3) $\int\frac{1}{x^2}\cos\frac{1}{x}\mathrm{d}x=-\int\cos\frac{1}{x}\mathrm{d}\left(\frac{1}{x}\right)=-\sin\frac{1}{x}+C.$

例 4 求下列不定积分：

(1) $\int\frac{\mathrm{d}x}{\sqrt{a^2-x^2}}\ (a>0)$； (2) $\int\tan x\mathrm{d}x$； (3) $\int\sec x\mathrm{d}x$.

解 (1) $\int\frac{\mathrm{d}x}{\sqrt{a^2-x^2}}=\int\frac{1}{\sqrt{1-\left(\frac{x}{a}\right)^2}}\mathrm{d}\left(\frac{x}{a}\right)=\arcsin\frac{x}{a}+C.$

类似可得

$$\int\frac{\mathrm{d}x}{a^2+x^2}=\frac{1}{a}\arctan\frac{x}{a}+C.$$

(2) $\int\tan x\mathrm{d}x=\int\frac{\sin x}{\cos x}\mathrm{d}x=-\int\frac{\mathrm{d}(\cos x)}{\cos x}=-\ln|\cos x|+C.$

类似可得

$$\int\cot x\mathrm{d}x=\ln|\sin x|+C.$$

(3) $\int\sec x\mathrm{d}x=\int\frac{\sec x(\sec x+\tan x)}{\sec x+\tan x}\mathrm{d}x=\int\frac{\sec^2x+\sec x\tan x}{\sec x+\tan x}\mathrm{d}x$

$$=\int\frac{1}{\sec x+\tan x}\mathrm{d}(\sec x+\tan x)=\ln|\sec x+\tan x|+C.$$

类似可得

$$\int\csc x\mathrm{d}x=\ln|\csc x-\cot x|+C.$$

上面六个结论今后经常用到，可以作公式用.

例5 求下列不定积分：

(1) $\int\frac{\mathrm{d}x}{a^2-x^2}\ (a>0)$； (2) $\int\sin^2x\mathrm{d}x$； (3) $\int\frac{2+x}{9+x^2}\mathrm{d}x$.

解 本题应先对被积函数进行代数恒等变换或三角恒等变换.

(1) $$\int\frac{\mathrm{d}x}{a^2-x^2}=\int\frac{\mathrm{d}x}{(a-x)(a+x)}=\frac{1}{2a}\int\frac{(a-x)+(a+x)}{(a-x)(a+x)}\mathrm{d}x$$

$$=\frac{1}{2a}\left(\int\frac{1}{a+x}\mathrm{d}x+\int\frac{1}{a-x}\mathrm{d}x\right)$$

$$=\frac{1}{2a}\left[\int\frac{\mathrm{d}(a+x)}{a+x}-\int\frac{\mathrm{d}(a-x)}{a-x}\right]$$

$$=\frac{1}{2a}\ln\left|\frac{a+x}{a-x}\right|+C;$$

(2) $$\int\sin^2x\mathrm{d}x=\frac{1}{2}\int(1-\cos 2x)\mathrm{d}x=\frac{1}{2}x-\frac{1}{4}\int\cos 2x\mathrm{d}(2x)$$

$$=\frac{1}{2}x-\frac{1}{4}\sin 2x+C.$$

(3) $$\int\frac{2+x}{9+x^2}\mathrm{d}x=\int\frac{2}{9+x^2}\mathrm{d}x+\int\frac{x}{9+x^2}\mathrm{d}x$$

$$=\frac{2}{3}\arctan\frac{x}{3}+\frac{1}{2}\int\frac{1}{9+x^2}\mathrm{d}(9+x^2)$$

$$=\frac{2}{3}\arctan\frac{x}{3}+\frac{1}{2}\ln(9+x^2)+C.$$

微课3.3.3

不定积分的第二换元法

2. 不定积分的第二换元积分法

第一换元积分法是把$\int f[\varphi(x)]\varphi'(x)\mathrm{d}x$先凑微分得$\int f[\varphi(x)]\mathrm{d}[\varphi(x)]$，再通过换元用$u$替换$\varphi(x)$，得到$\int f(u)\mathrm{d}u$，而$\int f(x)\mathrm{d}x$易求得，从而解决. 但是有时候$\int f(x)\mathrm{d}x$不易求得，但若令$x=\varphi(t)$，则积分$\int f[\varphi(t)]\cdot\varphi'(t)\mathrm{d}t$却容易求得. 这就是第二换元积分法.

不定积分的第二换元积分法 设

(1) $x=\varphi(t)$ 是单调可导函数，且$\varphi'(t)\neq0$；

(2) $\int f[\varphi(t)]\varphi'(t)\mathrm{d}t=F(t)+C$，

则

$$\int f(x)\,dx \xlongequal{x=\varphi(t)} \int f[\varphi(t)]\cdot\varphi'(t)\,dt.$$

第二换元积分法的一般步骤为

$$\int f(x)\,dx \xlongequal{令\ x=\varphi(t)} \int f[\varphi(t)]\,d[\varphi(t)] = \int f[\varphi(t)]\varphi'(t)\,dt$$

$$= F(t)+C \xlongequal[回代]{t=\varphi^{-1}(x)} F[\varphi^{-1}(x)]+C.$$

例 6　求下列不定积分：

(1) $\displaystyle\int \frac{1}{\sqrt{x}+1}dx$;　　　(2) $\displaystyle\int \frac{1}{\sqrt{x}+\sqrt[4]{x}}dx$.

解　(1) 为了消去根号，令 $x=t^2$，则 $dx=2t\,dt$，于是

$$\int \frac{1}{\sqrt{x}+1}dx = \int \frac{1}{t+1}2t\,dt = 2\int \frac{t+1-1}{t+1}dt = 2\int\left(1-\frac{1}{t+1}\right)dt$$

$$=2t-2\ln|t+1|+C=2\sqrt{x}-2\ln(\sqrt{x}+1)+C.$$

(2) 被积函数含根式$\sqrt{x}$，$\sqrt[4]{x}$，为了消去根号，令$\sqrt[4]{x}=t$，$x=t^4$，则 $dx=4t^3\,dt$，于是

$$\int \frac{1}{\sqrt{x}+\sqrt[4]{x}}dx = \int \frac{4t^3}{t^2+t}dt = 4\int \frac{(t^2-1)+1}{t+1}dt = 4\int\left(t-1+\frac{1}{t+1}\right)dt$$

$$=4\left(\frac{1}{2}t^2-t+\ln|t+1|\right)+C=2\sqrt{x}-4\sqrt[4]{x}+4\ln(\sqrt[4]{x}+1)+C.$$

以上例题说明，若被积函数只含有一个根式$\sqrt[n]{x}$，令$t=\sqrt[n]{x}$即可；若含根式$\sqrt[n_1]{x}$，$\sqrt[n_2]{x}$，可令$t=\sqrt[n]{x}$，n 为 n_1，n_2 的最小公倍数.

例 7　求不定积分：

(1) $\displaystyle\int \frac{1}{\sqrt{4-x^2}}dx$;　　　(2) $\displaystyle\int \frac{x}{\sqrt{a^2+x^2}}dx$ $(a>0)$.

不定积分的第二换元法的例题

解　(1) 令 $x=2\sin t\left(-\dfrac{\pi}{2}<t<\dfrac{\pi}{2}\right)$，则 $dx=2\cos t\,dt$，于是

$$\int \frac{1}{\sqrt{4-x^2}}dx = \int \frac{1}{2\sqrt{1-\sin^2 t}}2\cos t\,dt = \int dt = t+C.$$

由 $x=2\sin t$，得 $\sin t=\dfrac{x}{2}$，$t=\arcsin\dfrac{x}{2}$，所以

$$\int \frac{1}{\sqrt{4-x^2}}dx = \arcsin\frac{x}{2}+C.$$

(2) 设 $x=a\tan t\left(-\dfrac{\pi}{2}<t<\dfrac{\pi}{2}\right)$，则 $dx=a\sec^2 t\,dt$，于是

$$\int \frac{x}{\sqrt{a^2+x^2}}dx = \int \frac{a\tan t}{\sqrt{a^2+a^2\tan^2 t}}a\sec^2 t\,dt = a\int \tan t\sec t\,dt = a\int \frac{\sin t}{\cos^2 t}dt = a\,\frac{1}{\cos t}+C.$$

由 $x=a\tan t$，得 $\tan t=\frac{x}{a}$，根据此式作直角三角形，如图3-10所示，从而得到

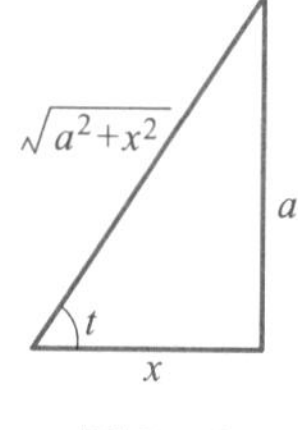

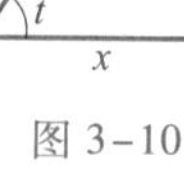
图 3-10

$$\cos t=\frac{a}{\sqrt{a^2+x^2}},$$

所以

定积分的换元积分法

$$\int\frac{x}{\sqrt{a^2+x^2}}\mathrm{d}x=\sqrt{a^2+x^2}+C.$$

一般地，当被积函数含

(1) $\sqrt{a^2-x^2}$ $(a>0)$，可设 $x=a\sin t$；

(2) $\sqrt{x^2+a^2}$ $(a>0)$，可设 $x=a\tan t$；

(3) $\sqrt{x^2-a^2}$ $(a>0)$，可设 $x=a\sec t$.

以上通常称为三角代换，第二积分法中常用，但在具体解题时，还要具体分析. 如 $\int x\sqrt{a^2-x^2}\mathrm{d}x$，$\int\frac{x}{\sqrt{a^2-x^2}}\mathrm{d}x$ 就不必作三角代换，用第一换元法凑微分更方便.

相应于不定积分的换元法，也有定积分的换元法.

3.3.2 定积分的换元积分法

引例 2 求定积分 $\int_0^4\frac{\mathrm{d}x}{1+\sqrt{x}}$.

解法 1 设 $\sqrt{x}=t$，则 $x=t^2$，$\mathrm{d}x=2t\mathrm{d}t$，则

$$\int\frac{\mathrm{d}x}{1+\sqrt{x}}=\int\frac{2t\mathrm{d}t}{1+t}=2\int\left(1-\frac{1}{1+t}\right)\mathrm{d}t$$

$$=2(t-\ln|1+t|)+C=2(\sqrt{x}-\ln|1+\sqrt{x}|)+C,$$

于是

$$\int_0^4\frac{\mathrm{d}x}{1+\sqrt{x}}=2[\sqrt{x}-\ln(1+\sqrt{x})]\Big|_0^4=4-2\ln 3.$$

上述方法求不定积分时变量必须还原，但是在计算定积分时，这一步实际上可以省去，只要将原来变量 x 的上、下限按照所用的代换式 $x=\varphi(t)$ 换成新变量 t 的上、下限即可. 本题还可用下面的方法来解.

解法 2 设 $\sqrt{x}=t$，则 $x=t^2$，$\mathrm{d}x=2t\mathrm{d}t$，当 $x=0$ 时，$t=0$；当 $x=4$ 时，$t=2$. 于是

$$\int_0^4 \frac{dx}{1+\sqrt{x}}=\int_0^2 \frac{2t}{1+t}dt=2\int_0^2\left(1-\frac{1}{1+t}\right)dt=2[t-\ln|1+t|]\Big|_0^2=4-2\ln 3.$$

这种解法就是定积分的换元法.

定积分的换元法 设函数 $f(x)$ 在区间 $[a,b]$ 上连续，如果

(1) 函数 $x=\varphi(t)$ 在区间 $[\alpha,\beta]$ 上具有连续导数 $\varphi'(t)$；

(2) 当 t 在区间 $[\alpha,\beta]$ 上变化时，对应的函数 $x=\varphi(t)$ 的值在 $[a,b]$ 上变化，且 $\varphi(\alpha)=a,\varphi(\beta)=b$，

则有定积分的换元积分公式

$$\int_a^b f(x)dx=\int_\alpha^\beta f[\varphi(t)]\cdot\varphi'(t)dt.$$

在使用定积分的换元公式时，对被积函数的变换和不定积分的换元法一样，但要注意“**换元同时换限**”，即通过关系式 $x=\varphi(t)$，上（下）限对应变化，下限对下限，上限对上限.

例 8 计算 $\int_{-1}^1\sqrt{4-x^2}dx$.

解 因为被积函数 $\sqrt{4-x^2}$ 是偶函数，且积分区间 $[-1,1]$ 对称于原点，所以 $\int_{-1}^1\sqrt{4-x^2}dx=2\int_0^1\sqrt{4-x^2}dx$. 令 $x=2\sin t$，则 $dx=2\cos t dt$，当 $x=0$ 时，$t=0$；当 $x=1$ 时，$t=\frac{\pi}{6}$. 于是

$$\begin{aligned}\int_{-1}^1\sqrt{4-x^2}dx&=2\int_0^1\sqrt{4-x^2}dx=8\int_0^{\frac{\pi}{6}}\cos^2 t dt=4\int_0^{\frac{\pi}{6}}(1+\cos 2t)dt\\&=4\left(t+\frac{1}{2}\sin 2t\right)\Big|_0^{\frac{\pi}{6}}=\frac{2}{3}\pi+\sqrt{3}.\end{aligned}$$

练习题 3.3

(A)

1. 求下列不定积分：

(1) $\int e^{2x}dx$；

(2) $\int(2x+1)^5dx$；

(3) $\int\cos(2-x)dx$；

(4) $\int\frac{1}{9+x^2}dx$；

(5) $\int\frac{\ln x}{x}dx$；

(6) $\int\frac{\cos x}{1+\sin^2 x}dx$；

(7) $\int\frac{\sin(2\sqrt{x}-1)}{\sqrt{x}}dx$；

(8) $\int\frac{1}{1-\sqrt{x}}dx$.

2. 求下列定积分：

(1) $\int_{0}^{1} e^{-x} dx$；　　(2) $\int_{1}^{3} \frac{1}{1+x} dx$；

(3) $\int_{-1}^{1} \frac{x}{\sqrt{1+x^2}} dx$；　　(4) $\int_{4}^{9} \frac{\sqrt{x}}{\sqrt{x}-1} dx$；

(5) $\int_{-\frac{\pi}{2}}^{\frac{\pi}{2}} \sin x dx$；　　(6) $\int_{1}^{e} \frac{1+\ln x}{x} dx$.

3. 设城市 A、B 之间有一条长为 30 km 的高速公路，公路上汽车的密度（每千米的汽车数量）为

$$\rho(x)=300+300\sin(2x+0.2),$$

其中 x 为到城市 A 的距离，求该高速公路上的汽车总数.

(B)

1. 求下列不定积分：

(1) $\int \frac{1}{x^2} e^{\frac{1}{x}} dx$；　　(2) $\int \frac{x}{9+x^2} dx$；　　(3) $\int \frac{1}{1-\sqrt{2x}} dx$；

(4) $\int \frac{1}{x\ln^2 x} dx$；　　(5) $\int \sqrt{4-x^2} dx$；　　(6) $\int \frac{\sqrt{x}+1}{\sqrt{x}} dx$.

2. 求下列定积分：

(1) $\int_{0}^{4} \sqrt{16-x^2} dx$；　　(2) $\int_{0}^{1} \frac{1}{4+x^2} dx$；

(3) $\int_{0}^{8} \frac{1}{\sqrt[3]{x}+1} dx$；　　(4) $\int_{0}^{1} \frac{x}{\sqrt{x+1}+1} dx$；

(5) $\int_{-2}^{0} \frac{1}{x^2+2x+2} dx$；　　(6) $\int_{-\frac{\pi}{2}}^{\frac{\pi}{2}} x^8 \sin x dx$.

3. 某工厂生产某种商品 x（百台）的总成本（万元）的边际成本为 $C'(x)=2$，边际收益为 $R'(x)=7-2x$，问：

(1) 生产多少时利润最大？

(2) 在总利润最大的基础上，又生产了 0.5（百台），总利润如何变化？

3.4 分部积分法

分部积分法是由两个函数乘积的微分运算法则推得的一种求积分的基本方法. 这种方法常用于被积函数是两种不同类型的函数乘积的积分，如 $\int x^2 3^x dx$，$\int x^2 \sin x dx$，$\int_{1}^{2} x\ln x dx$，$\int_{0}^{1} e^x \cos x dx$ 等.

3.4.1 不定积分的分部积分法

设函数 $u=u(x)$，$v=v(x)$ 具有连续导数 $u'=u'(x)$，$v'=v'(x)$，根据乘积微分运算法则$\mathrm{d}(uv)=v\mathrm{d}u+u\mathrm{d}v$，得 $u\mathrm{d}v=\mathrm{d}(uv)-v\mathrm{d}u$，两边积分，得

$$\int u\mathrm{d}v=uv-\int v\mathrm{d}u.$$

上式称为不定积分的**分部积分公式**，利用上式求不定积分的方法称为不定积分的**分部积分法**．它的特点是把左边积分$\int u\mathrm{d}v$ 转化为右边积分$\int v\mathrm{d}u$．如果$\int v\mathrm{d}u$ 比$\int u\mathrm{d}v$ 容易求得，就可以试用此法．

例如，求$\int x\mathrm{e}^x\mathrm{d}x$ 时，被积函数是幂函数与指数函数的乘积，用分部积分法．选取 $u=x$，$\mathrm{d}v=\mathrm{e}^x\mathrm{d}x=\mathrm{d}(\mathrm{e}^x)$（这一步就是凑微分），则 $\mathrm{d}u=\mathrm{d}x$，$v=\mathrm{e}^x$，由分部积分公式，得

$$\int x\mathrm{e}^x\mathrm{d}x=\int x\mathrm{d}(\mathrm{e}^x)=x\mathrm{e}^x-\int \mathrm{e}^x\mathrm{d}x.$$

上式中的新积分$\int \mathrm{e}^x\mathrm{d}x$ 比原积分$\int x\mathrm{e}^x\mathrm{d}x$ 容易求得，于是

微课3.4.1

不定积分的分部积分法

$$\int x\mathrm{e}^x\mathrm{d}x=\int x\mathrm{d}(\mathrm{e}^x)=x\mathrm{e}^x-\int \mathrm{e}^x\mathrm{d}x=x\mathrm{e}^x-\mathrm{e}^x+C.$$

如果选取 $u=\mathrm{e}^x$，$\mathrm{d}v=x\mathrm{d}x=\mathrm{d}\left(\dfrac{x^2}{2}\right)$，则 $\mathrm{d}u=\mathrm{e}^x\mathrm{d}x$，$v=\dfrac{x^2}{2}$，得

$$\int x\mathrm{e}^x\mathrm{d}x=\int \mathrm{e}^x\mathrm{d}\left(\frac{x^2}{2}\right)=\frac{x^2}{2}\mathrm{e}^x-\int \frac{1}{2}x^2\mathrm{e}^x\mathrm{d}x.$$

可见上式右端新积分$\int \dfrac{1}{2}x^2\mathrm{e}^x\mathrm{d}x$ 比左端的原积分$\int x\mathrm{e}^x\mathrm{d}x$ 更难计算．所以不能这样选取 u 和 $\mathrm{d}v$．

由此可知，运用分部积分法的关键是选择 u，$\mathrm{d}v$．一般原则是：

（1）使 v 容易求出；

（2）新积分$\int v\mathrm{d}u$ 要比原积分$\int u\mathrm{d}v$ 容易积出．

例 1 求下列不定积分：

（1）$\int x\cos x\mathrm{d}x$；（2）$\int x\ln x\mathrm{d}x$；（3）$\int \arcsin x\mathrm{d}x$．

解 （1）被积函数是幂函数和余弦函数的乘积，用分部积分法．

设 $u=x$，$\mathrm{d}v=\cos x\mathrm{d}x=\mathrm{d}(\sin x)$，则

$$\int x\cos x\mathrm{d}x=\int x\mathrm{d}(\sin x)=x\sin x-\int \sin x\mathrm{d}x=x\sin x+\cos x+C.$$

分部积分法运用熟练后，选取 u，$\mathrm{d}v$ 的步骤不必写出．

(2) 被积函数是幂函数和对数函数的乘积，用分部积分法，得

$$\int x\ln x\mathrm{d}x=\int \ln x\mathrm{d}\left(\frac{x^2}{2}\right)=\frac{x^2}{2}\ln x-\int\frac{x^2}{2}\mathrm{d}(\ln x)=\frac{x^2}{2}\ln x-\frac{1}{2}\int x\mathrm{d}x$$

$$=\frac{1}{2}x^2\ln x-\frac{1}{4}x^2+C.$$

(3) 被积函数是一个函数时，可直接用分部积分法.

$$\int\arcsin x\mathrm{d}x=x\arcsin x-\int x\mathrm{d}(\arcsin x)=x\arcsin x-\int\frac{x}{\sqrt{1-x^2}}\mathrm{d}x$$

$$=x\arcsin x+\frac{1}{2}\int\frac{\mathrm{d}(1-x^2)}{\sqrt{1-x^2}}=x\arcsin x+\sqrt{1-x^2}+C.$$

例2 求$\int \mathrm{e}^x\cos x\mathrm{d}x$.

解 $\int \mathrm{e}^x\cos x\mathrm{d}x=\int\cos x\mathrm{d}(\mathrm{e}^x)=\mathrm{e}^x\cos x-\int\mathrm{e}^x\mathrm{d}(\cos x)$

$$=\mathrm{e}^x\cos x+\int\mathrm{e}^x\sin x\mathrm{d}x=\mathrm{e}^x\cos x+\int\sin x\mathrm{d}(\mathrm{e}^x)$$

$$=\mathrm{e}^x\cos x+\mathrm{e}^x\sin x-\int\mathrm{e}^x\mathrm{d}(\sin x)$$

$$=\mathrm{e}^x(\sin x+\cos x)-\int\mathrm{e}^x\cos x\mathrm{d}x,$$

移项，得

$$2\int\mathrm{e}^x\cos x\mathrm{d}x=\mathrm{e}^x(\sin x+\cos x)+C_1,$$

因此

$$\int\mathrm{e}^x\cos x\mathrm{d}x=\frac{1}{2}\mathrm{e}^x(\sin x+\cos x)+C.$$

小结 分部积分常见类型及 u 和 $\mathrm{d}v$ 的选取归纳如下：

(1) $\int x^n\mathrm{e}^{\alpha x}\mathrm{d}x$，$\int x^n\sin\beta x\mathrm{d}x$，$\int x^n\cos\beta x\mathrm{d}x$，可设 $u=x^n$；

(2) $\int x^n\arcsin x\mathrm{d}x$，$\int x^n\arctan x\mathrm{d}x$，$\int x^n\ln x\mathrm{d}x$，可设 $u=\arcsin x$，$\arctan x$，$\ln x$；

(3) $\int\mathrm{e}^{\alpha x}\sin\beta x\mathrm{d}x$，$\int\mathrm{e}^{\alpha x}\cos\beta x\mathrm{d}x$，设哪个函数为 u 都可以，但要注意的是，两次分部积分中 u 的选取要一致.

上述情况中 x^n 换为多项式时仍成立.

例3 求$\int(x^2+3)\cos x\mathrm{d}x$.

解 被积函数是多项式与三角函数的乘积，用分部积分法，得

$$\int(x^2+3)\cos x\mathrm{d}x=\int(x^2+3)\mathrm{d}(\sin x)$$

$$=(x^2+3)\sin x-\int \sin x\mathrm{d}(x^2+3)$$

$$=(x^2+3)\sin x-2\int x\sin x\mathrm{d}x$$

$$=(x^2+3)\sin x+2\int x\mathrm{d}(\cos x)\text{（再次使用分部积分法）}$$

$$=(x^2+3)\sin x+2x\cos x-2\int \cos x\mathrm{d}x$$

$$=(x^2+3)\sin x+2x\cos x-2\sin x+C.$$

多次使用分部积分法时，几次分部积分中 u 的选取要一致.

3.4.2 定积分的分部积分法

由不定积分的分部积分法，不难导出定积分的分部积分法.

设函数 $u=u(x)$，$v=v(x)$ 在区间 $[a,b]$ 上具有连续导数，根据微积分基本公式，相应地有**定积分的分部积分公式**

$$\int_a^b u(x)v'(x)\mathrm{d}x=u(x)v(x)\Big|_a^b-\int_a^b v(x)u'(x)\mathrm{d}x.$$

即，把首先积出来的那一部分代入上下限求值，余下的部分继续积分.

微课3.4.2 定积分的分部积分法

例 4 计算 $\int_1^{\mathrm{e}}\ln x\mathrm{d}x$.

解 由定积分的分部积分公式，得

$$\int_1^{\mathrm{e}}\ln x\mathrm{d}x=(x\ln x)\Big|_1^{\mathrm{e}}-\int_1^{\mathrm{e}}x\mathrm{d}(\ln x)=\mathrm{e}-\int_1^{\mathrm{e}}x\cdot\frac{1}{x}\mathrm{d}x$$

$$=\mathrm{e}-\int_1^{\mathrm{e}}\mathrm{d}x=\mathrm{e}-(\mathrm{e}-1)=1.$$

例 5 在电力需求的电涌时期，消耗电能的速度 r 可以近似地表示为 $r=t\mathrm{e}^{-t}$（t 的单位：h）. 求在时间段 $[0,2]$ 内消耗的总电能 E（单位：J）.

解 由变化率求总改变量，得

$$E=\int_0^2 r\mathrm{d}t=\int_0^2 t\mathrm{e}^{-t}\mathrm{d}t=\int_0^2(-t)\mathrm{d}(\mathrm{e}^{-t})$$

$$=(-t\mathrm{e}^{-t})\Big|_0^2-\int_0^2\mathrm{e}^{-t}\mathrm{d}(-t)=-2\mathrm{e}^{-2}-0-(\mathrm{e}^{-t})\Big|_0^2\approx 0.594(\mathrm{J}).$$

练习题 3.4

(A)

1. 求下列不定积分：

(1) $\int x\sin x\mathrm{d}x$；　　(2) $\int\ln(1+x^2)\mathrm{d}x$；

(3) $\int x\cos 2x\mathrm{d}x$;　　(4) $\int x^2\mathrm{e}^{3x}\mathrm{d}x$.

2. 求下列定积分:

(1) $\int_0^1 x\mathrm{e}^{-x}\mathrm{d}x$;　　(2) $\int_1^{\mathrm{e}} x\ln x\mathrm{d}x$;

(3) $\int_0^{\frac{\pi}{2}} x^2\sin x\mathrm{d}x$;　　(4) $\int_0^{\frac{\pi}{2}} \mathrm{e}^x\cos x\mathrm{d}x$.

(B)

1. 求下列不定积分:

(1) $\int (x^2-5x+7)\cos 2x\mathrm{d}x$;　　(2) $\int \mathrm{e}^{3x}\cos 2x\mathrm{d}x$;

(3) $\int \mathrm{e}^{-x}\sin 2x\mathrm{d}x$;　　(4) $\int x\cos^2 x\mathrm{d}x$.

2. 求下列定积分:

(1) $\int_0^1 (x+1)\mathrm{e}^x\mathrm{d}x$;　　(2) $\int_1^{\mathrm{e}} x^2\ln x\mathrm{d}x$;

(3) $\int_0^1 \arcsin x\mathrm{d}x$;　　(4) $\int_0^{\frac{\pi}{2}} \mathrm{e}^{2x}\sin x\mathrm{d}x$.

3. 在传染病流行期间，人们被传染患病的速度可以近似地表示为 $r=1\ 000t\mathrm{e}^{-0.5t}$ (r 的单位：人/天)，t 为传染病流行的天数. 问:

(1) 什么时候人们患病传染速度最快?

(2) 前 10 天共有多少人患病?

3.5 定积分的应用

3.5.1 定积分的微元法

在利用定积分的思想求曲边梯形的面积时，“分割—近似替代—求和—取极限”的步骤可以概括为以下两步:

定积分的微元法

(1) **分割与近似**　选取积分变量如 x，确定 x 的范围如 $x\in[a, b]$，任取一个子区间 $[x, x+\mathrm{d}x]\subset[a, b]$，用小矩形的面积 $f(x)\mathrm{d}x$ 近似代替小曲边梯形的面积，即 $\Delta A\approx f(x)\mathrm{d}x$，称 $f(x)\mathrm{d}x$ 为面积 A 的微元，记作 $\mathrm{d}A=f(x)\mathrm{d}x$;

(2) **求和与取极限**　其主要过程是将所有小面积加起来并取极限，即

$$A=\int_a^b f(x)\mathrm{d}x.$$

一般地，如果某个实际问题中所求量 U 符合下列条件:

(1) U 与变量 x 的变化区间 $[a, b]$ 有关;

(2) U 对于区间 $[a, b]$ 具有可加性，也就是说，如果把区间 $[a, b]$ 分成若干部分区间，则 U 相应地分成许多部分量 ΔU，而 U 等于所有部分量的和；

(3) 部分量 ΔU 的近似值可以表示为 $f(x)\mathrm{d}x$.

在确定了积分变量及其取值范围后，可以用以下三步来求解：

(1) **确定积分变量与积分区间** 根据问题的具体情况，选取合适的变量（如 x）作为积分变量，并确定它的变化区间 $[a, b]$；

(2) **确定积分微元** 写出所求量 U 在任一小区间 $[x, x+\mathrm{d}x]$ 上的微元 $\mathrm{d}U=f(x)\mathrm{d}x$；

(3) **写出定积分** 以所求量 U 的微元 $f(x)\mathrm{d}x$ 为积分表达式，写出在区间 $[a, b]$ 上的定积分 $U=\int_a^b f(x)\mathrm{d}x$.

以上方法称为定积分的**微元法**，下面学习微元法的应用.

3.5.2 定积分的几何应用

1. 平面图形的面积

由定积分的几何意义，曲线 $y=f(x)$ 与直线 $x=a$，$x=b$ 以及 x 轴所围成的平面图形的面积 $A=\int_a^b |f(x)|\mathrm{d}x$.

知识拓展3.5.1

坐标系

讨论由上、下两条连续曲线 $y=f(x)$，$g(x)$ $(g(x)\leqslant f(x))$ 以及直线 $x=a$，$x=b$ 所围成的图形（图 3-11）的面积. 面积微元为 $\mathrm{d}A=[f(x)-g(x)]\mathrm{d}x$，即小区间 $[x, x+\mathrm{d}x]$ 的窄条面积可用宽为 $\mathrm{d}x$，长为 $f(x)-g(x)$ 的窄条矩形的面积近似. 因而，面积

$$A=\int_a^b [f(x)-g(x)]\mathrm{d}x.$$

知识拓展3.5.2

极坐标下图形面积的求法

讨论由左右两条曲线 $x=\varphi(y)$，$x=\psi(y)$ $(\psi(y)\leqslant\varphi(y))$ 以及直线 $y=c$，$y=d$ 所围成的图形（图 3-12）的面积. 面积微元为 $\mathrm{d}A=[\varphi(y)-\psi(y)]\mathrm{d}y$，即小区间 $[y, y+\mathrm{d}y]$ 的窄条面积可用长为 $\mathrm{d}y$，宽为 $\varphi(y)-\psi(y)$ 的窄条矩形的面积近似. 因而，面积

$$A=\int_c^d [\varphi(y)-\psi(y)]\mathrm{d}y.$$

例 1 求由曲线 $y=x^3$ 与直线 $x=-1$，$x=2$ 及 x 轴所围成的平面图形的面积.

解 由上述公式，得

$$A=\int_{-1}^2 |x^3|\mathrm{d}x=\int_{-1}^0 (-x^3)\mathrm{d}x+\int_0^2 x^3\mathrm{d}x=\frac{17}{4}.$$

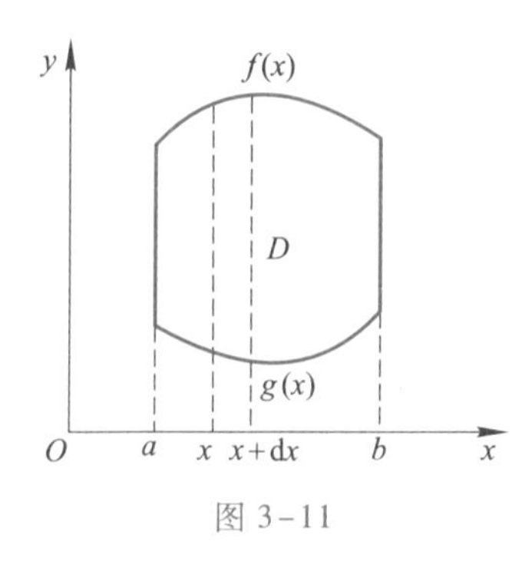

图 3-11

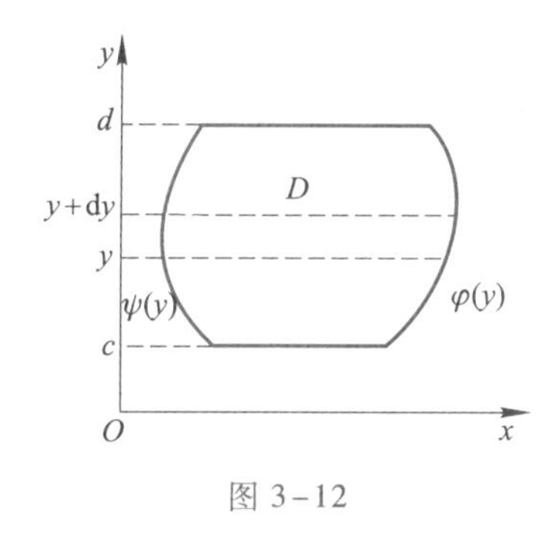

图 3-12

微课3.5.2
定积分求平面图形的面积

例 2 求出抛物线 $y^2=2x$ 与直线 $y=x-4$ 所围成的平面图形的面积.

解法 1 如图 3-13，求抛物线与直线的交点，即解方程组 $\begin{cases}y^2=2x,\\ y=x-4,\end{cases}$ 得交点 $A(2,-2)$ 和 $B(8,4)$.

选择 y 作积分变量，则 $y\in[-2,4]$，任取一个子区间 $[y,y+\Delta y]\subset[-2,4]$，则在 $[y,y+\Delta y]$ 上的面积微元是

$$\mathrm{d}A=\left(y+4-\frac{1}{2}y^2\right)\mathrm{d}y,$$

于是

$$A=\int_{-2}^{4}\left(y+4-\frac{1}{2}y^2\right)\mathrm{d}y=\left(\frac{1}{2}y^2+4y-\frac{1}{6}y^3\right)\Bigg|_{-2}^{4}=18.$$

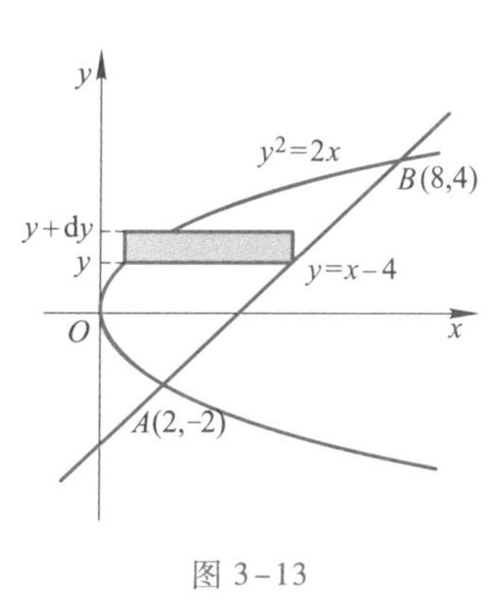

图 3-13

解法 2 选择 x 为积分变量，则

$$\begin{aligned}A&=2\int_0^2\sqrt{2x}\,\mathrm{d}x+\int_2^8[\sqrt{2x}-(x-4)]\,\mathrm{d}x\\&=2\sqrt{2}\cdot\frac{2}{3}x^{\frac{3}{2}}\Bigg|_0^2+\left(\sqrt{2}\cdot\frac{2}{3}x^{\frac{3}{2}}-\frac{1}{2}x^2+4x\right)\Bigg|_2^8=18.\end{aligned}$$

微课3.5.3
定积分求旋转体的体积

2. 旋转体的体积

由一个平面图形绕该平面内的一条直线旋转一周所成的立体称为**旋转体**，这条直线称为**旋转轴**. 圆柱体、圆锥体、圆台和球体等都是常见的旋转体.

(1) 平面图形绕 x 轴旋转一周所成的旋转体的体积

由连续曲线 $y=f(x)>0$，直线 $x=a$，$x=b$ 以及 x 轴所围成的曲边梯形绕 x 轴旋转一周所成的旋转体被任意一个垂直于 x 轴的平面所截，得到的截面是以 $y=f(x)$ 为半径的圆，其面积为 $A(x)=\pi f^2(x)$，故所求旋转体的体积为

$$V=\int_a^b\pi f^2(x)\,\mathrm{d}x,$$

如图 3-14 所示.

(2) 平面图形绕 y 轴旋转一周所成的旋转体的体积

与平面图形绕 x 轴旋转一周所成的旋转体的体积求法相同.

例 3 求 $y=x^2$ 与 $x=y^2$ 所围图形绕 x 轴旋转一周所成的旋转体体积.

解 由 $\begin{cases} y=x^2, \\ x=y^2, \end{cases}$ 解得两曲线的交点为 (0, 0), (1, 1).

平面曲线的弧长

选取 x 为积分变量, $x\in[0,1]$, 任取子区间 $[x, x+\Delta x]\subset[0,1]$, 其上的体积的微元为

$$\mathrm{d}V=\pi(x-x^4)\,\mathrm{d}x,$$

所以

$$V=\pi\int_0^1(x-x^4)\,\mathrm{d}x=\frac{3}{10}\pi.$$

如图 3-15 所示.

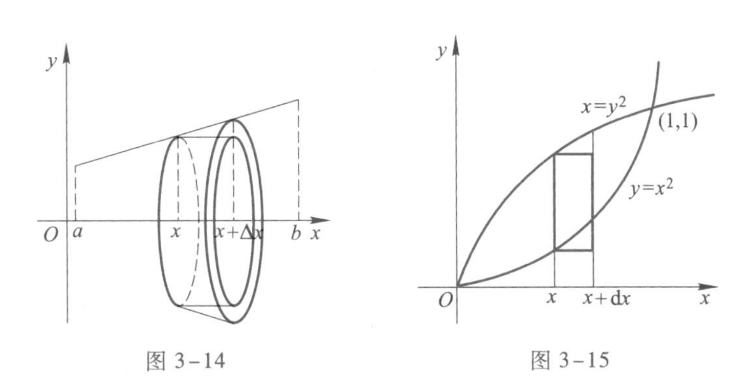

图 3-14　　图 3-15

当然, 此题也可以选取 y 为积分变量来计算.

3.5.3 定积分的其他应用

1. 质点与非质点之间的引力

质量分别为 m_1, m_2, 相距为 r 的两质点间的引力为

$$F=k\cdot\frac{m_1\cdot m_2}{r^2}\ (k\text{ 为常数}).$$

下面通过例题运用微元法计算非质点之间的引力.

例 4 设有均匀的细杆, 长为 l, 质量为 M, 另有一质量为 m 的质点位于细杆所在的直线上, 且到杆的近端点距离为 a, 求杆与质点之间的作用力.

定积分的物理应用

解 将细杆分成许多微小的小段, 这样可以把每一小段近似看成一个质点, 而这许多小段对质量为 m 的质点的引力都在同一方向上, 因此可以相加.

取积分变量为 $x\in[0,l]$, 在 $[0,l]$ 中任意子区间 $[x, x+\mathrm{d}x]$ 上细杆的相应小段的质量为 $\frac{M}{l}\mathrm{d}x$, 该小段与质点距离近似为 $x+a$, 于是该小段与质点

的引力近似值，即引力 F 的微元为 $\mathrm{d}F=k\dfrac{m\cdot\dfrac{M}{l}\mathrm{d}x}{(x+a)^2}$，则细杆与质点之间的引力为

$$F=\frac{kmM}{l}\int_0^l\frac{\mathrm{d}x}{(x+a)^2}=-\frac{kmM}{l}\cdot\frac{1}{x+a}\bigg|_0^l$$
$$=-\frac{kmM}{l}\left(\frac{1}{a+l}-\frac{1}{a}\right)=\frac{kmM}{a(a+l)}.$$

2. **变力做功**

物体在常力 F 作用下沿力的方向移动位移 s，则力 F 对物体所做的功为

$$W=F\cdot s.$$

如果作用力不是常力而是变力，且与移动位移 x 之间满足 $F=F(x)$，则 F 将物体从 $x=a$ 移动到 $x=b$ 对物体所做功也可以用定积分来完成.

变力 $F=F(x)$ 在一微小段 $[x, x+\mathrm{d}x]$ 上所做的功的近似值即功的微元为 $\mathrm{d}W=F(x)\mathrm{d}x$，所以，总功为

$$W=\int_a^b F(x)\mathrm{d}x.$$

例 5 在一个位于坐标原点 O 处且带 $+q$ 电量的点电荷所形成的电场中，求单位正电荷沿 r 轴方向从 $r=a$ 移动到 $r=b(a<b)$ 处时，电场力对它做的功.

解 据库仑定律：单位正电荷放在电场中距离原点 O 为 r 的点处，电场对它的作用力大小为

$$F=k\cdot\frac{q}{r^2}\ (k\text{ 为常数}),$$

方向指向点 O. 因为单位正电荷移动过程中，电场对它的作用力是变力，若取 r 为积分变量，它的变化区间为 $[a, b]$，且在 $[a, b]$ 中任意子区间 $[r, r+\mathrm{d}r]$ 上电场力可近似看作不变，并用在点 r 处的单位正电荷受到的电场力代替，于是它移动 $\mathrm{d}r$ 所做的功近似值即功的微元 $\mathrm{d}W=k\cdot\dfrac{q}{r^2}\mathrm{d}r$. 所以电场力对单位正电荷在 $[a, b]$ 上移动所做的功为

$$w=\int_a^b\frac{kq}{r^2}\mathrm{d}r=-kq\cdot\frac{1}{r}\bigg|_a^b=kq\left(\frac{1}{a}-\frac{1}{b}\right).$$

3. **经济中的应用**

在经济学中，当已知边际函数或者变化率，求对应的经济函数时，常应用定积分进行计算. 下面通过具体例子说明定积分在经济中的应用.

例 6 设每天生产某种产品的数量为 Q 件时，固定成本为 30 元，边际成本

函数为 $C'(Q)=0.2Q+4$（元/件）.

（1）求成本函数 $C(Q)$；

（2）如果该种产品销售价为 20 元/件，且产品可以全部售出，求利润函数 $L(Q)$；

（3）每天生产多少件产品才能获得最大利润？最大利润为多少？

定积分在经济中的应用

解 （1）边际成本的某个原函数 $C_1(Q)$ 为可变成本，它满足 $C_1(0)=0$，故

$$C_1(Q)=\int_0^Q(0.2t+4)\,\mathrm{d}t=0.1Q^2+4Q.$$

因为成本函数是可变成本 $C_1(Q)$ 和固定成本 C_0 之和，于是

$$C(Q)=C_1(Q)+C_0=0.1Q^2+4Q+30.$$

（2）利润函数是收益函数与成本函数之差，于是

$$L(Q)=R(Q)-C(Q)=20Q-(0.1Q^2+4Q+30)=16Q-0.1Q^2-30.$$

（3）因为 $L'(Q)=16-0.2Q$，令 $L'(Q)=0$，得 $Q=80$，即当每天生产 80 件产品时，利润最大，最大利润为

$$L(80)=16\times80-0.1\times80^2-30=610\ (\text{元}).$$

例 7 已知生产某产品 Q 件时，收益的变化率（即边际收益）为

$$R'(Q)=200-\frac{Q}{100}\quad(Q\geqslant0).$$

（1）求生产 60 件该产品时的收益；

（2）如果已经生产了 100 件，求再生产 100 件时收益的增加量.

解 （1）收益函数为

$$R(Q)=\int_0^Q\left(200-\frac{t}{100}\right)\mathrm{d}t=200Q-\frac{Q^2}{200}.$$

当 $Q=60$ 时，收益为

$$R(60)=200\times60-\frac{60^2}{200}=11\ 982\ (\text{元}).$$

（2）已经生产了 100 件，再生产 100 件时收益的增加量为

$$\begin{aligned}R&=R(200)-R(100)\\&=200\times200-\frac{200^2}{200}-200\times100+\frac{100^2}{200}\\&=19\ 850\ (\text{元}).\end{aligned}$$

3.5.4 函数的平均值

我们知道 n 个数 y_1，y_2，…，y_n 的算术平均值为

$$\bar{y}=\frac{y_1+y_2+\cdots+y_n}{n}=\frac{1}{n}\sum_{i=1}^{n}y_i,$$

那么连续函数 $y=f(x)$ 在区间 $[a, b]$ 上的平均值是多少呢？

根据定积分的中值定理，若函数 $f(x)>0$ 在区间 $[a, b]$ 上连续，则在区间 $[a, b]$ 上至少存在一点 ξ，使得 $\int_a^b f(x)\mathrm{d}x=f(\xi)(b-a)$，即，一条连续曲线 $y=f(x)$ 在 $[a, b]$ 上的曲边梯形面积等于以区间 $[a, b]$ 的长度为底，$[a, b]$ 中一点的函数值 $f(\xi)$ 为高的矩形面积. 此时的

$$\bar{y}=f(\xi)=\frac{1}{b-a}\int_a^b f(x)\mathrm{d}x$$

表示函数 $y=f(x)$ 在区间 $[a, b]$ 上的平均高度，也就是函数 $y=f(x)$ 在区间 $[a, b]$ 上的平均值. 这是有限个数的平均值概念的推广.

定义 称数

$$\bar{y}=\frac{1}{b-a}\int_a^b f(x)\mathrm{d}x$$

为函数 $y=f(x)$ 在区间 $[a, b]$ 上的**平均值**.

例 8 一家快餐店在广告后第 t 天销售的快餐数量由下式给出：$s(t)=20-10\mathrm{e}^{-0.1t}$. 求该快餐连锁店在广告后第一周内的日平均销售量.

解 该快餐连锁店在广告后第一周内的日平均销售量为

函数的平均值

$$\begin{aligned}\bar{s}&=\frac{1}{7}\int_0^7(20-10\mathrm{e}^{-0.1t})\mathrm{d}t\\&=\frac{1}{7}\left(\int_0^7 20\mathrm{d}t-10\int_0^7\mathrm{e}^{-0.1t}\mathrm{d}t\right)\\&=20+\frac{100}{7}\int_0^7\mathrm{e}^{-0.1t}\mathrm{d}(-0.1t)\\&=20+\frac{100}{7}(\mathrm{e}^{-0.1t})\Big|_0^7\\&\approx 12.808.\end{aligned}$$

例 9 纯电阻电路中正弦交流电 $i(t)=I_m\sin\omega t$，其中 I_m 是电流最大值（峰值），ω 为角频率，而周期 $T=\frac{2\pi}{\omega}$. 设电阻 R 为常数，求一个周期上功率的平均值（简称平均功率）.

解 设电阻为 R，那么这电路中的电压为

$$u=iR=I_mR\sin\omega t,$$

所以其功率为

$$P=ui=I_m^2R\sin^2\omega t.$$

从而功率在长度为一个周期的区间 $\left[0, \frac{2\pi}{\omega}\right]$ 上的平均值为

$$\overline{P}=\frac{1}{\frac{2\pi}{\omega}}\int_0^{\frac{2\pi}{\omega}}I_m^2R\sin^2\omega t\mathrm{d}t=\frac{\omega I_m^2R}{4\pi}\int_0^{\frac{2\pi}{\omega}}(1-\cos 2\omega t)\mathrm{d}t$$

$$=\frac{\omega I_m^2 R}{4\pi}\cdot\left(t-\frac{1}{2\omega}\sin 2\omega t\right)\Bigg|_0^{\frac{2\pi}{\omega}}=\frac{\omega I_m^2 R}{4\pi}\cdot\frac{2\pi}{\omega}=\frac{I_m^2 R}{2}=\frac{I_m\cdot U_m}{2}.$$

此式说明，纯电阻电路中正弦交流电的平均功率等于电流、电压的峰值乘积的一半.

练习题 3.5

(A)

1. 求下列曲线所围成的平面图形的面积：

(1) $y=\frac{1}{x}$，$y=x$，$x=2$；　　(2) $y=x^2$，$y=3x+4$.

2. 求下列曲线所围成的平面图形绕指定轴旋转所形成的旋转体的体积：

(1) $y=x^2$，$y=0$，$x=1$ 绕 x 轴旋转；

(2) $\frac{x^2}{9}+\frac{y^2}{4}=1$ 绕 x 与 y 轴旋转；

(3) $x^2+(y-5)^2=16$ 绕 x 轴旋转.

3. 一个金字塔的形状可近似地看作正棱锥，高为 140 m，底面正方形边长为 200 m. 所用石料密度为2 500 kg/m^3. 求在建筑中克服重力所做的功.

4. 生产某种产品，产量关于时间 t（天）的变化率为 $Q(t)=50+10t-1.5t^2$（个/天）. 求投产 10 天后的总产量.

5. 计算函数 $y=2xe^{-x}$ 在 [0, 2] 上的平均值.

6. 假设生产每批某产品 Q 件时，边际成本为 5 元/件，边际收益为 $10-0.02Q$ 元/件，当生产 10 件该产品时成本为 250 元. 试确定生产多少件产品时利润最大，最大利润为多少？

(B)

1. 有一横截面积为 $S=20\ \mathrm{m}^2$，深为 5 m 的圆柱形水池，现要将池中盛满的水全部抽到高为 10 m 的水塔顶上去，需要做多少功？

2. 设一水平放置的水管，其断面是半径为 3 m 的圆，求当水半满时，水管一端的竖直阀门上所受的压力.

3. 一个 220 V、75 W 的电烙铁的电压为 $u(t)=200\sqrt{2}\sin(100\pi t)$ V，求：

(1) 电烙铁的电流和平均功率；

(2) 电烙铁使用 20 h 消耗的电能.

4. 药物从病人的右手注射进体内，t h 后该病人的左手血液中所含该药物量为 $C(t)=\frac{0.14t}{t^2+1}$. 问药物注射 1 h 内，该病人左手血液中所含药物量的平均值为多少？2 h 内的平均值又是多少？

5. 假设某产品的边际收益和边际成本分别为 $R'(Q)=18$ 万元/t，$C'(Q)=3Q^2-18Q+33$ 万元/t，其中，$Q(0\leqslant Q\leqslant 10)$ 为产量，单位为 t，且固定成本为 10 万元. 问当产量 Q 为多少时，利润最大？最大利润是多少？

3.6 反常积分

前面几节讨论的定积分，积分区间为有限区间且被积函数在其上有界. 但在实际问题中，经常遇到积分区间为无限区间或被积函数为无界的情形，前者称为无穷区间上的反常积分，后者称为无界函数的反常积分，两者统称为反常积分. 相应地，把前面讨论的定积分称为常义积分.

3.6.1 无穷区间上的反常积分

例 1 求由曲线 $y=e^{-x}$，y 轴及 x 轴所围成的开口曲边梯形的面积.

解 这是一个开口曲边梯形，为求其面积，任取 $b\in[0,+\infty)$，在有限区间 $[0,b]$ 上，以曲线 $y=e^{-x}$ 为曲边的曲边梯形面积为

$$\int_0^b e^{-x}\mathrm{d}x=-e^{-x}\Big|_0^b=1-e^{-b}.$$

当 $b\to+\infty$ 时，曲边梯形面积的极限就是开口曲边梯形的面积，即

$$A=\lim_{b\to+\infty}\int_0^b e^{-x}\mathrm{d}x=\lim_{b\to+\infty}\left(-e^{-x}\Big|_0^b\right)=\lim_{b\to+\infty}(1-e^{-b})=1.$$

定义 1 设函数 $f(x)$ 在 $[a,+\infty)$ 上连续，取实数 $b>a$，如果极限 $\lim\limits_{b\to+\infty}\int_a^b f(x)\mathrm{d}x$ 存在，则称此极限为函数 $f(x)$ 在无穷区间 $[a,+\infty)$ 上的**反常积分**，记作 $\int_a^{+\infty}f(x)\mathrm{d}x$，即

$$\int_a^{+\infty}f(x)\mathrm{d}x=\lim_{b\to+\infty}\int_a^b f(x)\mathrm{d}x.$$

这时也称反常积分 $\int_a^{+\infty}f(x)\mathrm{d}x$ **收敛**；如果上述极限不存在，则称反常积分 $\int_a^{+\infty}f(x)\mathrm{d}x$ **发散**.

类似地，可定义函数 $f(x)$ 在区间 $(-\infty,b]$ 上的反常积分.

定义 2 设函数 $f(x)$ 在 $(-\infty,b]$ 上连续，取实数 $a<b$，如果极限 $\lim\limits_{a\to-\infty}\int_a^b f(x)\mathrm{d}x$ 存在，则称此极限值为函数 $f(x)$ 在无穷区间 $(-\infty,b]$ 上的**反**

常积分，记作$\int_{-\infty}^{b} f(x)\,\mathrm{d}x$，即

$$\int_{-\infty}^{b} f(x)\,\mathrm{d}x=\lim_{a\to-\infty}\int_{a}^{b} f(x)\,\mathrm{d}x.$$

定义 3 设函数$f(x)$在$(-\infty,+\infty)$内连续，且对某一实数c，如果反常积分$\int_{-\infty}^{c} f(x)\,\mathrm{d}x$与$\int_{c}^{+\infty} f(x)\,\mathrm{d}x$都收敛，则称上面两个反常函数积分之和为$f(x)$在无穷区间$(-\infty,+\infty)$内的**反常积分**，记作$\int_{-\infty}^{+\infty} f(x)\,\mathrm{d}x$，即

$$\int_{-\infty}^{+\infty} f(x)\,\mathrm{d}x=\int_{-\infty}^{c} f(x)\,\mathrm{d}x+\int_{c}^{+\infty} f(x)\,\mathrm{d}x.$$

这时也称反常积分$\int_{-\infty}^{+\infty} f(x)\,\mathrm{d}x$收敛，否则称反常积分$\int_{-\infty}^{+\infty} f(x)\,\mathrm{d}x$**发散**.

无穷区间上的反常积分

上述反常积分统称为**无穷区间上的反常积分**. 其基本思想是先计算定积分，再取极限.

若$F(x)$是$f(x)$的一个原函数，并记

$$F(+\infty)=\lim_{x\to+\infty}F(x),F(-\infty)=\lim_{x\to-\infty}F(x).$$

则定义 1—3 中的反常积分可表示为

$$\int_{a}^{+\infty} f(x)\,\mathrm{d}x=F(x)\Big|_{a}^{+\infty}=F(+\infty)-F(a),$$

$$\int_{-\infty}^{b} f(x)\,\mathrm{d}x=F(x)\Big|_{-\infty}^{b}=F(b)-F(-\infty),$$

$$\int_{-\infty}^{+\infty} f(x)\,\mathrm{d}x=F(x)\Big|_{-\infty}^{+\infty}=F(+\infty)-F(-\infty).$$

这时，反常积分的敛散性就取决于$F(+\infty)$和$F(-\infty)$是否存在.

例 2 计算反常积分$\int_{0}^{+\infty}\frac{1}{1+x^2}\mathrm{d}x$.

解
$$\int_{0}^{+\infty}\frac{1}{1+x^2}\mathrm{d}x=\arctan x\Big|_{0}^{+\infty}=\frac{\pi}{2}-0=\frac{\pi}{2}.$$

例 3 在电力需求的电涌时期，消耗电能的速度r可以近似地表示为$r=t\mathrm{e}^{-t}$（t的单位：h)，求当$t\to+\infty$时的总电能.

解 当$t\to+\infty$时，总电能为

$$E=\int_{0}^{+\infty} r\,\mathrm{d}t=\int_{0}^{+\infty} t\mathrm{e}^{-t}\mathrm{d}t=-\int_{0}^{+\infty} t\,\mathrm{d}(\mathrm{e}^{-t})$$
$$=-\left(t\mathrm{e}^{-t}\Big|_{0}^{+\infty}-\int_{0}^{+\infty}\mathrm{e}^{-t}\mathrm{d}t\right)=-\left(\mathrm{e}^{-t}\Big|_{0}^{+\infty}\right)=1.$$

3.6.2 无界函数的反常积分

定义 4 设函数$f(x)$在$(a,b]$上连续，且$\lim\limits_{x\to a^+}f(x)=\infty$，取$\varepsilon>0$，如果极

限$\lim\limits_{\varepsilon\to0^+}\int_{a+\varepsilon}^{b}f(x)\,\mathrm{d}x$存在，则称此极限值为函数$f(x)$在区间$(a,b]$上的**反常积分**，记作$\int_a^b f(x)\,\mathrm{d}x$，即

$$\int_a^b f(x)\,\mathrm{d}x=\lim_{\varepsilon\to0^+}\int_{a+\varepsilon}^{b}f(x)\,\mathrm{d}x.$$

这时也称反常积分$\int_a^b f(x)\,\mathrm{d}x$**收敛**，否则称反常积分$\int_a^b f(x)\,\mathrm{d}x$发散．$a$点称为$f(x)$的**瑕点**．

类似地，可以定义函数$f(x)$在区间$[a,b)$上的**反常积分**为

无界函数的反常积分

$$\int_a^b f(x)\,\mathrm{d}x=\lim_{\varepsilon\to0^+}\int_{a}^{b-\varepsilon}f(x)\,\mathrm{d}x.$$

若此极限值存在，则称反常积分**收敛**，否则称反常积分**发散**．b点称为$f(x)$的**瑕点**．

如果函数$f(x)$在区间$[a,b]$上除点$c\in(a,b)$外连续，且$\lim\limits_{x\to c}f(x)=\infty$，则定义**反常积分**$\int_a^b f(x)\,\mathrm{d}x$为

$$\int_a^b f(x)\,\mathrm{d}x=\int_a^c f(x)\,\mathrm{d}x+\int_c^b f(x)\,\mathrm{d}x.$$

只有右边的两项反常积分$\int_a^c f(x)\,\mathrm{d}x$与$\int_c^b f(x)\,\mathrm{d}x$都收敛时，才称$\int_a^b f(x)\,\mathrm{d}x$**收敛**，否则称反常积分**发散**．$c$点称为$f(x)$的**瑕点**．

上述反常积分统称为无界函数的反常积分．

例4 计算反常积分$\int_0^1\frac{\mathrm{d}x}{\sqrt{1-x^2}}$．

解 因为1为$\frac{1}{\sqrt{1-x^2}}$的瑕点，所以

$$\int_0^1\frac{\mathrm{d}x}{\sqrt{1-x^2}}=\arcsin x\Big|_0^{1^-}=\frac{\pi}{2}.$$

例5 计算反常积分$\int_0^1\ln x\,\mathrm{d}x$．

解 因为0为$\ln x$的瑕点，所以

$$\int_0^1\ln x\,\mathrm{d}x=\int_{0^+}^1\ln x\,\mathrm{d}x=(x\ln x-x)\Big|_{0^+}^1=-1.$$

练习题 3.6

(A)

1. 计算反常积分$\int_1^{+\infty}\frac{1}{x^4}\mathrm{d}x$．

2. 计算反常积分$\int_{0}^{+\infty} e^{-x}dx$.

3. 计算反常积分$\int_{-\infty}^{0} \cos x dx$.

4. 计算反常积分$\int_{0}^{1} \frac{1}{\sqrt{x}}dx$.

(B)

1. 反常积分$\int_{1}^{+\infty} \frac{1}{x+1}dx$ 收敛吗？

2. 计算反常积分$\int_{-\infty}^{+\infty} \frac{1}{x^2+2x+2}dx$.

3. 计算$\int_{0}^{+\infty} xe^{-x}dx$.

4. 计算$\int_{0}^{1}\ln 2x dx$.

3.7 数学模型案例与 MATLAB 求积分

3.7.1 数学模型案例——钓鱼问题

1. 问题重述

某垂钓公司新建一鱼塘，在钓鱼季节来临之前一次性将鱼放入鱼塘，鱼塘的平均深度为4 m. 公司计划每 1 m^3 投放一条鱼，钓鱼季节结束时鱼塘中的鱼的数量是开始时的$\frac{1}{4}$. 如果每张钓鱼证平均可以钓 20 条鱼，现在考虑最多能卖出多少张钓鱼证，以实现公司的计划. 鱼塘的数据如图 3-16 所示，其中数字表示相应位置的宽度，单位为 m，位置间距为 10 m.

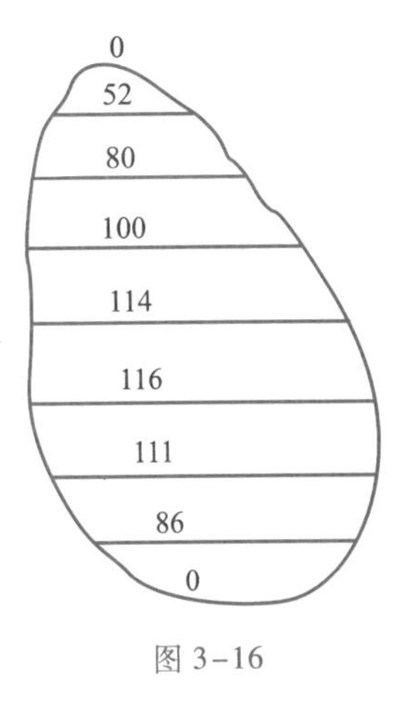

图 3-16

2. 模型分析

设鱼塘面积为 $S(m^2)$，则鱼塘的体积为 $4S(m^3)$，因为计划每1 m^3 投放一条鱼，所以，开始时应该有 $4S$ 条鱼；由于结束时鱼的数量是开始时的$\frac{1}{4}$，于是被钓的鱼的数量就是$4S\times\left(1-\frac{1}{4}\right)=3S$ 条；又因为每张钓鱼证平均可以钓 20 条鱼，所以最多可以卖出$\frac{3S}{20}$张钓鱼证. 因此，问题归结为求鱼塘的平均面积. 根据题目已知条件以及图 3-16 可知，求鱼塘的平面面积可以利用定积分的分割、近似求和的思想，求出鱼塘面积的近似值.

3. 模型建立与求解

如图 3-16 所示，将池塘图形分割为 8 等份，间距为 10 m，即 $\Delta x_i=10$ m. 设宽度为$f(x)$，则有

$$f(x_0)=0,\ f(x_1)=86,\ f(x_2)=111,$$

$$f(x_3)=116,\ f(x_4)=114,\ f(x_5)=100,$$

$$f(x_6)=80,\ f(x_7)=52,\ f(x_8)=0.$$

用梯形的面积近似替代曲边梯形的面积，任一小梯形的面积为

$$S_i=\frac{1}{2}[f(x_{i-1})+f(x_i)]\cdot\Delta x_i=5[f(x_{i-1})+f(x_i)]\quad(i=1,\ 2,\ \cdots,\ 8),$$

所以总面积为

$$S=\sum_{i=1}^{8}S_i=5\sum_{i=1}^{8}[f(x_{i-1})+f(x_i)]=6\ 590(\mathrm{m}^2).$$

由于

$$\frac{3S}{20}=\frac{3\times6\ 590}{20}=988.5,$$

因此，最多可以卖出 988 张钓鱼证.

4. 模型讨论

上述计算平面面积的过程是用梯形面积近似替代曲边梯形的面积，实际上是一种定积分的数值逼近方法，分割越细，逼近程度越好. 当然还有逼近程度更好的办法，这里不再介绍.

3.7.2 用 MATLAB 求积分

一元函数的积分包括不定积分、定积分和反常积分等，MATLAB 提供了一个简洁而又功能强大的积分运算工具，从而十分有效地计算积分. 其命令函数为 int()，具体格式如下：

```
int(f)            % 对指定函数 f 的默认自变量求积分；
int(f, v)         % 对指定变量 v 求积分；
int(f, a, b)      % 对指定函数 f 求从 a 到 b 的定积分；
int(f, v, a, b)   % 对指定变量 v 求从 a 到 b 的定积分.
```

其中，f 为被积函数的符号表达式，不定积分运算结果中不带积分常数.

例 1 计算不定积分$\int \frac{1}{x^2-x-6}\mathrm{d}x$.

解

```
>>clear
>>syms x y
>>y=1/(x^2-x-6);
>> z=int(y)
z=
-(2 * atanh((2 * x)/5 - 1/5))/5
```

在实时编辑器编辑、运行上述代码,则得结果为

z=

$$-\frac{2\operatorname{atanh}\left(\frac{2x}{5}-\frac{1}{5}\right)}{5}$$

例 2 计算定积分$\int_0^{\frac{\pi}{2}} x\sin x\mathrm{d}x$.

解

```
>>clear
>>syms x y
>>y=x*sin(x);
>>int(y,x,0,pi/2)
ans=
    1
```

例 3 计算反常积分$\int_0^{+\infty} \frac{1}{100+x^2}\mathrm{d}x$.

解

```
>>clear
>>syms x y
>>y=1/(100+x^2)
y=
    1/(100+x^2)
>>int(y,0,+inf)
ans=
    pi/20
```

练习题 3.7

(A)

1. 计算不定积分$\int (x^5+x^3+\sqrt{x})\mathrm{d}x$.

2. 计算定积分$\int_0^1 \frac{xe^x}{(1+x)^2}dx$.

3. 计算反常积分$\int_0^{+\infty} \frac{1}{x^2+3}dx$.

(B)

1. 计算不定积分$\int \frac{\cos x}{\sin x(1+\sin x)}dx$.

2. 计算定积分$\int_0^1 \sqrt{(1-x^2)^3}\,dx$.

3. 计算反常积分$\int_0^1 \ln x dx$.

自测与提高

1. 判断题.

(1) $\int \sin 2x dx = -\cos 2x + C$ (　　).

(2) 如果变量 y 关于 x 的变化率为 $3x^2$，则 $y=x^3$ (　　).

(3) $\left[\int f(x)dx\right]' = f(x)$ (　　).

(4) 闭区间 $[a, b]$ 上的连续函数 $f(x)$ 在该区间上的平均值为$\frac{f(x)}{b-a}$ (　　).

2. 选择题.

(1) 设 $F(x)$ 是 $f(x)$ 的一个原函数，C 为任意常数，下列等式成立的是(　　).

A. $\int dF(x) = F(x) + C$　　B. $\int F'(x)dx = F(x)$

C. $\left[\int f(x)dx\right]' = f(x) + C$

(2) 若$\int f(x)dx = 2\sin\frac{x}{2} + C$，则 $f(x) =$ (　　).

A. $\cos\frac{x}{2} + C$　　B. $\cos\frac{x}{2}$　　C. $2\cos\frac{x}{2} + C$

(3) 反常积分$\int_0^{+\infty} e^{-2x}dx =$ (　　).

A. $-\frac{1}{2}$　　B. $\frac{1}{2}$　　C. 2　　D. 不存在

(4) 设圆 $x^2+y^2=a^2$ 的面积为 S，则$\int_{-a}^{a}\sqrt{a^2-x^2}\,dx =$ (　　).

A. S　　B. $\frac{S}{2}$　　C. $\frac{S}{4}$　　D. $\frac{S}{8}$

3. 计算题.

(1) 求不定积分$\int x^3 e^{-x^2} dx$;

(2) 求定积分$\int_0^1 \frac{\sqrt{x}}{1+\sqrt{x}} dx$;

(3) 求反常积分$\int_1^{+\infty} \frac{1}{x(x+1)} dx$.

4. 应用题.

(1) 一曲线通过点 $(e^2, 3)$，且在任一点处的切线斜率等于该点横坐标的倒数，求该曲线方程.

(2) 设导线在时刻 t（单位：s）的电流为 $i(t)=\sin \omega t$，求在时间间隔 [0, 1] 内流过导线横截面的电荷量 $Q(t)$（单位：A）.

专升本备考专栏 3

考试基本要求

典型例题及精解

人文素养阅读 3

微积分的创建人之一 ——莱布尼茨

第4章 常微分方程

音乐能激发或抚慰情怀，绘画使人赏心悦目，诗歌能动人心弦，哲学使人获得智慧，科学可改善物质生活，但数学能给予以上的一切.

——克莱因

我们知道，函数是研究客观事物运动规律的重要工具，找出函数关系，在实践中具有重要意义. 在许多实际问题中，我们常常不能直接给出所需要的函数关系，但能给出含有所求函数的导数（或微分）的方程，这样的方程称为**微分方程**，我们需要从这些方程中求出所要求的函数. 本章主要介绍微分方程的基本概念和几种常用的求解微分方程的方法，一阶微分方程的简单应用，微分方程数学模型实例及其求解.

4.1 微分方程的基本概念

4.1.1 微分方程的基本概念

下面通过几何和物理中的几个例题来说明微分方程的基本概念.

引例1 一曲线通过点（1，2），且在该曲线上任一点 $P(x, y)$ 处的切线的斜率为 $3x^2$，求该曲线满足的关系式.

微分方程的定义

解 设所求曲线的方程为 $y=f(x)$. 依题意，根据导数的几何意义，可知未知函数 $y=f(x)$ 应满足关系式

$$\frac{\mathrm{d}y}{\mathrm{d}x}=3x^2 \tag{1}$$

和已知条件：当 $x=1$ 时，$y=2$.

引例2 将温度为 100 ℃ 的物体放在温度为 0 ℃ 的介质中冷却，依照冷却定律，冷却的速度与物体的温度 T 成正比，求物体的温度 T 与时间 t 之间的依赖关系.

解 由冷却定律，可以写出它的冷却方程为

$$\frac{\mathrm{d}T}{\mathrm{d}t}=-kT, \tag{2}$$

其中 $k>0$ 为比例常数.

引例 3 一潜水艇在下降时，所受的阻力与下降的速度成正比，若潜水艇由静止状态开始运动，求它的运动规律.

解 潜水艇主要依靠它的重力 W 克服阻力而作下降运动. 设在时刻 t 的下降速度是 $v(t)$，则阻力为 kv（k 是比例常数），根据牛顿第二运动定律，其运动方程为

$$\frac{W}{g}\frac{\mathrm{d}v}{\mathrm{d}t}=W-kv. \tag{3}$$

从上面这些例子可以看出，以上问题的解决，都可归为含有未知函数导数方程的求解，这样的方程称为微分方程. 微分方程包括常微分方程和偏微分方程，两者都是庞大的数学分支.

定义 1 含有未知函数的导数（或微分）的方程称为**微分方程**，未知函数为一元函数的微分方程称为**常微分方程**. 微分方程中出现的未知函数的导数的最高阶数，称为该**微分方程的阶**.

未知函数为多元函数的微分方程称为**偏微分方程**. 本章只讨论常微分方程的初步知识，将常微分方程简称微分方程.

例如，方程

微分方程解的定义

（1）$y'+xy=\mathrm{e}^{x}$；　　（2）$\dfrac{\mathrm{d}y}{\mathrm{d}x}=2x$；

（3）$\dfrac{\mathrm{d}^2y}{\mathrm{d}x^2}+2\dfrac{\mathrm{d}y}{\mathrm{d}x}+y=f(x)$；　　（4）$\dfrac{\mathrm{d}^2s}{\mathrm{d}t^2}=-4$；

（5）$\dfrac{\mathrm{d}^ny}{\mathrm{d}x^n}+1=0$

都是微分方程. 其中方程（1）和（2）为一阶微分方程，（3）和（4）为二阶微分方程，（5）为 n 阶微分方程.

> **注**
>
> 在微分方程中，自变量和未知函数可以不出现，但未知函数的导数必须出现.

定义 2 如果将已知函数 $y=\varphi(x)$ 代入微分方程后，能使方程成为恒等式，那么称此函数为**微分方程的解**.

定义 3 如果微分方程的解中含有任意常数，且相互独立的任意常数的个数与微分方程的阶数相同，这样的解叫作**微分方程的通解**. 而不含任意常数的解，叫作**微分方程的特解**.

例 1 验证：函数 $x=C_1\cos at+C_2\sin at$ 是微分方程

$$\frac{d^2x}{dt^2}+a^2x=0 \tag{4}$$

的通解.

解 求出函数 $x=C_1\cos at+C_2\sin at$ 的二阶导数：

$$\frac{d^2x}{dt^2}=-C_1a^2\cos at-C_2a^2\sin at.$$

将上式代入方程（4）的左端，等于右边 0. 所以，函数 $x=C_1\cos at+C_2\sin at$ 是二阶微分方程（4）的解. 又该函数中含有两个相互独立的任意常数，因此，函数 $x=C_1\cos at+C_2\sin at$ 是方程（4）的通解.

定义 4 用于确定微分方程通解中任意常数的条件，称为**初值条件**. 初值条件的个数通常等于微分方程的阶数. 求微分方程满足某初值条件的解的问题，称为**初值问题**.

例如，一阶微分方程的初值条件为

$$y\Big|_{x=x_0}=y_0;$$

二阶微分方程的初值条件为

$$\begin{cases} y\Big|_{x=x_0}=y_0, \\ y'\Big|_{x=x_0}=y_0', \end{cases}$$

其中 x_0，y_0，y_0' 都是给定的值.

例 2 验证函数 $y=C_1e^{2x}+C_2e^{3x}$ 是微分方程

$$y''-5y'+6y=0 \tag{5}$$

的通解，并求出满足初值条件 $y\Big|_{x=0}=1$ 和 $y'\Big|_{x=0}=\frac{1}{2}$ 的特解.

解 因为

$$y'=2C_1e^{2x}+3C_2e^{3x},\quad y''=4C_1e^{2x}+9C_2e^{3x},$$

将以上两式代入方程（5），有

$$(4C_1e^{2x}+9C_2e^{3x})-5(2C_1e^{2x}+3C_2e^{3x})+6(C_1e^{2x}+C_2e^{3x})=0,$$

且 C_1，C_2 是两个独立常数. 所以，函数 $y=C_1e^{2x}+C_2e^{3x}$ 是方程（5）的通解.

把初值条件 $y\Big|_{x=0}=1$ 和 $y'\Big|_{x=0}=\frac{1}{2}$ 代入函数 $y=C_1e^{2x}+C_2e^{3x}$，得

$$\begin{cases} C_1+C_2=1, \\ 2C_1+3C_2=\dfrac{1}{2}, \end{cases}$$

解得

$$\begin{cases} C_1=\dfrac{5}{2}, \\ C_2=-\dfrac{3}{2}. \end{cases}$$

因此，满足初值条件的特解为

$$y=\frac{5}{2}e^{2x}-\frac{3}{2}e^{3x}.$$

4.1.2 简单微分方程的建立

利用微分方程寻求实际问题中未知函数的一般步骤为：

(1) 分析问题，设所求未知函数，建立微分方程，并确定初值条件；

(2) 求出微分方程的通解；

(3) 由初值条件确定通解中任意常数，求出微分方程相应的特解.

下面主要通过一个简单的实例说明微分方程建立并求解的过程.

例 3 列车在平直线路上以 20 m/s（相当于 72 km/h）的速度行驶，当制动时列车获得加速度 $-0.4\ m/s^2$，问开始制动后多少时间列车才能停住，列车在这段时间里行驶了多少路程？

解 设列车在开始制动后 t s 行驶了 s m，列车运动规律为 $s=s(t)$，根据题意，有

$$\frac{d^2s}{dt^2}=-0.4. \tag{6}$$

此外，未知函数 $s=s(t)$ 还应满足下列条件

$$s\Big|_{t=0}=0,\ v\Big|_{t=0}=20.$$

把（6）式两端积分一次，得

$$v=\frac{ds}{dt}=-0.4t+C_1. \tag{7}$$

再积分一次，得

$$s=-0.2t^2+C_1t+C_2, \tag{8}$$

这里 C_1，C_2 都是任意常数.

把条件 $v\Big|_{t=0}=20$ 代入（7），得 $C_1=20$；把条件 $s\Big|_{t=0}=0$ 代入（8），得 $C_2=0$. 把 C_1，C_2 的值代入（7）式及（8）式，得

$$v=-0.4t+20, \tag{9}$$

$$s=-0.2t^2+20t. \tag{10}$$

在（9）式中，令 $v=0$，得到列车从开始制动到完全停住所需的时间

$$t=\frac{20}{0.4}=50\ (\mathrm{s}).$$

再把 $t=50$ 代入方程（10），得到列车在制动阶段行驶的路程

$$s=-0.2\times50^2+20\times50=500\ (\mathrm{m}).$$

练习题 4.1

(A)

1. 指出下列方程中的微分方程，并说明它的阶数：

（1）$s''+3s'-2t=0$；（2）$(y')^2+3y=0$；

（3）$(\sin x)''+2(\sin x)'+1=0$；（4）$x\mathrm{d}y-y\mathrm{d}x=0$；

（5）$\dfrac{\mathrm{d}^2x}{\mathrm{d}t^2}=\cos t$；（6）$\dfrac{\mathrm{d}^3y}{\mathrm{d}x^3}-2x\left(\dfrac{\mathrm{d}^2y}{\mathrm{d}x^2}\right)^3+x^2=0.$

2. 指出下列各题中的函数是否是所给微分方程的解（其中 C_1、C_2 为任意常数）：

（1）$x\dfrac{\mathrm{d}y}{\mathrm{d}x}=2y$，$y=4x^2$；（2）$\sin\varphi\cos\varphi\dfrac{\mathrm{d}y}{\mathrm{d}\varphi}+y=0$，$y=\cot\varphi$；

（3）$y''+4y=0$，$y=C_1\sin(2x+C_2)$；（4）$y''-2y'+y=0$，$y=x^2\mathrm{e}^x$.

(B)

1. 求方程满足下列初值条件的特解：

（1）$y'=\cos x+\mathrm{e}^x$，$y\big|_{x=0}=0$；（2）$y'=2x+1$，$y\big|_{x=0}=0$.

2. 曲线上任意一点 $P(x, y)$ 处的法线的斜率为 x^2，求该曲线所满足的微分方程.

可分离变量的微分方程

4.2 可分离变量的微分方程

4.2.1 可分离变量的微分方程

如果一阶微分方程 $y'=f(x, y)$ 能化成 $g(y)\mathrm{d}y=f(x)\mathrm{d}x$ 的形式，那么方程 $y'=f(x, y)$ 就称为可分离变量的微分方程.

定义 形如

$$\frac{\mathrm{d}y}{\mathrm{d}x}=f(x)g(y) \text{ 或 } P_1(x)P_2(y)\,\mathrm{d}x+Q_1(x)Q_2(y)\,\mathrm{d}y=0$$

的方程称为**可分离变量的微分方程**.

4.2.2 可分离变量微分方程的解法

可分离变量的微分方程的解法称为**初等积分法**，大致有以下三步：

第一步 **分离变量** 将方程写成 $g(y)\,\mathrm{d}y=f(x)\,\mathrm{d}x$ 的形式；

第二步 **两端积分** $\int g(y)\,\mathrm{d}y=\int f(x)\,\mathrm{d}x$，求积分后得 $G(y)=F(x)+C$；

第三步 **化为显式解** 将方程的隐函数形式的解 $G(y)=F(x)+C$ 化为显函数 $y=\varphi(x)$ 或 $x=\psi(y)$ 的形式.

$G(y)=F(x)+C$，$y=\varphi(x)$ 或 $x=\psi(y)$ 都是方程的通解，其中 $G(y)=F(x)+C$ 称为**隐式（通）解**.

例 1 求微分方程 $\frac{\mathrm{d}y}{\mathrm{d}x}=2xy$ 的通解.

解 此方程为可分离变量方程，分离变量后得

$$\frac{1}{y}\mathrm{d}y=2x\mathrm{d}x,$$

两边积分

$$\int\frac{1}{y}\mathrm{d}y=\int 2x\mathrm{d}x,$$

即

$$\ln|y|=x^2+C_1,$$

从而

$$y=\pm \mathrm{e}^{x^2+C_1}=\pm \mathrm{e}^{C_1}\mathrm{e}^{x^2}.$$

因为 $\pm \mathrm{e}^{C_1}$ 仍是任意非零常数，把它记作 C，经验证 $C=0$ 时 $y=C\mathrm{e}^{x^2}=0$ 也是方程的解，所以，所求方程的通解为

$$y=C\mathrm{e}^{x^2}\ (C\text{ 为任意常数}).$$

例 2 求微分方程 $x\mathrm{d}y+2y\mathrm{d}x=0$ 满足初值条件 $y\big|_{x=2}=1$ 的特解.

解 此方程为可分离变量方程，分离变量后得

$$\frac{\mathrm{d}y}{y}=-2\,\frac{\mathrm{d}x}{x},$$

两边积分得

$$\ln|y|=-2\ln|x|+\ln|C|,$$
$$\ln|y|=\ln x^{-2}+\ln|C|,$$

即

$$\ln|y|=\ln|C|x^{-2}.$$

所求微分方程的通解为 $y=Cx^{-2}$.

将 $y\big|_{x=2}=1$ 代入上式，得 $C=4$. 从而，所求微分方程的特解为

$$y=4x^{-2}\ (\text{或 } x^2y=4).$$

例 3 求微分方程 $\dfrac{dy}{dx}=1+x+y^2+xy^2$ 的通解.

解 方程可化为

$$\frac{dy}{dx}=(1+x)(1+y^2),$$

分离变量得

$$\frac{1}{1+y^2}dy=(1+x)dx,$$

两边积分

$$\int\frac{1}{1+y^2}dy=\int(1+x)dx,$$

即

$$\arctan y=\frac{1}{2}x^2+x+C.$$

所以，原方程的通解为

$$y=\tan\left(\frac{1}{2}x^2+x+C\right).$$

例 4 实验得出在给定时刻 t，镭的衰变速率（质量减少的即时速度）与镭的现存量 $M=M(t)$ 成正比. 又当 $t=0$ 时，$M=M_0$. 求镭的存量与时间 t 的函数关系.

解 根据题意，有

$$\frac{dM(t)}{dt}=-kM(t),\quad k>0, \tag{1}$$

并满足初值条件 $M\big|_{t=0}=M_0$.

方程（1）是可分离变量的，分离变量后得

$$\frac{dM}{M}=-kdt.$$

两边积分，得

$$\ln M=-kt+\ln C.$$

即

$$M=Ce^{-kt}.$$

将初值条件 $M\big|_{t=0}=M_0$ 代入上式，得 $C=M_0$，故镭的衰变规律可表示为

$$M=M_0\mathrm{e}^{-kt}.$$

练习题 4.2

(A)

求下列微分方程的通解：

(1) $\dfrac{\mathrm{d}y}{\mathrm{d}x}=\mathrm{e}^{x-y}$；

(2) $y'=\dfrac{3+y}{3-x}$；

(3) $xy\mathrm{d}x+(x^2+1)\mathrm{d}y=0$；

(4) $\dfrac{\mathrm{d}y}{\mathrm{d}x}=\dfrac{y}{\sqrt{1-x^2}}$；

(5) $xy'-y\ln y=0$.

(B)

1. 求下列微分方程满足所给初值条件的特解：

(1) $x\mathrm{d}y+2y\mathrm{d}x=0$，$y\big|_{x=2}=1$；

(2) $\sin x\mathrm{d}y-y\ln y\mathrm{d}x=0$，$y\big|_{x=\frac{\pi}{2}}=\mathrm{e}$.

2. 已知曲线过点 $\left(1,\dfrac{1}{3}\right)$，且在曲线上任一点处的切线斜率等于自原点到切点的连线的斜率的两倍，求此曲线的方程.

4.3 一阶线性微分方程的解法

4.3.1 一阶线性微分方程的定义

定义 形如

$$\frac{\mathrm{d}y}{\mathrm{d}x}+P(x)y=Q(x) \tag{1}$$

的方程称为**一阶线性微分方程**，其中 $P(x)$，$Q(x)$ 都是连续函数. 它的特点是方程中的未知函数 y 及其导数为一次的.

如果 $Q(x)\equiv 0$，则方程（1）为

$$\frac{\mathrm{d}y}{\mathrm{d}x}+P(x)y=0, \tag{2}$$

称为**一阶线性齐次微分方程**.

如果 $Q(x)\neq 0$，则方程（1）称为**一阶线性非齐次微分方程**.

4.3.2 一阶线性微分方程的求解方法

1. 一阶线性齐次微分方程

显然一阶线性齐次微分方程（2）是可分离变量的微分方程，分离变量后，得

$$\frac{\mathrm{d}y}{y}=-P(x)\mathrm{d}x,$$

两边积分，得

$$\ln|y|=-\int P(x)\mathrm{d}x+\ln|C|,$$

即

$$y=C\mathrm{e}^{-\int P(x)\mathrm{d}x}. \tag{3}$$

这就是线性齐次微分方程（2）的通解（其中的不定积分只是表示对应的被积函数的一个原函数）.

微课4.3.1 一阶线性微分方程的解法。

例如，线性齐次微分方程 $y'-\frac{1}{x}y=0$ 的通解为

$$y=C\mathrm{e}^{-\int\left(-\frac{1}{x}\right)\mathrm{d}x}=C\mathrm{e}^{\ln|x|}=Cx.$$

2. 一阶线性非齐次微分方程

把一阶线性非齐次微分方程（1）改写为

$$\frac{\mathrm{d}y}{y}=\frac{Q(x)}{y}\mathrm{d}x-P(x)\mathrm{d}x.$$

由于 y 是 x 的函数，可令 $\frac{Q(x)}{y}=g(x)$，设 $\Phi(x)$ 是 $g(x)$ 的一个原函数，对上式两边积分，得

$$\ln|y|=\Phi(x)+C_1-\int P(x)\mathrm{d}x,$$

即

$$y=\pm\mathrm{e}^{\Phi(x)+C_1}\cdot\mathrm{e}^{-\int P(x)\mathrm{d}x}.$$

若设

$$\pm\mathrm{e}^{\Phi(x)+C_1}=C(x),$$

则

$$y=C(x)\mathrm{e}^{-\int P(x)\mathrm{d}x}. \tag{4}$$

即非齐次方程（1）的通解是将相应的齐次方程的通解中任意常数 C 用待定函数 $C(x)$ 来代替，因此，只要求出函数 $C(x)$，就可得到非齐次方程（1）的通解.

为了确定 $C(x)$，我们把（4）式及其导数 $y'=C'(x)\mathrm{e}^{-\int P(x)\mathrm{d}x}-C(x)P(x)\cdot$

$e^{-\int P(x)dx}$代入方程（1）并化简，得

$$C'(x)e^{-\int P(x)dx}=Q(x),$$

即

$$C'(x)=Q(x)\cdot e^{\int P(x)dx}.$$

将上式两边积分，得

$$C(x)=\int Q(x)e^{\int P(x)dx}dx+C.$$

代回（4）式，便得方程（1）的通解

$$y=e^{-\int P(x)dx}\left[\int Q(x)e^{\int P(x)dx}dx+C\right], \tag{5}$$

其中，各个不定积分都仅表示对应的被积函数的一个原函数.

上述这种把齐次线性方程通解中的任意常数 C 换成待定函数 $C(x)$，然后求出非齐次线性方程通解的方法称为**常数变易法**.

将（5）式改写成两项之和的形式

$$y=Ce^{-\int P(x)dx}+e^{-\int P(x)dx}\int Q(x)e^{\int P(x)dx}dx.$$

上式右端第一项是方程（1）对应的齐次方程（2）的通解，令 $C=0$，则右端只剩第二项，它是非齐次方程（1）的一个特解. 由此可知，一阶线性非齐次微分方程的通解等于它对应的齐次方程的通解与非齐次方程的一个特解之和.

例 1 求解微分方程$\frac{dy}{dx}+\frac{y}{x}=\frac{\sin x}{x}$.

解 此方程为一阶线性微分方程，其中

$$P(x)=\frac{1}{x},\quad Q(x)=\frac{\sin x}{x}.$$

代入通解公式，得

$$\begin{aligned}y&=e^{-\int\frac{1}{x}dx}\left[\int\frac{\sin x}{x}e^{\int\frac{1}{x}dx}dx+C\right]\\&=\left(\int\frac{\sin x}{x}e^{\ln x}dx+C\right)\cdot e^{-\ln x}\\&=\left(\int\frac{\sin x}{x}x\,dx+C\right)\frac{1}{x}=\frac{1}{x}(-\cos x+C),\end{aligned}$$

即方程的通解为

$$y=\frac{C-\cos x}{x}.$$

例 2 求方程 $xy'+y=\frac{\ln x}{x}$满足初值条件 $y\big|_{x=1}=\frac{1}{2}$的特解.

解 原方程变形为

$$y'+\frac{1}{x}y=\frac{\ln x}{x^2},$$

它是一阶线性非齐次微分方程，其中

$$P(x)=\frac{1}{x},\quad Q(x)=\frac{\ln x}{x^2}.$$

代入通解公式，得

$$\begin{aligned}
y&=\mathrm{e}^{-\int\frac{1}{x}\mathrm{d}x}\left(\int\frac{\ln x}{x^2}\mathrm{e}^{\int\frac{1}{x}\mathrm{d}x}\mathrm{d}x+C\right)\\
&=\frac{1}{x}\left(\int\frac{\ln x}{x^2}x\mathrm{d}x+C\right)\\
&=\frac{1}{x}\left[\frac{1}{2}(\ln x)^2+C\right].
\end{aligned}$$

代入初值条件 $y\big|_{x=1}=\frac{1}{2}$，求得 $C=\frac{1}{2}$，故所求特解是

$$y=\frac{1}{2x}[(\ln x)^2+1].$$

例3 求方程 $y\mathrm{d}x=(3x+y^4)\mathrm{d}y$ 的通解．

解 显然这个方程不是关于未知函数 y 的一阶线性微分方程，但若将 x 看成未知函数，y 作为自变量，则原方程化为

$$\frac{\mathrm{d}x}{\mathrm{d}y}-\frac{3}{y}x=y^3,$$

这是关于未知函数 x 的一阶线性非齐次微分方程，其中

$$P(y)=-\frac{3}{y},\quad Q(y)=y^3.$$

代入通解公式（5），得

$$\begin{aligned}
x&=\mathrm{e}^{-\int\left(-\frac{3}{y}\right)\mathrm{d}y}\left(\int y^3\mathrm{e}^{\int\left(-\frac{3}{y}\right)\mathrm{d}y}\mathrm{d}y+C\right)\\
&=\mathrm{e}^{3\ln y}\left(\int y^3\mathrm{e}^{-3\ln y}\mathrm{d}y+C\right)\\
&=y^3\left(\int\mathrm{d}y+C\right)=y^3(y+C).
\end{aligned}$$

一阶微分方程的几种类型和解法可归纳为表4-1.

表4-1

类型		方程	解法
可分离变量		$\frac{\mathrm{d}y}{\mathrm{d}x}=f(x)g(y)$	分离变量、两边积分
一阶线性	齐次	$\frac{\mathrm{d}y}{\mathrm{d}x}+P(x)y=0$	分离变量、两边积分或用公式 $y=C\mathrm{e}^{-\int P(x)\mathrm{d}x}$
	非齐次	$\frac{\mathrm{d}y}{\mathrm{d}x}+P(x)y=Q(x)\,(Q(x)\neq0)$	常数变易法或用公式 $y=\mathrm{e}^{-\int P(x)\mathrm{d}x}\left[\int Q(x)\mathrm{e}^{\int P(x)\mathrm{d}x}\mathrm{d}x+C\right]$

练习题 4.3

(A)

求下列微分方程的通解：

(1) $y'+y=xe^{x}$；

(2) $x\mathrm{d}y+(2x^{2}y-\mathrm{e}^{-x^{2}})\mathrm{d}x=0$；

(3) $y'=\dfrac{y+x\ln x}{x}$；

(4) $\dfrac{\mathrm{d}y}{\mathrm{d}x}=\dfrac{1}{x+y}$.

(B)

求下列微分方程满足所给初值条件的特解：

(1) $y'-y\tan x=\sec x$，$y\big|_{x=0}=0$；

(2) $\dfrac{\mathrm{d}y}{\mathrm{d}x}=\dfrac{y}{y^{2}+x}$，$y\big|_{x=0}=1$；

(3) $2x\sin y\mathrm{d}x+(x^{2}+1)\cos y\mathrm{d}y=0$，$y\big|_{x=1}=\dfrac{\pi}{6}$.

*4.4 一阶线性微分方程的应用

在本章第一节中我们学过利用微分方程寻求实际问题中未知函数的一般步骤有三步：

(1) 分析问题，设所求未知函数，建立微分方程，并确定初值条件；

(2) 求出微分方程的通解；

(3) 由初值条件确定通解中任意常数，求出微分方程相应的特解.

下面我们再应用以上三步解决几个具体问题.

4.4.1 求曲线方程

例 1 一曲线通过原点且曲线上任意一点处切线斜率为 $2x+y$，求该曲线的方程.

解 设所求曲线的方程为 $y=f(x)$，由导数的几何意义得

$$y'=2x+y.$$

由曲线过原点，可得初值条件

$$y\big|_{x=0}=0.$$

方程为一阶线性非齐次方程，将其改写为

$$y'-y=2x,$$

求出通解

$$y=\mathrm{e}^{-\int(-1)\mathrm{d}x}\left(\int 2x\mathrm{e}^{\int(-1)\mathrm{d}x}\mathrm{d}x+C\right)=\mathrm{e}^{x}\left(\int 2x\mathrm{e}^{-x}\mathrm{d}x+C\right)=2(C_1\mathrm{e}^{x}-x-1).$$

把 $y\Big|_{x=0}=0$ 代入通解中，得 $C_1=1$. 因此，所求曲线的方程为

$$y=2(\mathrm{e}^{x}-x-1).$$

例 2 设有联结点 $O(0,0)$ 和 $A(1,1)$ 的一段凸的曲线弧$\overparen{OA}$，对于$\overparen{OA}$上的任意一点$P(x,y)$，$\overparen{OP}$弧与 OP 直线段所围图形面积为 x^2，求曲线弧$\overparen{OA}$的方程.

解 设曲线弧$\overparen{OA}$的方程为 $y=f(x)$，则由已知条件可得

$$x^2=\int_0^x y\mathrm{d}x-\frac{1}{2}xy.$$

对上式两边求导，得

$$2x=x-\frac{1}{2}y-\frac{1}{2}xy',$$

即

$$xy'+y=-2x.$$

由曲线过 $A(1,1)$ 可得初值条件

$$y\Big|_{x=1}=1.$$

方程为一阶线性非齐次方程，将其改写为

$$y'+\frac{1}{x}y=-2,$$

求出通解

$$y=\mathrm{e}^{-\int\frac{1}{x}\mathrm{d}x}\left(\int -2\mathrm{e}^{\int\frac{1}{x}\mathrm{d}x}+C\right)=\frac{1}{x}(-x^2+C).$$

把 $y\Big|_{x=1}=1$ 代入通解中，得 $C=2$. 所以，曲线弧$\overparen{OA}$的方程为

$$y=\frac{1}{x}(2-x^2).$$

4.4.2 机械运动中的应用

例 3 设跳伞运动员从跳伞塔下落后，所受空气的阻力与速度成正比. 运动员离塔时（$t=0$）的速度为零. 求运动员下落过程中速度和时间的函数关系.

解 运动员在下落过程中，同时受到重力和空气阻力的影响. 重力的大小为 mg，方向与速度 v 的方向一致；阻力的大小为 kv（k 为比例系数），方向与 v 相反. 从而运动员所受的外力的合力为

$$F=mg-kv,$$

其中 m 为运动员的质量. 根据牛顿第二定律,

$$F=ma, \quad a=\frac{\mathrm{d}v}{\mathrm{d}t},$$

于是在下落过程中速度 $v(t)$ 应满足的方程是

$$m\frac{\mathrm{d}v}{\mathrm{d}t}=mg-kv.$$

由题意可得初值条件

$$v\Big|_{t=0}=0.$$

方程是一个一阶线性方程, 但由于系数都是常数, 它同时也是一个可分离变量的方程. 变量分离后, 得

$$\frac{\mathrm{d}v}{mg-kv}=\frac{\mathrm{d}t}{m}.$$

两边积分得

$$-\frac{1}{k}\ln(mg-kv)=\frac{t}{m}+C_1,$$

即

$$mg-kv=C\mathrm{e}^{-\frac{k}{m}t}, \text{ 或 } v=\frac{mg}{k}+C\mathrm{e}^{-\frac{k}{m}t},$$

这是方程的通解.

把初值条件 $v\Big|_{t=0}=0$ 代入通解中, 得

$$C=-\frac{mg}{k}.$$

因此, 所求速度与时间的关系为

$$v=\frac{mg}{k}(1-\mathrm{e}^{-\frac{k}{m}t}).$$

例 4 设汽车质量为 m, 当行驶速度为 v_0 时打开离合器自由滑行. 地面摩擦阻力为 G, 空气阻力与速度成正比. 试求 (1) 在汽车滑行过程中, 速度和时间的函数关系; (2) 汽车能滑行多长时间.

解 (1) 根据牛顿第二定律, $F=ma$, $a=\frac{\mathrm{d}v}{\mathrm{d}t}$, 汽车滑行中受摩擦阻力 G 和空气阻力 kv (k 为比例系数) 的作用, 方向与速度的方向相反. 故 $v(t)$ 满足的方程为

$$m\frac{\mathrm{d}v}{\mathrm{d}t}=-G-kv.$$

由题意可得初值条件

$$v\Big|_{t=0}=v_0.$$

方程为一阶线性非齐次方程, 将其改写为

$$\frac{\mathrm{d}v}{\mathrm{d}t}+\frac{k}{m}v=-\frac{G}{m},$$

求出通解

$$v(t)=\mathrm{e}^{-\frac{k}{m}t}\left[\int\left(-\frac{G}{m}\right)\mathrm{e}^{\frac{k}{m}t}\mathrm{d}t+C\right]=\mathrm{e}^{-\frac{k}{m}t}\left(-\frac{G}{k}\mathrm{e}^{\frac{k}{m}t}+C\right)=C\mathrm{e}^{-\frac{k}{m}t}-\frac{G}{k}.$$

把初值条件 $v\Big|_{t=0}=v_0$代入通解中，得

$$C=v_0+\frac{G}{k}.$$

因此，所求速度与时间的关系为

$$v(t)=\left(v_0+\frac{G}{k}\right)\mathrm{e}^{-\frac{k}{m}t}-\frac{G}{k}.$$

（2）当 $v=0$ 时汽车停止滑行，得

$$\mathrm{e}^{\frac{k}{m}t}=\frac{G+kv_0}{G},$$

由此得到

$$t=\frac{m}{k}\ln\frac{G+kv_0}{G}.$$

4.4.3 经济学中的应用

例 5 试建立市场价格形成的动态过程的数学模型.

解 假设在某一时刻 t，某商品的价格为 $P(t)$，它不同于该商品的均衡价格. 此时，存在供需差促使价格变动. 对于新的价格，又有新的供需差. 如此不断调节，就形成了市场价格的动态过程.

假设价格 $P(t)$ 的变化率$\frac{\mathrm{d}P}{\mathrm{d}t}$与需求和供给之差成正比，并记$f(P)$ 为需求函数，$g(P)$ 为供给函数. 于是

$$\begin{cases}\dfrac{\mathrm{d}P}{\mathrm{d}t}=a[f(P)-g(P)],\\ P(0)=P_0,\end{cases}$$

其中 P_0 为商品在时刻 $t=0$ 时的价格，a 为正常数.

若设$f(P)=-aP+b$，$g(P)=cP+d$，则上式变为

$$\begin{cases}\dfrac{\mathrm{d}P}{\mathrm{d}t}=-a(a+c)P+a(b-d),\\ P(0)=P_0,\end{cases}$$

其中 a，b，c，d 均为正常数.

方程的解为

$$P(t)=\left(P_0-\frac{b-d}{a+c}\right)\mathrm{e}^{-a(a+c)t}+\frac{b-d}{a+c}.$$

练习题 4.4

(A)

1. 一曲线从原点经过（1，1）点伸向第一象限. 曲线从 $O(0,0)$ 到 $P(x,y)$ 的一段弧 $\overparen{OP}$ 与 x 轴以及过点 P 平行于 y 轴的直线所围成的面积等于以 OP 为对角线且边分别与 x 轴、y 轴平行的矩形面积的 $\frac{1}{4}$. 求该曲线的方程.

2. 设有一质量为 m 的质点作直线运动. 从速度等于零的时刻起，有一个方向与运动方向一致、大小与时间成正比（比例系数为 k_1）的力作用于它，此外还受一与速度成正比（比例系数为 k_2）的阻力作用. 求质点运动的速度与时间的函数关系.

(B)

设某公司生产某产品的边际收益函数为 $R'(x)=30-2x$，其中 x 为该产品的产量. 如果该产品能够全部售出，求总收益函数 $R(x)$.

4.5 二阶常系数线性微分方程

把形如

$$y''+py'+qy=f(x) \tag{1}$$

的微分方程称为**二阶常系数线性微分方程**，其中 p，q 均为常数.

如果 $f(x)\equiv 0$，则称微分方程

$$y''+py'+qy=0 \tag{2}$$

为**二阶常系数线性齐次微分方程**.

如果 $f(x)\neq 0$，称为**二阶常系数线性非齐次微分方程**.

4.5.1 二阶常系数线性齐次微分方程解的结构

微课4.5.1

二阶常系数线性齐次微分方程

定理 1 如果 $y_1(x)$ 与 $y_2(x)$ 是二阶常系数线性齐次微分方程（2）的两个解，那么 $y=C_1y_1(x)+C_2y_2(x)$ 也是它的解，其中 C_1，C_2 是任意常数.

如果两个函数 $y_1(x)$ 与 $y_2(x)$ 之比 $\frac{y_1}{y_2}=k$（常数），则称 y_1 与 y_2 **线性相关**，

否则称为**线性无关**. 例如，x 与 e^x 线性无关，而 e^x 与 $2\mathrm{e}^x$ 线性相关.

定理 2 如果 y_1，y_2 是二阶常系数线性齐次微分方程（2）的两个线性无关的特解，那么 $y=C_1y_1+C_2y_2$ 就是它的通解，其中 C_1，C_2 是任意常数.

4.5.2 二阶常系数线性齐次微分方程的求解方法

由定理 2 可知，求二阶线性齐次微分方程的通解，可归结为求方程的两个线性无关的特解. 二阶线性齐次方程的特点是 y，y'，y''各乘以常数因子后相加等于零，如果能找到一个函数 y，使它和它的导数 y'，y''间只差一个常数因子，那么它就有可能是方程的特解，而指数函数 $y=\mathrm{e}^{rx}$（r 为常数）就具有上述特点. 为此，将 $y=\mathrm{e}^{rx}$，$y'=r\mathrm{e}^{rx}$，$y''=r^2\mathrm{e}^{rx}$代入方程（2），得

$$r^2\mathrm{e}^{rx}+pr\mathrm{e}^{rx}+q\mathrm{e}^{rx}=0,$$

微课4.5.2

二阶常系数线性齐次微分方程的解法

即

$$(r^2+pr+q)\mathrm{e}^{rx}=0.$$

而 $\mathrm{e}^{rx}\neq 0$，所以

$$r^2+pr+q=0. \tag{3}$$

因此，只要 r 是方程（3）的根，函数 $y=\mathrm{e}^{rx}$就是方程（2）的解.

定义 把代数方程（3）叫作微分方程（2）的**特征方程**，特征方程的根叫作**特征根**.

两个根 r_1，r_2 有三种不同情况，可以证明：

（1）两个相异实根 $r_1\neq r_2$，通解 $y=C_1\mathrm{e}^{r_1x}+C_2\mathrm{e}^{r_2x}$；

（2）两个相等实根 $r_1=r_2=r$，通解 $y=(C_1+C_2x)\mathrm{e}^{rx}$；

（3）一对共轭复根 $r_{1,2}=\alpha\pm\mathrm{i}\beta$，通解 $y=(C_1\cos\beta x+C_2\sin\beta x)\mathrm{e}^{\alpha x}$（见表 4-2）.

求二阶常系数齐次线性微分方程（2）的通解的步骤为：

第一步 写出微分方程的特征方程 $r^2+pr+q=0$；

第二步 求出 r_1，r_2；

第三步 根据特征方程的两个根的不同情况，写出微分方程的通解.

表 4-2

特征方程（3）的两个根	微分方程（2）的通解
两个相异实根 $r_1\neq r_2$	$y=C_1\mathrm{e}^{r_1x}+C_2\mathrm{e}^{r_2x}$
两个相等实根 $r_1=r_2=r$	$y=(C_1+C_2x)\mathrm{e}^{rx}$
一对共轭复根 $r_{1,2}=\alpha\pm\mathrm{i}\beta$	$y=(C_1\cos\beta x+C_2\sin\beta x)\mathrm{e}^{\alpha x}$

例 1 求微分方程 $y''-2y'-3y=0$ 的通解.

解 所给微分方程的特征方程为

$$r^2-2r-3=0,\ 即(r+1)(r-3)=0.$$

其根 $r_1=-1$，$r_2=3$ 是两个不相等的实根，因此，所求通解为

$$y=C_1\mathrm{e}^{-x}+C_2\mathrm{e}^{3x}.$$

例 2 求方程 $y''+2y'+y=0$ 满足初值条件 $y\big|_{x=0}=4$，$y'\big|_{x=0}=-2$ 的特解.

解 所给方程的特征方程为

$$r^2+2r+1=0,\ 即\ (r+1)^2=0.$$

其根 $r_1=r_2=-1$ 是两个相等的实根，因此所给微分方程的通解为

$$y=(C_1+C_2x)\mathrm{e}^{-x}.$$

将条件 $y\big|_{x=0}=4$ 代入通解，得 $C_1=4$，从而

$$y=(4+C_2x)\mathrm{e}^{-x}.$$

将上式对 x 求导，得

$$y'=(C_2-4-C_2x)\mathrm{e}^{-x}.$$

再把初值条件 $y'\big|_{x=0}=-2$ 代入上式，得 $C_2=2$，因此，所求特解为

$$y=(4+2x)\mathrm{e}^{-x}.$$

例 3 求微分方程 $y''-2y'+5y=0$ 的通解.

解 所给方程的特征方程为 $r^2-2r+5=0$，则特征方程的根为 $r_1=1+2\mathrm{i}$，$r_2=1-2\mathrm{i}$ 是一对共轭复根. 因此，所求通解为

$$y=(C_1\cos 2x+C_2\sin 2x)\mathrm{e}^{x}.$$

*4.5.3 二阶常系数线性非齐次微分方程解的结构

我们知道，一阶线性非齐次方程的通解等于它所对应的齐次方程的通解与它的一个特解之和. 实际上，二阶及更高阶的线性非齐次方程的通解也有类似的结论.

定理 3 设 y^* 是二阶线性非齐次微分方程（1）的一个特解，

$$\bar{y}=C_1y_1+C_2y_2$$

是与之对应的齐次方程的通解，那么

$$y=\bar{y}+y^*$$

是二阶线性非齐次微分方程（1）的一个通解.

定理 4 设二阶线性非齐次微分方程（1）的右端 $f(x)$ 是几个函数之和.

如

$$y''+py'+qy=f_1(x)+f_2(x), \tag{4}$$

而 y_1^* 与 y_2^* 分别是方程 $y'+py'+qy=f_1(x)$ 与 $y''+py'+qy=f_2(x)$ 的特解，那么，

$y_1^* + y_2^*$ 就是方程（4）的特解.

*4.5.4 二阶常系数线性非齐次微分方程的求解方法

由上面定理3可知，求二阶常系数线性非齐次微分方程的通解，可归结为求它对应的齐次方程的通解和它本身的一个特解，在解决了齐次方程的通解问题之后，这里只需讨论求非齐次方程（1）的一个特解 y^* 的方法.

我们只介绍方程（1）中的 $f(x)$ 取两种常见形式时求 y^* 的方法，这种方法的特点是不用积分就可求出 y^* 来，把它叫作待定系数法.

1. $f(x)=p_m(x)e^{\lambda x}$ 型，其中 λ 是常数，$p_m(x)$ 是 x 的一个 m 次多项式

因为方程（1）的右端 $f(x)$ 是多项式 $p_m(x)$ 与指数函数 $e^{\lambda x}$ 的乘积，而多项式与指数函数乘积的导数仍然是同一类型的函数，因此我们推测 $y^*=Q(x)e^{\lambda x}$（$Q(x)$ 为 x 的多项式）可能是方程（1）的特解.

现将
$$y^*=Q(x)e^{\lambda x},\ y^{*\prime}=e^{\lambda x}[\lambda Q(x)+Q'(x)],$$
$$y^{*\prime\prime}=e^{\lambda x}[\lambda^2 Q(x)+2\lambda Q'(x)+Q''(x)]$$
代入方程（1），消去 $e^{\lambda x}$ 并整理，得
$$Q''(x)+(2\lambda+p)Q'(x)+(\lambda^2+p\lambda+q)Q(x)=p_m(x). \tag{5}$$

$Q(x)$ 可分下列三种不同情形来确定：

（1）λ 不是特征方程的根，即 $\lambda^2+p\lambda+q\neq 0$ 时，由于 $p_m(x)$ 是 m 次多项式，要使（5）式两端恒等，须令 $Q(x)$ 也是一个 m 次多项式 $Q_m(x)$：
$$Q_m(x)=A_0x^m+A_1x^{m-1}+\cdots+A_{m-1}x+A_m,$$
其中 A_0，A_1，…，A_m 为待定系数. 将 $Q_m(x)$ 代入（1）式，比较等式两端 x 同次幂的系数，就可得到含有未知数 A_0，A_1，…，A_m 的 $m+1$ 个方程的联立方程组，从而定出 A_0，A_1，…，A_m，并得到所求特解 $y^*=Q_m(x)e^{\lambda x}$.

（2）λ 是特征方程的根，即 $\lambda^2+p\lambda+q=0$，但 $2\lambda+p\neq 0$ 时，要使（5）式两端恒等，$Q'(x)$ 必须是一个 m 次多项式，即 $Q(x)$ 是 $m+1$ 次多项式，此时可令
$$Q(x)=xQ_m(x),$$
并用待定系数法来确定 $Q_m(x)$ 中的系数.

（3）λ 是特征方程的根，$\lambda^2+p\lambda+q=0$ 且 $2\lambda+p=0$ 时，要使（5）式两端恒等，$Q''(x)$ 必须是一个 m 次多项式，从而 $Q(x)$ 是 $m+2$ 次多项式，此时可令
$$Q(x)=x^2Q_m(x),$$
并用待定系数法来确定 $Q_m(x)$ 中的系数.

综上所述，如果 $f(x)=p_m(x)e^{\lambda x}$，则方程（1）具有形如

$$y^* = x^k Q_m(x) e^{\lambda x}$$

的特解，其中 $Q_m(x)$ 是与 $p_m(x)$ 同次的多项式，而 k 按 λ 不是特征根、是特征方程的单根或重根依次取 0，1，2.

例 4 求微分方程 $y''-2y'-3y=3x+1$ 的一个特解.

解 这是二阶常系数线性非齐次微分方程，其中

$$f(x)=p_m(x)e^{\lambda x}=3x+1,$$

所以 $m=1$，$\lambda=0$.

所给方程对应的齐次方程的特征方程为 $r^2-2r-3=0$，其特征方程的根是 $r_1=-1$，$r_2=3$；由于 $\lambda=0$ 不是特征根，所以应设特解为

$$y^* = A_0x+A_1,$$

把 y^* 代入所给方程，得

$$-3A_0x-2A_0-3A_1=3x+1,$$

比较两端 x 同次幂的系数，得

$$\begin{cases}-3A_0=3,\\ -2A_0-3A_1=1,\end{cases}$$

由此求得 $A_0=-1$，$A_1=\frac{1}{3}$. 于是求得所给方程的一个特解为

$$y^* = -x+\frac{1}{3}.$$

例 5 求微分方程 $y''-5y'+6y=xe^{2x}$ 的通解.

解 所给方程是二阶常系数线性非齐次微分方程，其中

$$f(x)=p_m(x)e^{\lambda x}=xe^{2x},$$

所以 $m=1$，$\lambda=2$.

所给方程对应的齐次方程的特征方程为 $r^2-5r+6=0$，其特征方程的根是 $r_1=2$，$r_2=3$；于是所给方程对应的齐次方程的通解为

$$\bar{y}=C_1e^{2x}+C_2e^{3x}.$$

由于 $\lambda=2$ 是特征方程的单根，所以应设方程的特解为

$$y^* = x(A_0x+A_1)e^{2x},$$

把它代入所给方程，得

$$-2A_0x+2A_0-A_1=x,$$

比较两端 x 同次幂的系数，得

$$\begin{cases}-2A_0=1,\\ 2A_0-A_1=0,\end{cases}$$

由此求得 $A_0=-\frac{1}{2}$，$A_1=-1$. 于是求得所给方程的一个特解为

$$y^{*}=x\left(-\frac{1}{2}x-1\right)e^{2x},$$

从而所给方程的通解为 $y=C_1e^{2x}+C_2e^{3x}-\frac{1}{2}(x^2+2x)e^{2x}$.

例 6 求方程 $y''-2y'+y=4xe^x$ 满足初值条件 $y\big|_{x=0}=2$，$y'\big|_{x=0}=1$ 的特解.

解 该方程自由项 $f(x)=p_m(x)e^{\lambda x}=4xe^x$，所以 $m=1$，$\lambda=1$.

所给方程对应的齐次方程的特征方程为 $r^2-2r+1=0$，其特征方程的根是 $r_1=r_2=1$，于是对应的齐次方程的通解为

$$\bar{y}=(C_1+C_2x)e^x.$$

由于 $\lambda=1$ 是特征方程的重根，所以应设方程的特解为

$$y^{*}=x^2(A_0x+A_1)e^x,$$

把它代入所给方程，得 $6A_0x+2A_1=4x$,

比较两端 x 同次幂的系数，得 $\begin{cases}6A_0=4,\\2A_1=0,\end{cases}$

由此求得 $A_0=\frac{2}{3}$，$A_1=0$. 于是求得所给方程的一个特解为

$$y^{*}=\frac{2}{3}x^3e^x.$$

从而所给方程的通解为

$$y=(C_1+C_2x)e^x+\frac{2}{3}x^3e^x.$$

根据初值条件 $y\big|_{x=0}=2$ 可求得 $C_1=2$. 又因为

$$y'=(2+C_2+C_2x)e^x+\left(2x^2+\frac{2}{3}x^3\right)e^x,$$

由初值条件 $y'\big|_{x=0}=1$ 可得到 $C_2=-1$. 因此所求特解为

$$y=e^x(2-x)+\frac{2}{3}x^3e^x.$$

2. $f(x)=e^{\lambda x}[p_l(x)\cos\omega x+p_n(x)\sin\omega x]$ 型，其中 λ，ω 是常数，$p_l(x)$，$p_n(x)$ 分别是 x 的 l 次、n 次多项式

此时可以证明如下结论：方程（1）具有形如

$$y^{*}=x^ke^{\lambda x}[Q_m(x)\cos\omega x+R_m(x)\sin\omega x]$$

的特解，其中 $Q_m(x)$ 和 $R_m(x)$ 都是 x 的 m 次多项式，$m=\max\{l, n\}$，而 k 按 $\lambda\pm i\omega$ 不是特征方程的根或是特征方程的根分别取 0 或 1.

例 7 求微分方程 $y''+y=x\cos 2x$ 的一个特解.

解 所给方程是二阶常系数线性非齐次微分方程，自由项

$$f(x)=e^{\lambda x}[p_l(x)\cos\omega x+p_n(x)\sin\omega x]=x\cos 2x,$$

其中 $\lambda=0$，$\omega=2$，$p_l(x)=x$，$p_n(x)=0$.

与所给方程对应的齐次方程的特征方程为 $r^2+1=0$，其特征根为 $r_{1,2}=\pm i$.

由于这里 $\lambda\pm i\omega=\pm 2i$ 不是特征方程的根，所以应设特解为

$$y^*=(A_0x+A_1)\cos 2x+(B_0x+B_1)\sin 2x,$$

把它代入所给方程，整理得

$$(-3A_0x-3A_1+4B_0)\cos 2x-(3B_0x+3B_1+4A_0)\sin 2x=x\cos 2x,$$

比较两端同类项的系数，得 $A_0=-\dfrac{1}{3}$，$A_1=0$，$B_0=0$，$B_1=\dfrac{4}{9}$.

于是求得一个特解为 $\quad y^*=-\dfrac{1}{3}x\cos 2x+\dfrac{4}{9}\sin 2x.$

例 8 求方程 $y''+y=4\sin x$ 的通解.

解 对应的齐次方程的特征方程为 $r^2+1=0$，其特征根 $r_{1,2}=\pm i$，所以对应的齐次方程的通解为

$$\bar{y}=C_1\cos x+C_2\sin x.$$

原方程的自由项 $f(x)=4\sin x$，相应的 $\lambda=0$，$\omega=1$，$p_l(x)=0$，$p_n(x)=4$. 由于这里 $\lambda\pm i\omega=\pm i$ 是特征方程的根，所以应设特解为

$$y^*=x(A\cos x+B\sin x).$$

将 y^* 代入原方程中化简得

$$-A\sin x+B\cos x=2\sin x,$$

比较两端同类项的系数，得 $A=-2$，$B=0$，得到非齐次方程一个特解

$$y^*=-2x\cos x.$$

于是原方程的通解为

$$y=C_1\cos x+C_2\sin x-2x\cos x.$$

练习题 4.5

(A)

求下列微分方程的通解：

(1) $y''-2y'-3y=0$；

(2) $y''+6y'+9y=0$；

(3) $4y''-4y'+y=0$；

(4) $y''+5y=0$；

(5) $y''+9y=e^x$.

(B)

求下列微分方程满足所给初值条件的特解：

(1) $y''-3y'-4y=0$，$y\big|_{x=0}=0$，$y'\big|_{x=0}=-5$；

(2) $y''+25y=0$，$y\big|_{x=0}=2$，$y'\big|_{x=0}=5$；

(3) $y''+4y=\frac{1}{2}x$，$y\big|_{x=0}=0$，$y'\big|_{x=0}=0$.

4.6 用 MATLAB 求微分方程

4.6.1 用 MATLAB 求微分方程的命令格式

在 MATLAB2022a 中求微分方程（组）是由函数 dsolve 来实现的，其格式为

S=dsolve（eqn）% S 表示求解结果，可以用任何字母表示，eqn 表示微分方程

S=dsolve（eqn，cond）% cond 表示初值条件.

在表达微分方程时，用字母 diff（y）表示求 y 的导数，diff（y，n）表示求 y 的 n 阶导数，事先需要用 syms y（x）声明 y 对 x 求导数.

4.6.2 用 MATLAB 求微分方程的典型例题

例 1 求微分方程$\frac{dy}{dx}=1+y$的通解.

解 在实时编辑器编辑、运行以下代码：

```
syms y(x)
Dy=diff(y,x)== 1+y;
y=dsolve(Dy)
```

得所求微分方程的通解为

$$y=C_1e^x-1$$

也可以将以上代码保存为实时运行文档，可以直接打开运行.

例 2 求微分方程 $y'-y=x$ 的通解.

解 在实时编辑器编辑、运行以下代码：

```
syms y(x)
Dy=diff(y,x)== x+y;
dsolve(Dy)
```

得所求微分方程的通解为：

$$ans=C_1e^x-x-1$$

例 3 求微分方程$\begin{cases}\dfrac{d^2y}{dx^2}+4\dfrac{dy}{dx}+29y=0\\ y(0)=0,y'(0)=15\end{cases}$的特解.

解 在实时编辑器编辑、运行以下代码：

```
syms y(x)
eqn=diff(y,x,2)+4*diff(y,x)+29*y==0;
Dy=diff(y,x);
cond=[y(0)==0, Dy(0)==15];
y=dsolve(eqn,cond)
```

得所求微分方程的特解为

$$y=3\sin(5x)e^{-2x}$$

例 4 求微分方程 $y''-2y'-3y=xe^{3x}$的通解.

解 在实时编辑器编辑、运行以下代码：

```
syms y(x)
eqn=diff(y,2)-2*diff(y)-3*y==x*exp(3*x);
y=dsolve(eqn)
```

得所求微分方程的特解为

$$y=\frac{x^2e^{3x}}{8}-\frac{e^{3x}(4x-1)}{64}+C_1e^{-x}+C_2e^{3x}$$

练习题 4.6

(A)

用 MATLAB 求下列微分方程：

(1) $y'+2y=1$;

(2) $y'+y=e^x,y(0)=1$;

(3) $y''+5y'-6y=0$;

(4) $2y''+y'-6y=2e^x$.

(B)

用 MATLAB 求下列微分方程：

(1) $y'-\dfrac{2}{x+1}y=0$;

(2) $y'+y\cos x=e^{-\sin x},y(0)=0$;

(3) $2y''+2y'+y=5e^{-x}$;

(4) $y''-y=4\sin x$.

4.7 微分方程模型案例——人口模型

4.7.1 问题的提出

据考古学家论证，地球上出现生命距今已有 20 亿年，而人类的出现距今却不足200万年. 纵观人类人口总数的增长情况，我们发现：1 000年前人口总数为2.75亿；经过漫长的过程到1830年，人口总数达到10亿，又经过100年，在1930年，人口总数达到20亿；30年之后，在1960年，人口总数为30亿；又经过15年，1975年的人口总数是40亿；12年之后即1987年，人口已达50亿.

我们自然会产生这样一个问题：人类人口增长的规律是什么？如何在数学上描述这一规律.

4.7.2 马尔萨斯模型

1789年，英国神父马尔萨斯在分析了一百多年人口统计资料之后，提出了著名的马尔萨斯模型.

1. 模型假设

(i) 假设 $x(t)$ 表示 t 时刻的人口数，且 $x(t)$ 连续可微；

(ii) 假设人口的增长率 r 是常数（增长率=出生率-死亡率）；

(iii) 假设人口数量的变化是封闭的，即人口数量的增加与减少只取决于人口中个体的生育和死亡，且每一个体都具有同样的生育能力与死亡率.

2. 建模与求解

由假设，t 时刻到 $t+\Delta t$ 时刻人口的增量为 $x(t+\Delta t)-x(t)=rx(t)\Delta t$，于是得

$$\begin{cases}\dfrac{\mathrm{d}x}{\mathrm{d}t}=rx,\\ x(0)=x_0,\end{cases}\tag{1}$$

其解为

$$x(t)=x_0\mathrm{e}^{rt}.\tag{2}$$

3. 模型评价

考虑二百多年来人口增长的实际情况，1961年世界人口总数为 3.06×10^9，在1961—1970年这段时间内，每年平均的人口自然增长率为2%，则 (2) 式可写为

$$x(t)=3.06\times10^9\times\mathrm{e}^{0.02t}.\tag{3}$$

根据1700—1961年间世界人口统计数据，我们发现这些数据与 (3) 式的计算结果相当符合. 因为在这期间地球上人口大约每35年增加1倍，而 (3) 式算出每34.6年增加1倍. 但是，当人们用 (2) 式对1790年以来的美国人口资料比较时，发现有很大差异.

利用（3）式对世界人口进行预测，也会得出惊异的结论：当 $t=2670$ 年时，$x(t)=4\times10^{15}$，即 4 400 万亿，这相当于地球上每平方米要容纳至少 20 人.

显然，用这一模型进行预测的结果远高于实际人口增长，误差的原因是对增长率 r 的估计过高. 由此，可以对 r 是常数的假设提出疑问.

4.7.3 阻滞增长模型

如何对增长率 r 进行修正呢？我们知道，地球上的资源是有限的，它只能提供一定数量的生命生存所需的条件. 随着人口数量的增加，自然资源、环境条件等对人口再增长的限制作用将越来越显著. 如果在人口较少时，我们可以把增长率 r 看成常数，那么当人口增加到一定数量之后，就应当视 r 为一个随着人口的增加而减小的量，即将增长率 r 表示为人口 $x(t)$ 的函数 $r(x)$，且 $r(x)$ 为 x 的减函数.

1. 模型假设

(i) 假设 $r(x)$ 为 x 的线性函数，$r(x)=r-sx$；

(ii) 假设自然资源与环境条件所能容纳的最大人口数为 x_m，即当 $x=x_m$ 时，增长率 $r(x_m)=0$.

2. 建模与求解

由假设(i),(ii)可得 $r(x)=r(1-x/x_m)-sx$,则有

$$\begin{cases}\dfrac{\mathrm{d}x}{\mathrm{d}t}=r\left(1-\dfrac{x}{x_m}\right)x,\\ x(0)=x_0.\end{cases}\tag{4}$$

(4) 式是一个可分离变量的方程，其解为

$$x(t)=\frac{x_m}{1+\left(\dfrac{x_m}{x_0}-1\right)\mathrm{e}^{-rt}}.\tag{5}$$

3. 模型检验

由（4）式计算可得

$$\frac{\mathrm{d}^2x}{\mathrm{d}t^2}=r^2\left(1-\frac{x}{x_m}\right)\left(1-\frac{2x}{x_m}\right)x.\tag{6}$$

人口总数 $x(t)$ 有如下规律：

(i) $t\to\infty$ 时，$x\to x_m$，即无论人口初值如何，人口总数以 x_m 为极限.

(ii) 当 $0<x_0<x_m$ 时，

$$\frac{\mathrm{d}x}{\mathrm{d}t}=r\left(1-\frac{x}{x_m}\right)x>0,$$

这说明 $x(t)$ 是单调增加的，又由 (6) 式知：

当 $x<\frac{x_m}{2}$时，$\frac{\mathrm{d}^2x}{\mathrm{d}t^2}>0$，$x=x(t)$ 为凹的，当 $x>\frac{x_m}{2}$时，$\frac{\mathrm{d}^2x}{\mathrm{d}t^2}<0$，$x=x(t)$ 为凸的.

(iii) 人口变化率$\frac{\mathrm{d}x}{\mathrm{d}t}$，在 $x=\frac{x_m}{2}$时取到最大值，即人口总数达到极限值一半以前是加速生长时期，经过这一点之后，生长速率会逐渐变小，最终达到零.

根据 (4) 式和 (5) 式画出$\frac{\mathrm{d}x}{\mathrm{d}t}\sim x$ 和 $x\sim t$ 曲线，分别如图 4-1 (a) (b) 所示.

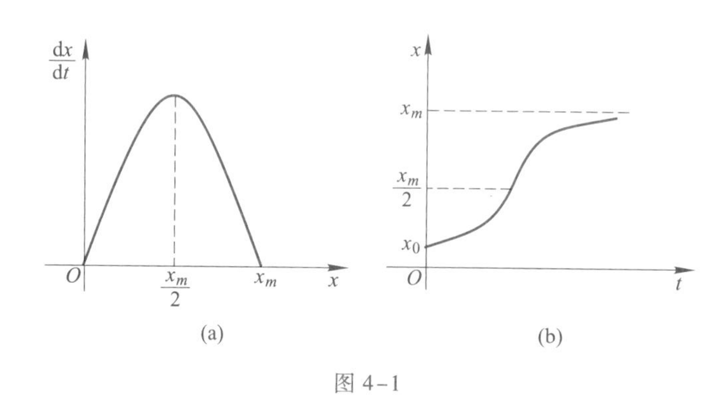

图 4-1

与马尔萨斯模型一样，代入一些实际数据进行验算，若取 1790 年为 $t=t_0=0$，$x_0=3.9\times10^6$，$m_x=197\times10^6$，$r=0.313\ 4$. 可以看出，直到 1930 年，计算结果与实际数据都能较好地吻合，在 1930 年之后，计算与实际偏差较大. 原因之一是 20 世纪60 年代的实际人口已经突破了假设的极限人口 x_m，由此可知，本模型的缺点之一就是不易确定 x_m.

4.7.4 模型推广

可以从另一个角度导出阻滞增长模型，在马尔萨斯模型上增加一个竞争项 $-bx^2$ $(b>0)$,它的作用是使纯增长率减少. 如果一个国家工业化程度较高，食品供应较充足，能够使更多的人生存，此时 b 较小；反之 b 较大，故建立方程

$$\begin{cases}\dfrac{\mathrm{d}x}{\mathrm{d}t}=x(a-bx) \quad (a,b>0),\\ x(t_0)=x_0,\end{cases}\tag{7}$$

其解为

$$x(t)=\frac{ax_0}{bx_0+(a-bx_0)e^{-a(t-t_0)}}. \tag{8}$$

由（8）式，得
$$\frac{d^2x}{dt^2}=(a-2bx)(a-bx). \tag{9}$$

对（7）~（9）式进行分析，有

（i）对任意 $t>t_0$，有 $x(t)>0$，且 $\lim\limits_{x\to+\infty}x(t)=\frac{a}{b}$；

（ii）当 $0<x<\frac{a}{b}$ 时，$x'(t)>0$，$x(t)$ 是单调增加的；

当 $x=\frac{a}{b}$ 时，$x'(t)=0$；当 $x>\frac{a}{b}$ 时，$x'(t)<0$，$x(t)$ 是单调减少的.

（iii）当 $0<x<\frac{a}{2b}$ 时，$x''(t)>0$，$x(t)$ 是凹的，当 $\frac{a}{2b}<x<\frac{a}{b}$ 时，$x''(t)<0$，$x(t)$ 是凸的.

令（7）式第一个方程的右边为 0，得 $x_1=0$，$x_2=\frac{a}{b}$，称它们是微分方程（7）的平衡解．易知 $\lim\limits_{x\to+\infty}x(t)=\frac{a}{b}$，故又称 $\frac{a}{b}$ 是（7）式的稳定平衡解．可预测：不论人口开始的数量 x_0 为多少，经过相当长的时间后，人口总数将稳定在 $\frac{a}{b}$.

参数 a 和 b 可以通过已知数据利用 MATLAB 中的非线性回归命令 linfit 求得.

本节阻滞型模型应用广泛，比如在生态、医疗领域中用来研究动植物种群数量、传染病传播与防控的变化规律，在经济、社会领域中用来研究商品销售数量、消息传播范围的变化规律等.

自测与提高

1. 填空题.

（1）微分方程的解中含有独立的任意常数的个数若与微分方程的（　　）相同，则该解叫作微分方程的通解.

（2）一阶线性非齐次微分方程的解法通常有（　　）和（　　）两种解法.

（3）微分方程 $y'''=e^x$ 的阶数为（　　）.

（4）非齐次微分方程 $y''-5y'+6y=xe^{2x}$，它的一个特解应设为（　　）.

（5）非齐次微分方程 $y''+9y=\cos x$，它的一个特解应设为（　　）.

（6）已知某二阶线性齐次微分方程的通解为 $y=C_1e^{-x}+C_2e^{2x}$，则该微分方程为（　　）.

2. 选择题.

(1) 微分方程 $y'+\frac{y}{x}=0$ 满足 $y(2)=1$ 的特解是（　　）.

A. $y=\frac{4}{x^2}$　　B. $y=\frac{2}{x}$

C. $y=e^{x-2}$　　D. $y=\log_2 x$

(2) 微分方程 $y^2dx-(1-x)dy=0$ 是（　　）微分方程.

A. 一阶线性齐次　　B. 一阶线性非齐次

C. 可分离变量　　D. 二阶线性齐次

(3) 微分方程 $(x^2+y^2)dx+(x^2-y^2)dy=0$ 是（　　）微分方程.

A. 非线性　　B. 二阶

C. 可分离变量　　D. 齐次

(4) 微分方程 $y'+y=e^{-x}$ 的一个解是（　　）.

A. $y=2e^{-x}$　　B. $y=xe^{x}$

C. $y=2e^{x}$　　D. $y=xe^{-x}$

(5) 设二阶常系数线性齐次方程 $y''+py'+qy=0$，它的特征方程有两个不相等的实根 r_1，r_2，则方程的通解是（　　）.

A. $C_1\cos r_1x+C_2\sin r_2x$　　B. $C_1e^{r_1x}+C_2xe^{r_2x}$

C. $C_1e^{r_1x}+C_2e^{r_2x}$　　D. $x(C_1e^{r_1x}+C_2e^{r_2x})$

(6) 下列哪些函数是线性相关的（　　）.

A. e^{2x}，e^{-2x}　　B. e^{2+x}，e^{x-2}

C. e^{x^2}，e^{-x^2}　　D. $e^{\sqrt{x}}$，$e^{-\sqrt{x}}$.

3. 求下列微分方程的通解：

(1) $xy'-y\ln y=0$；

(2) $\frac{dy}{dx}+2xy=2xe^{-x^2}$.

4. 求方程 $y''+25y=0$ 满足初值条件 $y\big|_{x=0}=2$，$y'\big|_{x=0}=5$ 的特解.

5. 已知曲线过点$\left(1, \frac{1}{3}\right)$，且在曲线上任一点处的切线的斜率等于自原点到切点的连线的斜率的两倍，求此曲线的方程.

6. 已知二阶常系数齐次线性微分方程的两个特解，试写出相应的微分方程：

(1) $y_1=1$，$y_2=e^{-x}$；

(2) $y_1=\sin x$，$y_2=\cos x$.

专升本备考专栏 4

考试基本要求

典型例题及精解

人文素养阅读 4

人民数学家——华罗庚

第二篇

职业素养模块

第5章 无穷级数

展现在我们眼前的宇宙就像是一本用数学语言写成的大书，如不掌握数学符号语言，就像在黑暗的迷宫里游荡，什么也认不清.

——伽利略

无穷级数是由实际计算的需要而产生的，它是高等数学的一个组成部分，无穷级数作为函数的一种表示形式，是近似计算的有力工具. 本章在极限理论的基础上，首先介绍常数项级数的基础知识，然后由此得出幂级数的一些基本结论，最后介绍函数展开成幂级数的方法和应用，傅里叶级数及应用.

5.1 无穷级数的概念和性质

5.1.1 级数及其敛散性

定义 1 设已知数列 u_1，u_2，…，u_n，…，则表达式

$$u_1+u_2+\cdots+u_n+\cdots=\sum_{n=1}^{\infty}u_n$$

称为**无穷级数**，简称**级数**，而 u_n 称为级数的**一般项**.

$$S_n=u_1+u_2+\cdots+u_n=\sum_{k=1}^{n}u_k$$

称为级数的前 n 项的**部分和**.

微课5.1.1

无穷级数的概念与性质

定义 2 若级数 $\sum\limits_{n=1}^{\infty}u_n$ 的部分和的极限存在，即

$$\lim_{n\to\infty}S_n=s,$$

则称级数 $\sum\limits_{n=1}^{\infty}u_n$ **收敛**，s 称为级数的**和**，并记为

$$s=\sum_{n=1}^{\infty}u_n.$$

若部分和的极限不存在，就称级数 $\sum\limits_{n=1}^{\infty}u_n$ **发散**.

例 1 讨论等比级数 $a+ar+ar^2+\cdots+ar^{n-1}+\cdots$ （$a\neq0$）的敛散性.

解 当公比 $r\neq1$ 时，

$$S_n=a\frac{1-r^n}{1-r}.$$

当 $|r|<1$ 时，

$$\lim_{n\to\infty}S_n=\lim_{n\to\infty}\frac{a(1-r^n)}{1-r}=\frac{a}{1-r},$$

级数收敛；

当 $|r|>1$ 时，

$$\lim_{n\to\infty}S_n=\lim_{n\to\infty}a\frac{1-r^n}{1-r}=\infty,$$

级数发散.

当 $r=1$ 时，

$$S_n=a+a+a+\cdots+a=na\to\infty,$$

级数发散.

当 $r=-1$ 时，

$$S_n=a-a+a-a+\cdots+(-1)^{n-1}a=\begin{cases}0, & n=2k,\\ a, & n=2k+1,\end{cases}$$

级数发散.

综上所述，等比级数 $\sum\limits_{n=1}^{\infty}ar^{n-1}$，当公比 $|r|<1$ 时收敛，当公比 $|r|\geqslant1$ 时发散.

5.1.2 级数的基本性质

性质 1 若级数 $\sum\limits_{n=1}^{\infty}u_n$ 收敛于 s，则 $\sum\limits_{n=1}^{\infty}ku_n$ （常数 $k\neq0$）收敛于 ks.

性质 2 若级数 $\sum\limits_{n=1}^{\infty}u_n$ 与 $\sum\limits_{n=1}^{\infty}v_n$ 分别收敛于 s 和 σ，则级数 $\sum\limits_{n=1}^{\infty}(u_n+v_n)$ 收敛于 $s+\sigma$.

级数性质的证明

性质 3 在级数 $\sum\limits_{n=1}^{\infty}u_n$ 中，任意添加、删去或改变级数的有限项，级数的敛散性不变.

定理（级数收敛的必要条件） 若级数 $\sum\limits_{n=1}^{\infty}u_n$ 收敛，则 $\lim\limits_{n\to\infty}u_n=0$.

注

$\lim\limits_{n\to\infty} u_n=0$ 只是级数 $\sum\limits_{n=1}^{\infty} u_n$ 收敛的必要条件，而不是充分条件，即不能由 $\lim\limits_{n\to\infty} u_n=0$ 得出 $\sum\limits_{n=1}^{\infty} u_n$ 收敛. 例如，级数 $\sum\limits_{n=1}^{\infty} \ln\left(1+\frac{1}{n}\right)$，虽然

$$\lim_{n\to\infty} u_n=\lim_{n\to\infty}\ln\left(1+\frac{1}{n}\right)=\lim_{n\to\infty}\ln\frac{n+1}{n}=0,$$

但

$$\begin{aligned}\lim_{n\to\infty} S_n &=\lim_{n\to\infty}\left[\ln(1+1)+\ln\left(1+\frac{1}{2}\right)+\cdots+\ln\left(1+\frac{1}{n}\right)\right]\\ &=\lim_{n\to\infty}\sum_{k=1}^{n}\ln\frac{k+1}{k}\\ &=\lim_{n\to\infty}\sum_{k=1}^{n}[\ln(k+1)-\ln k]\\ &=\lim_{n\to\infty}[\ln(n+1)-\ln 1]\\ &=\lim_{n\to\infty}\ln(n+1)\\ &=+\infty,\end{aligned}$$

即级数 $\sum\limits_{n=1}^{\infty}\ln\left(1+\frac{1}{n}\right)$ 发散.

推论 $\lim\limits_{n\to\infty} u_n\neq 0$，则级数 $\sum\limits_{n=1}^{\infty} u_n$ 发散.

例 2 证明级数 $\sum\limits_{n=1}^{\infty}\frac{n}{n+1}$ 发散.

证 $\lim\limits_{n\to\infty} u_n=\lim\limits_{n\to\infty}\frac{n}{n+1}=1\neq 0$，根据推论，级数 $\sum\limits_{n=1}^{\infty}\frac{n}{n+1}$ 发散.

练习题 5.1

(A)

写出下列级数的一般项：

(1) $-1+\frac{1}{2}-\frac{1}{4}+\frac{1}{8}-\cdots$；

(2) $\frac{1}{1\cdot 3}+\frac{1}{3\cdot 5}+\frac{1}{5\cdot 7}+\cdots$；

(3) $\sqrt{\frac{1}{2}}+\sqrt{\frac{2}{5}}+\sqrt{\frac{3}{10}}+\sqrt{\frac{4}{17}}+\cdots$；

(4) $x-\frac{x^2}{2}+\frac{x^3}{3}-\frac{x^4}{4}+\cdots$；

(5) $\left(\frac{1}{2}+\frac{1}{3}\right)+\left(\frac{1}{2^2}+\frac{1}{3^2}\right)+\left(\frac{1}{2^3}+\frac{1}{3^3}\right)+\cdots$.

(B)

判断下列级数的敛散性:

(1) $\sum\limits_{n=1}^{\infty}\ln\dfrac{n}{n+1}$;　　(2) $\sum\limits_{n=1}^{\infty}\dfrac{2}{3^{n-1}}$;

(3) $\sum\limits_{n=1}^{\infty}\dfrac{1}{(2n-1)\cdot(2n+1)}$;　　(4) $\sum\limits_{n=1}^{\infty}\dfrac{1}{\sqrt{n+1}+\sqrt{n}}$;

(5) $\sum\limits_{n=1}^{\infty}\dfrac{2^n+3^n}{6^n}$.

5.2 级数的审敛法

当级数的每一项都是非负常数时，称级数为**正项级数**. 下面就给出正项级数的敛散性的判别法.

5.2.1 基本定理

正项级数 $\sum\limits_{n=1}^{\infty}u_n$ 收敛的充分必要条件是它的部分和数列 $\{S_n\}$ 有界.

例 1 判定正项级数 $\sum\limits_{n=1}^{\infty}\dfrac{\sin\dfrac{\pi}{2n}}{2^n}$的敛散性.

解 由于该级数为正项级数，所以

$$S_n=\frac{1}{2}+\frac{\sin\dfrac{\pi}{4}}{2^2}+\frac{\sin\dfrac{\pi}{6}}{2^3}+\cdots+\frac{\sin\dfrac{\pi}{2n}}{2^n}<\frac{1}{2}+\frac{1}{2^2}+\frac{1}{2^3}+\cdots+\frac{1}{2^n}$$

$$=\frac{\dfrac{1}{2}\left(1-\dfrac{1}{2^n}\right)}{1-\dfrac{1}{2}}<1,$$

即数列部分和有界，因此级数收敛.

5.2.2 正项级数的比较审敛法

比较审敛法的证明

定理 1 设 $\sum\limits_{n=1}^{\infty}u_n$ 和 $\sum\limits_{n=1}^{\infty}v_n$ 为正项级数,

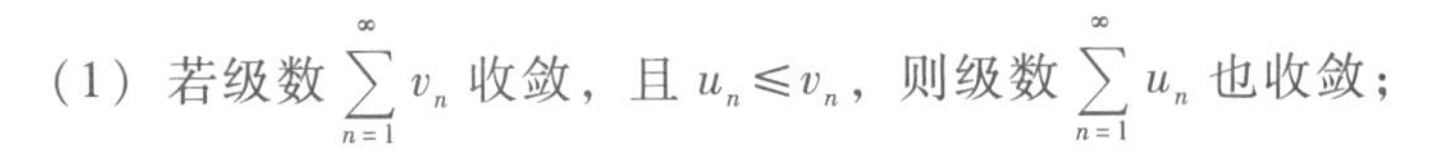
(1) 若级数 $\sum\limits_{n=1}^{\infty}v_n$ 收敛，且 $u_n\leqslant v_n$，则级数 $\sum\limits_{n=1}^{\infty}u_n$ 也收敛;

(2) 若级数 $\sum_{n=1}^{\infty} v_n$ 发散，且 $u_n \geqslant v_n$，则级数 $\sum_{n=1}^{\infty} u_n$ 也发散.

微课5.2.1

正项级数的比较审敛法

这个定理叫作**比较判别法**，就是把要判定敛散性的级数与已知敛散性的级数去比较，“大”的收敛，“小”的也收敛，“小”的发散，“大”的也发散.

例 2 讨论**调和级数** $\sum_{n=1}^{\infty} \frac{1}{n}$ 的敛散性.

解 前面知道级数 $\sum_{n=1}^{\infty} \ln\left(1+\frac{1}{n}\right)$ 发散且为正项级数，又容易知道

$$\ln(1+x)<x \quad (x>0),$$

于是，有

$$\ln\left(1+\frac{1}{n}\right)<\frac{1}{n},$$

所以调和级数 $\sum_{n=1}^{\infty} \frac{1}{n}$ 发散.

知识拓展5.2.2

比较审敛法的推论

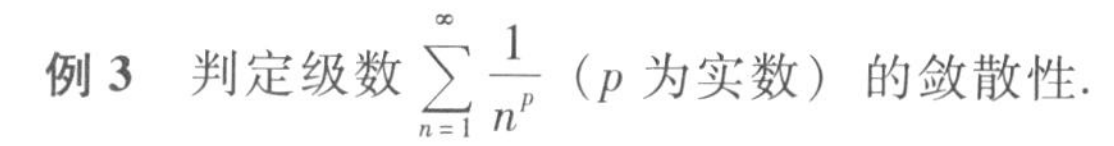

例 3 判定级数 $\sum_{n=1}^{\infty} \frac{1}{n^p}$（$p$ 为实数）的敛散性.

解 当 $0<p\leqslant 1$ 时，有

$$\frac{1}{n^p} \geqslant \frac{1}{n},$$

由于 $\sum_{n=1}^{\infty} \frac{1}{n}$ 发散，所以 $\sum_{n=1}^{\infty} \frac{1}{n^p}$ 发散；

当 $p\leqslant 0$ 时，

$$\lim_{n\to\infty} u_n = \lim_{n\to\infty} \frac{1}{n^p} \neq 0,$$

所以 $\sum_{n=1}^{\infty} \frac{1}{n^p}$ 发散；

当 $p>1$ 时，可以证明级数 $\sum_{n=1}^{\infty} \frac{1}{n^p}$ 收敛.

综上所述，当 $p\leqslant 1$ 时，级数 $\sum_{n=1}^{\infty} \frac{1}{n^p}$ 发散；当 $p>1$ 时，级数 $\sum_{n=1}^{\infty} \frac{1}{n^p}$ 收敛. 此级数称为 p **级数**.

以后我们常用 p 级数作为比较判别法时使用的级数.

知识拓展5.2.3

比值审敛法的证明

5.2.3 正项级数的比值审敛法

定理 2（比值审敛法，达朗贝尔判别法） 设正项级数 $\sum_{n=1}^{\infty} u_n$，若 $\lim_{n\to\infty} \frac{u_{n+1}}{u_n} = \lambda$，则

（1）当 $\lambda<1$ 时，级数 $\sum\limits_{n=1}^{\infty} u_n$ 收敛；

（2）当 $\lambda>1$（含 $\lambda=\infty$）时，级数 $\sum\limits_{n=1}^{\infty} u_n$ 发散.

但是，当 $\lambda=1$ 时，级数 $\sum\limits_{n=1}^{\infty} u_n$ 的敛散性不能确定，需用比较法判定.

正项级数的比值审敛法

例 4　判别级数 $\sum\limits_{n=1}^{\infty} \dfrac{n+1}{10^n}$ 的敛散性.

解

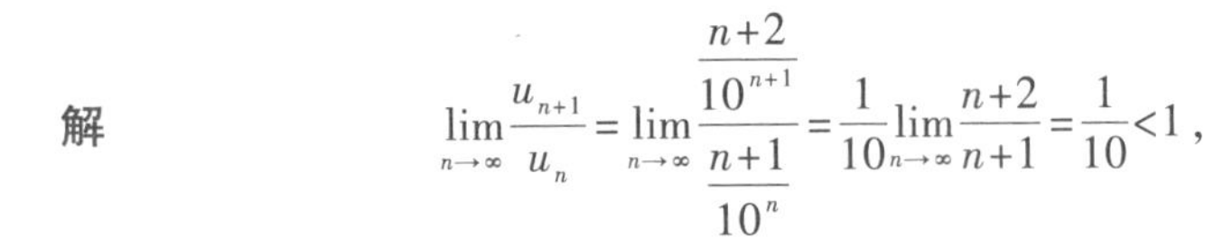

$$\lim_{n\to\infty}\frac{u_{n+1}}{u_n}=\lim_{n\to\infty}\frac{\dfrac{n+2}{10^{n+1}}}{\dfrac{n+1}{10^n}}=\frac{1}{10}\lim_{n\to\infty}\frac{n+2}{n+1}=\frac{1}{10}<1,$$

所以，级数 $\sum\limits_{n=1}^{\infty} \dfrac{n+1}{10^n}$ 收敛.

例 5　当 $a>0$ 时，判别级数 $\sum\limits_{n=1}^{\infty} \dfrac{a^{n-1}}{(n-1)!}$ 的敛散性.

解

$$\lim_{n\to\infty}\frac{u_{n+1}}{u_n}=\lim_{n\to\infty}\frac{\dfrac{a^n}{n!}}{\dfrac{a^{n-1}}{(n-1)!}}=\lim_{n\to\infty}\frac{a}{n}=0<1,$$

所以，级数 $\sum\limits_{n=1}^{\infty} \dfrac{a^{n-1}}{(n-1)!}$ 收敛.

5.2.4　交错级数及其审敛法

各项正负号交替变化的级数称为**交错级数**，可以记为

$$u_1-u_2+u_3-u_4+\cdots+(-1)^{n-1}u_n+\cdots=\sum_{n=1}^{\infty}(-1)^{n-1}u_n,$$

其中 $u_n(n=1,\ 2,\ \cdots)$ 是正数.

下面是判定交错级数收敛的一个重要方法.

定理 3（莱布尼茨准则）　若交错级数 $\sum\limits_{n=1}^{\infty}(-1)^{n-1}u_n$ 满足：

（1）$u_n\geqslant u_{n+1}$ $(n=1,\ 2,\ \cdots)$；（2）$\lim\limits_{n\to\infty}u_n=0$，

则级数 $\sum\limits_{n=1}^{\infty}(-1)^{n-1}u_n$ 收敛.

交错级数及其审敛法

例 6　判定交错级数 $\sum\limits_{n=1}^{\infty}(-1)^{n-1}\dfrac{1}{n}$ 的敛散性.

解 因为$\frac{1}{n}>\frac{1}{n+1}$，且

$$\lim_{n\to\infty}u_n=\lim_{n\to\infty}\frac{1}{n}=0,$$

所以，交错级数$\sum_{n=1}^{\infty}(-1)^{n-1}\frac{1}{n}$收敛.

例7 判定交错级数$\sum_{n=1}^{\infty}(-1)^{n-1}\frac{2n-1}{n^2}$的敛散性.

解 因为

$$\frac{2n-1}{n^2}-\frac{2n+1}{(n+1)^2}=\frac{(2n-1)(n+1)^2-(2n+1)n^2}{n^2(n+1)^2}=\frac{2n^2-1}{n^2(n+1)^2}>0\quad(n\geqslant1),$$

绝对收敛级数的性质

所以$\frac{2n-1}{n^2}>\frac{2n+1}{(n+1)^2}$，又

$$\lim_{n\to\infty}u_n=\lim_{n\to\infty}\frac{2n-1}{n^2}=0,$$

所以，交错级数$\sum_{n=1}^{\infty}(-1)^{n-1}\frac{2n-1}{n^2}$收敛.

*5.2.5 绝对收敛与条件收敛

若级数$\sum_{n=1}^{\infty}u_n$每项都取绝对值，可得正项级数$\sum_{n=1}^{\infty}|u_n|$.

定义 若级数$\sum_{n=1}^{\infty}|u_n|$收敛，则称级数$\sum_{n=1}^{\infty}u_n$ **绝对收敛**；若级数$\sum_{n=1}^{\infty}u_n$收敛，而级数$\sum_{n=1}^{\infty}|u_n|$发散，则称级数$\sum_{n=1}^{\infty}u_n$ **条件收敛**.

定理4 若正项级数$\sum_{n=1}^{\infty}|u_n|$收敛，则任意项级数$\sum_{n=1}^{\infty}u_n$必收敛.

定理给出了一个用正项级数审敛法判定任意项级数收敛的方法.

例8 判定级数$\sum_{n=1}^{\infty}\frac{(-1)^n}{n\cdot2^n}$是绝对收敛还是条件收敛.

解 因为$\sum_{n=1}^{\infty}|u_n|=\sum_{n=1}^{\infty}\frac{1}{n\cdot2^n}$，且

$$\lim_{n\to\infty}\frac{a_{n+1}}{a_n}=\lim_{n\to\infty}\frac{\frac{1}{(n+1)2^{n+1}}}{\frac{1}{n\cdot2^n}}=\lim_{n\to\infty}\frac{n}{2(n+1)}=\frac{1}{2},$$

所以，$\sum_{n=1}^{\infty}|u_n|=\sum_{n=1}^{\infty}\frac{1}{n\cdot2^n}$收敛，从而，级数$\sum_{n=1}^{\infty}\frac{(-1)^n}{n\cdot2^n}$是绝对收敛.

练习题 5.2

(A)

1. 用比较法判定下列级数的敛散性：

(1) $\sum\limits_{n=1}^{\infty}\frac{1}{n^2+a^2}$ $(a\neq 0)$；　(2) $\sum\limits_{n=2}^{\infty}\frac{1}{\sqrt{n^2-1}}$；　(3) $\sum\limits_{n=1}^{\infty}\frac{1}{3n-2}$；

(4) $\sum\limits_{n=1}^{\infty}\frac{n+2}{n(n+1)}$；　(5) $\sum\limits_{n=1}^{\infty}\frac{1}{\sqrt{n(n^2+1)}}$.

2. 用比值法判定下列级数的敛散性：

(1) $\sum\limits_{n=1}^{\infty}\frac{3^n}{n\cdot 2^n}$；　(2) $\sum\limits_{n=1}^{\infty}\frac{1}{(2n+1)!}$；　(3) $\sum\limits_{n=1}^{\infty}\frac{n^n}{n!}$；

(4) $\sum\limits_{n=1}^{\infty}\frac{(1+n)!}{10^n}$；　(5) $\sum\limits_{n=1}^{\infty}2^n\sin\frac{\pi}{3^n}$.

(B)

判定下列级数的敛散性，若级数收敛，指出是绝对收敛还是条件收敛：

(1) $\sum\limits_{n=1}^{\infty}(-1)^{n-1}\frac{1}{\sqrt{n}}$；　(2) $\sum\limits_{n=1}^{\infty}\frac{\sin nx}{n!}$；

(3) $\sum\limits_{n=1}^{\infty}(-1)^n\frac{n}{n+1}$；　(4) $\sum\limits_{n=1}^{\infty}(-1)^{n-1}\frac{n}{3^{n-1}}$.

5.3 幂级数

前面学习的级数是常数项级数，下面要讨论函数项级数.

定义 1

$$u_1(x)+u_2(x)+u_3(x)+\cdots+u_n(x)+\cdots=\sum_{n=1}^{\infty}u_n(x) \tag{1}$$

称为**函数项级数**. 若 $x=x_0$，则函数项级数变为常数项级数

$$u_1(x_0)+u_2(x_0)+u_3(x_0)+\cdots+u_n(x_0)+\cdots. \tag{2}$$

若级数（2）收敛，则称 x_0 为函数项级数（1）的**收敛点**；若发散，则称 x_0 为函数项级数（1）的**发散点**. 所有的收敛点的集合称为**收敛域**.

当（1）式中

$$u_n(x)=a_n(x-x_0)^n\ (n=0,\ 1,\ 2,\ \cdots)$$

时，得级数

$$\sum_{n=0}^{\infty} a_n (x-x_0)^n.$$

定义 2 级数

$$\sum_{n=0}^{\infty} a_n (x-x_0)^n = a_0 + a_1(x-x_0) + a_2(x-x_0)^2 + \cdots + a_n(x-x_0)^n + \cdots$$

称为**幂级数**，其中 a_0，a_1，…，a_n 称为**系数**. 特别地，令 $x_0=0$，得幂级数 $\sum_{n=0}^{\infty} a_n x^n$. 在收敛域内对任意 x，得到一个**和函数**，即

$$S(x) = \sum_{n=0}^{\infty} a_n x^n.$$

本节主要讨论幂级数 $\sum_{n=0}^{\infty} a_n x^n$ 的收敛域及收敛半径.

微课5.3.1

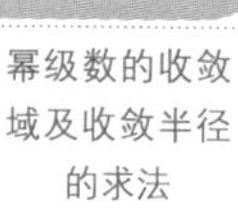

幂级数的收敛域及收敛半径的求法

5.3.1 幂级数的收敛域及收敛半径的求法

幂级数 $\sum_{n=0}^{\infty} a_n x^n$ 在点 $x=0$ 处一定收敛，对于其他的收敛点有下面的定理.

定理 已知幂级数 $\sum_{n=0}^{\infty} a_n x^n$，且 $\lim_{n\to\infty}\left|\frac{a_{n+1}}{a_n}\right| = \rho$.

(1) 若 $0<\rho<+\infty$，则当 $|x|<\frac{1}{\rho}$时，幂级数 $\sum_{n=0}^{\infty} a_n x^n$ 绝对收敛，当 $|x|>\frac{1}{\rho}$时，幂级数 $\sum_{n=0}^{\infty} a_n x^n$ 发散；

(2) 若 $\rho=0$，则幂级数 $\sum_{n=0}^{\infty} a_n x^n$ 绝对收敛；

(3) 若 $\rho=+\infty$，则幂级数 $\sum_{n=0}^{\infty} a_n x^n$ 仅在点 $x=0$ 处收敛.

知识拓展5.3.1

幂级数收敛定理的证明

令 $R=\frac{1}{\rho}$，则称 R 为幂级数 $\sum_{n=0}^{\infty} a_n x^n$ 的**收敛半径**. 这样得到幂级数的半径，即

$$R = \begin{cases} \frac{1}{\rho}, & \rho \neq 0, \\ +\infty, & \rho = 0, \\ 0, & \rho = +\infty. \end{cases}$$

称开区间 $(-R, R)$ 为幂级数的**收敛区间**. 但在端点 $\pm R$ 处的敛散性不确定，需另行判定，即得**收敛域**.

例 1 求幂级数 $\sum_{n=1}^{\infty} \frac{x^n}{n^2}$的收敛半径及收敛域.

解 $$\rho=\lim_{n\to\infty}\left|\frac{a_{n+1}}{a_n}\right|=\lim_{n\to\infty}\frac{\frac{1}{(n+1)^2}}{\frac{1}{n^2}}=\lim_{n\to\infty}\frac{n^2}{(n+1)^2}=1,$$

所以，收敛半径 $R=\frac{1}{\rho}=1$，收敛区间 $(-1,\ 1)$. 当 $x=1$ 时，级数

$$\sum_{n=1}^{\infty}\frac{x^n}{n^2}=\sum_{n=1}^{\infty}\frac{1}{n^2},$$

收敛；当 $x=-1$ 时，级数

$$\sum_{n=1}^{\infty}\frac{x^n}{n^2}=\sum_{n=1}^{\infty}\frac{(-1)^n}{n^2},$$

收敛. 所以，该幂级数的收敛域为 $[-1,\ 1]$.

例 2 求幂级数 $\sum_{n=1}^{\infty}(-1)^{n-1}\frac{x^n}{n!}$的收敛域.

解 $$\rho=\lim_{n\to\infty}\left|\frac{a_{n+1}}{a_n}\right|=\lim_{n\to\infty}\frac{\frac{1}{(n+1)!}}{\frac{1}{n!}}=\lim_{n\to\infty}\frac{1}{n+1}=0,$$

则级数的收敛半径为 $R=+\infty$，收敛域为 $(-\infty,\ +\infty)$.

5.3.2 幂级数的运算

1. 幂级数的和、积运算

设幂级数 $\sum_{n=0}^{\infty}a_nx^n$，$\sum_{n=0}^{\infty}b_nx^n$ 有公共收敛区间 $(-R,\ R)$，两个级数可作和、差、积运算. 即

$$\left(\sum_{n=0}^{\infty}a_nx^n\pm\sum_{n=0}^{\infty}b_nx^n\right)=\sum_{n=0}^{\infty}(a_n\pm b_n)x^n;$$

$$\left(\sum_{n=0}^{\infty}a_nx^n\right)\left(\sum_{n=0}^{\infty}b_nx^n\right)=a_0b_0+(a_0b_1+a_1b_0)x+(a_0b_2+a_1b_1+a_2b_0)x^2+\cdots+(a_0b_n+a_1b_{n-1}+\cdots+a_nb_0)x^n+\cdots.$$

2. 逐项求导法

若幂级数 $\sum_{n=0}^{\infty}a_nx^n$ 的收敛半径为 R，则在收敛区间 $(-R,\ R)$ 内，和函数 $S(x)$ 可导，且有

幂级数的运算

$$S'(x)=\left(\sum_{n=0}^{\infty}a_nx^n\right)'=\sum_{n=0}^{\infty}(a_nx^n)'=\sum_{n=1}^{\infty}a_nnx^{n-1}.$$

3. 逐项积分法

若幂级数 $\sum_{n=0}^{\infty} a_n x^n$ 的收敛半径为 R，则在 $(-R,\ R)$ 内和函数 $S(x)$ 可积，且有

$$\int_0^x S(x)\,\mathrm{d}x=\int_0^x \sum_{n=0}^{\infty} a_n x^n \mathrm{d}x=\sum_{n=0}^{\infty}\int_0^x a_n x^n \mathrm{d}x=\sum_{n=0}^{\infty}\frac{a_n}{n+1}x^{n+1}.$$

例 3 求幂级数 $\sum_{n=1}^{\infty}\frac{1}{n\cdot 4^n}x^n$ 的和函数.

解 因为

$$\rho=\lim_{n\to\infty}\left|\frac{a_{n+1}}{a_n}\right|=\lim_{n\to\infty}\frac{\frac{1}{(n+1)\cdot 4^{n+1}}}{\frac{1}{n\cdot 4^n}}=\lim_{n\to\infty}\frac{n}{4(n+1)}=\frac{1}{4},$$

所以，收敛区间为 $(-4,\ 4)$. 设在区间 $(-4,\ 4)$ 内和函数为 $S(x)$，则

$$S(x)=\sum_{n=1}^{\infty}\frac{1}{n\cdot 4^n}x^n.$$

利用求导法，有

$$S'(x)=\sum_{n=1}^{\infty}\frac{1}{4^n}x^{n-1}=\frac{1}{4}+\frac{1}{4^2}x+\cdots+\frac{1}{4^n}x^{n-1}+\cdots=\frac{1}{4-x}.$$

所以

$$S(x)=\int_0^x S'(x)\,\mathrm{d}x=\int_0^x\frac{1}{4-x}\mathrm{d}x=\ln\frac{4}{4-x},x\in(-4,\ 4).$$

例 4 求幂级数 $\sum_{n=1}^{\infty} nx^{n-1}$ 的和函数.

解 因为

$$\rho=\lim_{n\to\infty}\left|\frac{a_{n+1}}{a_n}\right|=\lim_{n\to\infty}\frac{n+1}{n}=1,$$

所以，收敛区间为 $(-1,\ 1)$，设在区间 $(-1,\ 1)$ 内和函数为 $S(x)$，则

$$S(x)=\sum_{n=1}^{\infty} nx^{n-1}.$$

利用逐项积分法，有

$$\int_0^x S(x)\,\mathrm{d}x=\int_0^x\sum_{n=1}^{\infty} nx^{n-1}\mathrm{d}x=\sum_{n=1}^{\infty}x^n=x+x^2+\cdots+x^n+\cdots=\frac{x}{1-x}.$$

所以

$$S(x)=\left(\int_0^x S(x)\,\mathrm{d}x\right)'=\left(\frac{x}{1-x}\right)'=\frac{1}{(1-x)^2},$$

即

$$\sum_{n=1}^{\infty} nx^{n-1}=\frac{1}{(1-x)^2},\quad x\in(-1,\ 1).$$

练习题 5.3

(A)

求下列幂级数的收敛半径与收敛域:

(1) $\sum_{n=1}^{\infty}\frac{(-1)^{n-1}}{n^2}x^n$;　(2) $\sum_{n=1}^{\infty}\frac{1}{2^n n^2}x^n$;　(3) $\sum_{n=0}^{\infty}10^n x^n$;

(4) $\sum_{n=0}^{\infty}n!\ x^n$;　(5) $\sum_{n=1}^{\infty}\frac{2n-1}{2^n}x^n$;　(6) $\sum_{n=1}^{\infty}\frac{2^n}{n}(x-1)^n$;

(7) $\sum_{n=1}^{\infty}\frac{1}{4n}x^{2n}$ (提示: 利用正项级数的比值审敛法).

(B)

求下列幂级数的和函数:

(1) $\sum_{n=0}^{\infty}(n+1)x^n$;　(2) $\sum_{n=1}^{\infty}\frac{(-1)^{n+1}}{n}x^n$;

(3) $\sum_{n=1}^{\infty}\frac{x^{2n-1}}{2n-1}$, $|x|<1$;　(4) $\sum_{n=1}^{\infty}2nx^{2n-1}$, $|x|<1$.

5.4 函数的幂级数展开式

上一节我们学习了求幂级数的和函数, 即在其收敛域内, 一个幂级数收敛于一个和函数, 那么一个函数是否能展开成幂级数呢? 下面介绍这个问题.

5.4.1 泰勒级数

如果幂级数 $\sum_{n=0}^{\infty}a_n(x-x_0)^n$ 在收敛区间 $(x_0-R,\ x_0+R)$ 内的和函数为 $f(x)$, 则

$$f(x)=\sum_{n=0}^{\infty}a_n(x-x_0)^n,$$

称 $f(x)$ **在点 x_0 处能展成幂级数.**

泰勒级数 设函数 $f(x)$ 在 x_0 及其附近存在任意阶导数, 则

$$f(x)=f(x_0)+f'(x_0)(x-x_0)+\frac{f''(x_0)}{2!}(x-x_0)^2+\cdots+$$

$$\frac{f^{(n)}(x_0)}{n!}(x-x_0)^n+\cdots=\sum_{n=0}^{\infty}\frac{1}{n!}f^{(n)}(x_0)(x-x_0)^n,$$

其中 $x\in(x_0-R,\ x_0+R)$，此式称为**泰勒级数**.

特别地，当 $x_0=0$ 时，泰勒级数就变为

$$f(x)=f(0)+f'(0)x+\frac{f''(0)}{2!}x^2+\cdots+\frac{f^{(n)}(0)}{n!}x^n+\cdots=\sum_{n=0}^{\infty}\frac{1}{n!}f^{(n)}(0)x^n,$$

其中 $x\in(-R,\ R)$，上式称为**麦克劳林级数**.

5.4.2 函数展成幂级数的方法

下面介绍两种函数展成幂级数的方法.

微课5.4.1

函数展成幂级数的直接展开法

1. 直接展开法

利用麦克劳林级数把函数展成幂级数的方法，称为**直接展开法**.

例1 试把函数 $f(x)=\mathrm{e}^x$ 展成 x 的幂级数.

解 因为 $(\mathrm{e}^x)^{(n)}=\mathrm{e}^x$，则

$$f(0)=1,\ f'(0)=f''(0)=\cdots=f^{(n)}(0)=1,$$

从而

$$\mathrm{e}^x=1+x+\frac{1}{2!}x^2+\cdots+\frac{1}{n!}x^n+\cdots,\quad x\in(-\infty,\ +\infty).$$

例2 试把函数 $f(x)=\cos x$ 展成 x 的幂级数.

解 因为 $(\cos x)^{(n)}=\cos\left(x+\frac{n\pi}{2}\right)$，所以

$$f(0)=1,\ f'(0)=0,\ f''(0)=-1,\ f'''(0)=0,\ \cdots$$

从而

$$\cos x=1-\frac{x^2}{2!}+\frac{x^4}{4!}-\cdots+(-1)^n\frac{x^{2n}}{(2n)!}+\cdots,\quad x\in(-\infty,\ +\infty).$$

同理，可得 $\sin x$ 的展开式

$$\sin x=x-\frac{x^3}{3!}+\frac{x^5}{5!}-\cdots+(-1)^n\frac{x^{2n+1}}{(2n+1)!}+\cdots,\quad x\in(-\infty,\ +\infty).$$

另外，还有几个常见的函数幂级数展开式：

$$\ln(1+x)=x-\frac{1}{2}x^2+\frac{1}{3}x^3-\cdots+(-1)^n\frac{1}{n+1}x^{n+1}+\cdots,\quad x\in(-1,\ 1);$$

$$(1+x)^m=1+mx+\frac{m(m-1)}{2!}x^2+\cdots+$$

$$\frac{m(m-1)\cdots(m-n+1)}{n!}x^n+\cdots,\quad x\in(-1,\ 1).$$

2. 间接展开法

前面我们得到了 e^x，$\sin x$，$\cos x$ 的幂级数的展开式，利用这些幂级数的展开式，通过幂级数的运算，可以求得很多函数的幂级数，这种方法称为**间接展开法**.

例 3 试把函数 $f(x)=\ln(1+x)$ 展成 x 的幂级数.

函数展成幂级数的间接展开法

解 因为

$$\ln(1+x)=\int_0^x \frac{1}{1+x}\mathrm{d}x,$$

而

$$\frac{1}{1+x}=1-x+x^2-\cdots+(-1)^n x^n+\cdots,\quad x\in(-1,1),$$

两边同时积分，得

$$\ln(1+x)=x-\frac{1}{2}x^2+\frac{1}{3}x^3-\cdots+(-1)^n\frac{1}{n+1}x^{n+1}+\cdots,\quad x\in(-1,1).$$

例 4 把 $f(x)=\sin x$ 展成 $x-\frac{\pi}{4}$ 的幂级数.

解 令 $x-\frac{\pi}{4}=t$，$x=\frac{\pi}{4}+t$，则

$$f(x)=f\left(\frac{\pi}{4}+t\right)=\sin\left(\frac{\pi}{4}+t\right)=\frac{1}{\sqrt{2}}(\sin t+\cos t).$$

因为

$$\sin t=t-\frac{t^3}{3!}+\frac{t^5}{5!}-\cdots+(-1)^n\frac{t^{2n+1}}{(2n+1)!}+\cdots,\quad t\in(-\infty,+\infty),$$

$$\cos t=1-\frac{t^2}{2!}+\frac{t^4}{4!}+\cdots+(-1)^n\frac{t^{2n}}{(2n)!}+\cdots,\quad t\in(-\infty,+\infty),$$

所以

$$\sin x=\frac{1}{\sqrt{2}}\left[1+\left(x-\frac{\pi}{4}\right)-\frac{\left(x-\frac{\pi}{4}\right)^2}{2!}-\frac{\left(x-\frac{\pi}{4}\right)^3}{3!}+\cdots\right],\quad x\in(-\infty,+\infty).$$

练习题 5.4

(A)

将下面的函数展成 x 的幂级数：

(1) $f(x)=a^x$ ($a>0$，且 $a\neq 1$)；　　(2) $f(x)=e^{-x^2}$；

(3) $f(x)=\sin\frac{x}{3}$；　　(4) $f(x)=\arctan x$；

(5) $f(x)=\dfrac{1}{2+x}$ $\left(提示：\dfrac{1}{2+x}=\dfrac{1}{2\left(1+\dfrac{x}{2}\right)}\right)$.

(B)

将下面的函数在指定点处展成幂级数：

(1) $f(x)=\dfrac{1}{x}$, $x=3$；

(2) $f(x)=\sin x$, $x=\dfrac{\pi}{2}$.

*5.5 傅里叶级数

在工程技术中经常会遇到周期函数，通常将周期函数表示成各项均由三角函数所组成的级数——三角级数. 本节主要介绍把函数表示成三角级数的条件、方法以及三角级数的敛散性.

5.5.1 三角级数

1. 三角函数系的正交性

我们把

$$1,\ \cos x,\ \sin x,\ \cos 2x,\ \sin 2x,\ \cdots,\ \cos nx,\ \sin nx,\ \cdots \tag{1}$$

称为**三角函数系**.

因为 2π 是三角函数系中每个函数的周期，所以我们研究在区间 $[-\pi,\pi]$ 上三角函数系的性质，可以证明

$$\int_{-\pi}^{\pi}\sin mx\cos nx\mathrm{d}x=0;$$

$$\int_{-\pi}^{\pi}\sin mx\sin nx\mathrm{d}x=\begin{cases}0, & m\neq n,\\ \pi, & m=n\neq 0;\end{cases}$$

$$\int_{-\pi}^{\pi}\cos mx\cos nx\mathrm{d}x=\begin{cases}0, & m\neq n,\\ \pi, & m=n\neq 0.\end{cases}$$

即，在三角函数系 (1) 中，在区间 $[-\pi,\pi]$ 上任何两个不同函数的积的定积分等于零. 相同两个函数的积的定积分不等于零. 这个性质称为**三角函数系的正交性**.

2. 三角级数

称表达式

$$\frac{a_0}{2}+a_1\cos x+b_1\sin x+a_2\cos 2x+b_2\sin 2x+\cdots+a_n\cos nx+b_n\sin nx+\cdots$$

或

$$\frac{a_0}{2}+\sum_{n=1}^{\infty}(a_n\cos nx+b_n\sin nx)\ （其中\ a_0,\ a_n,\ b_n(n=1,\ 2,\ \cdots)\ 为常数）\quad (2)$$

为**三角级数**.

5.5.2 傅里叶级数

设以 2π 为周期的函数 $f(x)$ 在区间 $[-\pi,\ \pi]$ 上能展成三角级数,

$$f(x)=\frac{a_0}{2}+\sum_{n=1}^{\infty}(a_n\cos nx+b_n\sin nx),$$

其系数

$$\begin{cases} a_n=\dfrac{1}{\pi}\displaystyle\int_{-\pi}^{\pi}f(x)\cos nx\mathrm{d}x\ (n=0,\ 1,\ 2,\ \cdots), \\ b_n=\dfrac{1}{\pi}\displaystyle\int_{-\pi}^{\pi}f(x)\sin nx\mathrm{d}x\ (n=1,\ 2,\ 3,\ \cdots) \end{cases} \quad (3)$$

存在，称三角级数（2）为**傅里叶级数**，由式（3）所确定的系数称为**傅里叶系数**.

那么傅里叶级数是否收敛于 $f(x)$ 呢?

定理（收敛定理，狄利克雷充分条件） 设 $f(x)$ 是周期为 2π 的周期函数. 如果 $f(x)$ 满足在一个周期内连续或只有有限个第一类间断点，并且至多只有有限个极值点，则 $f(x)$ 的傅里叶级数收敛，并且

（1）当 x 是 $f(x)$ 的连续点时，级数收敛于 $f(x)$；

（2）当 x 是 $f(x)$ 的间断点时，级数收敛于 $\dfrac{f(x^+)+f(x^-)}{2}$.

狄利克雷收敛定理告诉我们：只要函数 $f(x)$ 在区间 $[-\pi,\ \pi]$ 上至多只有有限个第一类间断点，则函数 $f(x)$ 的傅里叶级数在函数的连续点处收敛于该点的函数值，在函数的间断点处收敛于该点处的函数的左极限与右极限的算术平均值. 由此可见，函数展开成傅里叶级数的条件要比函数展开成幂级数的条件低得多.

例 1 将函数 $f(x)=\begin{cases} x, & -\pi<x\leqslant 0, \\ 0, & 0<x\leqslant\pi \end{cases}$ 展成傅里叶级数.

解 首先求傅里叶系数.

$$a_0=\frac{1}{\pi}\int_{-\pi}^{\pi}f(x)\mathrm{d}x=\frac{1}{\pi}\int_{-\pi}^{0}x\mathrm{d}x=\frac{1}{2\pi}x^2\Big|_{-\pi}^{0}=-\frac{\pi}{2},$$

$$a_n=\frac{1}{\pi}\int_{-\pi}^{\pi}f(x)\cos nx\mathrm{d}x=\frac{1}{\pi}\int_{-\pi}^{0}x\cos nx\mathrm{d}x,$$

$$=\frac{1}{\pi}\left(\frac{x\sin nx}{n}+\frac{\cos nx}{n^2}\right)\Bigg|_{-\pi}^{0}=\frac{1}{\pi n^2}(1-\cos n\pi)$$

$$=\frac{1}{\pi n^2}[1-(-1)^n]=\begin{cases}\dfrac{2}{\pi n^2}, & n\text{ 是奇数},\\ 0, & n\text{ 是偶数},\end{cases}$$

$$b_n=\frac{1}{\pi}\int_{-\pi}^{\pi}f(x)\sin nx\mathrm{d}x=\frac{1}{\pi}\int_{-\pi}^{0}x\sin nx\mathrm{d}x$$

$$=\frac{1}{\pi}\left(-\frac{x\cos nx}{n}+\frac{\sin nx}{n^2}\right)\Bigg|_{-\pi}^{0}=-\frac{\cos n\pi}{n}=\frac{(-1)^{n+1}}{n},$$

$$f(x)=-\frac{\pi}{4}+\sum_{n=1}^{\infty}\left\{\frac{1}{\pi n^2}[1-(-1)^n]\cos nx+\frac{(-1)^{n+1}}{n}\sin nx\right\}$$

$$=-\frac{\pi}{4}+\left(\frac{2}{\pi}\cos x+\sin x\right)-\frac{1}{2}\sin 2x+$$

$$\left(\frac{2}{\pi 3^2}\cos 3x+\frac{1}{3}\sin 3x\right)-\frac{1}{4}\sin 4x+\cdots,\quad |x|<\pi.$$

当 $x=\pm\pi$ 时，傅里叶级数收敛于

$$\frac{f((-\pi)^+)+f(\pi^-)}{2}=\frac{-\pi+0}{2}=-\frac{\pi}{2}.$$

例 2 以 2π 为周期的矩形脉冲波，它在区间 $[-\pi,\pi]$ 上的表达式为

$$U(t)=\begin{cases}1, & 0\leqslant t<\pi,\\ -1, & -\pi\leqslant t<0,\end{cases}$$

试将其展成傅里叶级数.

解 函数 $U(t)$ 的图形如图 5-1 所示，先求傅里叶系数.

$$a_0=\frac{1}{\pi}\int_{-\pi}^{\pi}U(t)\mathrm{d}t$$

$$=\frac{1}{\pi}\left[\int_{-\pi}^{0}(-1)\mathrm{d}t+\int_{0}^{\pi}\mathrm{d}t\right]$$

$$=\frac{1}{\pi}\left(-t\Big|_{-\pi}^{0}+t\Big|_{0}^{\pi}\right)=0.$$

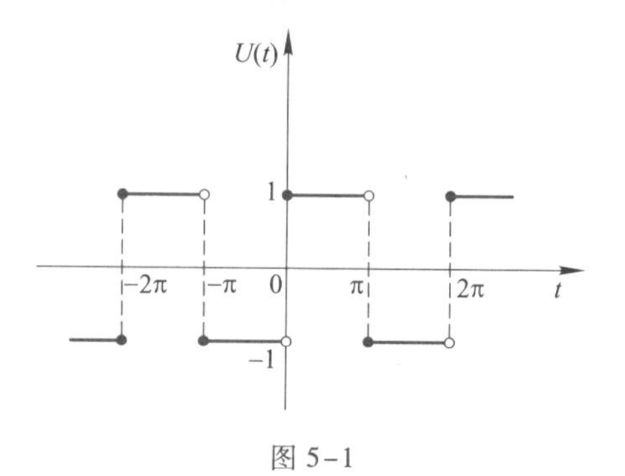

图 5-1

由于 $U(t)$ 为奇函数，$\cos nt$ 为偶函数，所以 $U(t)\cos nt$ 为奇函数，故

$$a_n=\frac{1}{\pi}\int_{-\pi}^{\pi}U(t)\cos nt\mathrm{d}t=0.$$

而 $U(t)$ 与 $\sin nt$ 都为奇函数，则 $U(t)\sin nt$ 为偶函数，所以

$$b_n=\frac{1}{\pi}\int_{-\pi}^{\pi}U(t)\sin nt\mathrm{d}t=\frac{2}{\pi}\int_{0}^{\pi}\sin nt\mathrm{d}t=\begin{cases}\dfrac{4}{n\pi}, & n\text{ 为奇数},\\ 0, & n\text{ 为偶数}.\end{cases}$$

所以，$U(t)$ 的傅里叶级数为

$$\frac{4}{\pi}\left(\sin t+\frac{\sin 3t}{3}+\frac{\sin 5t}{5}+\cdots\right)=\frac{4}{\pi}\sum_{n=1}^{\infty}\frac{\sin(2n-1)t}{2n-1}.$$

当 $t\neq k\pi$ $(k=0, \pm 1, \pm 2, \cdots)$ 时，$U(t)$ 连续，傅里叶级数收敛于$U(t)$；

当 $t=k\pi$ $(k=0, \pm 1, \pm 2, \cdots)$ 时，傅里叶级数收敛于 0.

所以

$$\frac{4}{\pi}\sum_{n=1}^{\infty}\frac{\sin(2n-1)t}{2n-1}=\begin{cases}U(t), & t\neq k\pi,\\ 0, & t=k\pi\end{cases}\quad (k=0, \pm 1, \pm 2, \cdots).$$

5.5.3 奇函数和偶函数的傅里叶级数

(1) 若 $f(x)$ 是以 2π 为周期的偶函数，则 $f(x)\cos nx$ 也是偶函数，而 $f(x)\sin nx$是奇函数. 于是，函数$f(x)$ 的傅里叶系数为

$$a_n=\frac{1}{\pi}\int_{-\pi}^{\pi}f(x)\cos nx\mathrm{d}x=\frac{2}{\pi}\int_0^{\pi}f(x)\cos nx\mathrm{d}x,\ n=0, 1, 2, \cdots,$$

$$b_n=\frac{1}{\pi}\int_{-\pi}^{\pi}f(x)\sin nx\mathrm{d}x=0,\ n=1, 2, 3, \cdots.$$

显然，偶函数的傅里叶级数只含有余弦函数的项，亦称**余弦级数**.

(2) 若 $f(x)$ 是以 2π 为周期的奇函数，则 $f(x)\cos nx$ 也是奇函数，而 $f(x)\sin nx$是偶函数. 于是，函数$f(x)$ 的傅里叶系数为

$$a_n=\frac{1}{\pi}\int_{-\pi}^{\pi}f(x)\cos nx\mathrm{d}x=0,\ n=1, 2, 3, \cdots,$$

$$b_n=\frac{1}{\pi}\int_{-\pi}^{\pi}f(x)\sin nx\mathrm{d}x=\frac{2}{\pi}\int_0^{\pi}f(x)\sin nx\mathrm{d}x,\ n=1, 2, 3, \cdots.$$

显然，奇函数的傅里叶级数只含有正弦函数的项，亦称**正弦级数**.

例 3 将函数 $f(x)=|x|$在区间 $[-\pi, \pi]$ 上展成傅里叶级数.

解 函数 $f(x)=|x|$在区间 $[-\pi, \pi]$ 上是偶函数，有

$$a_0=\frac{2}{\pi}\int_0^{\pi}x\mathrm{d}x=\pi,$$

$$a_n=\frac{2}{\pi}\int_0^{\pi}x\cos nx\mathrm{d}x=\frac{2}{\pi n^2}[(-1)^n-1]=\begin{cases}-\dfrac{4}{\pi n^2}, & n\text{ 是奇数},\\ 0, & n\text{ 是偶数},\end{cases}$$

$$b_n=0.$$

于是

$$|x|=\frac{\pi}{2}-\frac{4}{\pi}\left(\cos x+\frac{\cos 3x}{3^2}+\frac{\cos 5x}{5^2}+\cdots\right),\quad |x|\leqslant\pi.$$

例 4 将函数 $f(x)=x$ 在区间 $(-\pi, \pi)$ 上展开成傅里叶级数.

解 函数 $f(x)=x$ 在区间 $(-\pi,\pi)$ 上是奇函数，有

$$a_n=0,\ b_n=\frac{2}{\pi}\int_0^{\pi}x\sin nx\mathrm{d}x=(-1)^{n+1}\frac{2}{n}.$$

于是

$$x=2\left(\frac{\sin x}{1}-\frac{\sin 2x}{2}+\frac{\sin 3x}{3}-\cdots\right),\quad |x|<\pi.$$

将函数 $f(x)$ 在区间 $[0,\pi]$ 上展成傅里叶级数，为了便于计算傅里叶系数，将函数 $f(x)$ 延拓到区间 $[-\pi,0)$ 上，使其延拓的函数在区间 $[-\pi,\pi]$ 上是偶函数或奇函数，即称函数 $f(x)$ 的**偶延拓**或**奇延拓**，亦称函数 $f(x)$ 的**偶式展开**或**奇式展开**.

由傅里叶系数公式，得

(1) 偶式展开 $a_n=\dfrac{2}{\pi}\displaystyle\int_0^{\pi}f(x)\cos nx\mathrm{d}x,\ b_n=0$；

(2) 奇式展开 $a_n=0,\ b_n=\dfrac{2}{\pi}\displaystyle\int_0^{\pi}f(x)\sin nx\mathrm{d}x.$

练习题 5.5

(A)

1. 将函数 $f(x)=\begin{cases}-1, & -\pi\leqslant x<0,\\ 1, & 0\leqslant x<\pi\end{cases}$ 展开成傅里叶级数.

2. 将函数 $f(x)=\dfrac{\pi-x}{2}(0\leqslant x\leqslant 2\pi)$ 展开成傅里叶级数.

3. 将函数 $f(x)=x^2(-\pi\leqslant x\leqslant\pi)$ 展开成傅里叶级数.

(B)

1. 将函数 $f(x)=\begin{cases}0, & -\pi\leqslant x\leqslant 0,\\ 1, & 0<x\leqslant\pi\end{cases}$ 展开成傅里叶级数.

2. 将函数 $f(x)=\begin{cases}-x, & -\pi\leqslant x<0,\\ x, & 0\leqslant x\leqslant\pi\end{cases}$ 展开成傅里叶级数.

5.6 用 MATLAB 进行级数运算

5.6.1 用 MATLAB 求级数的和

收敛的级数，不论是数项级数还是函数项级数，都有求和问题. 在MATLAB

中提供了级数求和的函数 symsum( )，调用格式为 symsum(s, x, a, b)，含义是级数的通项表达式 s 中关于变量 x 从 a 到 b 进行求和. 如果不指定 a 和 b，则求和的自变量 x 将从 1 开始到 x-1 结束. 如果不指定 x，则系统将对通项表达式 s 中默认的变量进行求和.

例 1 求级数 $1+2+3+\cdots+(k-1)$ 的和以及 $1+2+3+\cdots+(k-1)+\cdots$ 的和.

解 在实时编辑器编辑、运行以下代码：

```
clear
syms k
symsum(k)
symsum(k,1,inf)
```

结果为

$$\text{ans}=\frac{k^2}{2}-\frac{k}{2}$$

$$\text{ans} =\infty$$

例 2 求级数 $1+\frac{1}{2^2}+\frac{1}{3^2}+\cdots+\frac{1}{k^2}+\cdots$ 的和.

解 在实时编辑器编辑、运行以下代码：

```
clear
syms k
symsum(k)
symsum(1/k^2,1,inf)
```

结果为 $\text{ans}=\frac{\pi^2}{6}$

例 3 求幂级数 $\sum\limits_{n=0}^{\infty}\frac{x^n}{n+1}$ 的和函数.

解 在实时编辑器编辑、运行以下代码：

```
clear
syms x n
symsum(x^n/(n+1),n,0,inf)
```

结果为 $\text{ans}=\begin{cases}\infty, & \text{if } 1\leqslant x,\\ -\frac{\log\ (1-x)}{x}, & \text{if } |x|\leqslant 1 \hat{}\ x\neq 1.\end{cases}$

5.6.2 用 MATLAB 将函数展成泰勒级数

在 MATLAB 中函数的泰勒展开有命令函数 taylor( )，调用格式为 taylor(s,

n，x，a)，含义是计算函数表达式 s 在自变量 x 等于 a 处的 n-1 阶泰勒级数展开式. 如果不指定 n，则求 5 阶泰勒展开式. 如果不指定 a，默认为 0，即求麦克劳林级数. 如果不指定 x，则系统将对通项表达式 s 中默认的自变量求级数.

例 4 将函数 $f(x)=e^x$ 展开成 x 的 5 阶幂级数.

解 在实时编辑器编辑、运行以下代码：

```
clear
syms x
taylor(exp(x))
```

结果为

ans =

$$\frac{x^5}{120}+\frac{x^4}{24}+\frac{x^3}{6}+\frac{x^2}{2}+x+1$$

例 5 将函数 $f(x)=\frac{1}{x^2+1}$ 展开成 $(x-1)$ 的 8 阶幂级数.

解 在实时编辑器编辑、运行以下代码：

```
clear
syms x
taylor(1/(1+x^2),x,1,'order',9)
```

结果为

ans =

$$\frac{(x-1)^2}{4}-\frac{x}{2}-\frac{(x-1)^4}{8}+\frac{(x-1)^5}{8}-\frac{(x-1)^6}{16}+\frac{(x-1)^8}{32}+1$$

*5.6.3 用 MATLAB 将函数展成傅里叶级数

将一个函数 $f(x)$ 展开为傅里叶级数：

$$f(x)=\frac{a_0}{2}+\sum_{n=1}^{\infty}(a_n\cos nx+b_n\sin nx)$$

其实就是要求出其中的系数 a_n 和 b_n，它们的计算公式如下：

$$a_0=\frac{1}{\pi}\int_{-\pi}^{\pi}f(x)\,dx,$$

$$a_n=\frac{1}{\pi}\int_{-\pi}^{\pi}f(x)\cos nx\,dx,$$

$$b_n=\frac{1}{\pi}\int_{-\pi}^{\pi}f(x)\sin nx\,dx\quad(n=1,2,\cdots).$$

这样，结合 MATLAB 的积分命令 int( ) 就可以计算这些系数，从而就可以进行函数的傅里叶展开了.

例 6 求函数 $f(x)=x$ 在 $[-\pi,\ \pi]$ 上的傅里叶级数.

解 编写 MATLAB 程序，先求出傅里叶系数 $a=(a_0,\ a_1,\ a_2,\ \cdots)$，$b=(b_1,\ b_2,\ \cdots)$，然后利用系数写出该函数的傅里叶级数. 该程序为.M文件. 程序如下：

```
syms x;
k=3;  % k 为需要展开的项数
f=x;  % f 为需要展开的函数
a0=int(f,x,-pi,pi)/pi;
for n=1:k
a(n)=int(f*cos(n*x),x,-pi,pi)/pi;% 求出傅里叶系数 a=(a1,
a2,…),
b(n)=int(f*sin(n*x),x,-pi,pi)/pi;% 求出傅里叶系数 b=(b1,
b2,…)
end
for n=1:k
    co(n)=cos(n*x);% 傅里叶级数的余弦项
    si(n)=sin(n*x);% 傅里叶级数的正弦项
end
    f=co.*a+si.*b;
    g=0;
for n=1:k
   g=f(n)+g;
end
f=a0/2+g  % 求出傅里叶级数
```

在实时编辑器运行，运行输出结果为

f=

$$\frac{2\sin(3x)}{3}-\sin(2x)+2\sin(x)$$

当 k 改为 5，则输出结果

f=

$$\frac{2\sin(3x)}{3}-\sin(2x)-\frac{\sin(4x)}{2}+\frac{2\sin(5x)}{5}+2\sin(x)$$

当 k 改为 10，则输出结果

f=

$$\frac{2\sin(3x)}{3}-\sin(2x)-\frac{\sin(4x)}{2}+\frac{2\sin(5x)}{5}-\frac{\sin(6x)}{3}+\frac{2\sin(7x)}{7}-\frac{\sin(8x)}{4}+\frac{2\sin(9x)}{9}-\frac{\sin(10x)}{5}+2\sin(x)$$

为了能够直观地展示傅里叶级数的效果，将展为3、5、10项的效果图绘制出来．其M文件的MATLAB代码如下，效果图为图5-2：

```
x=-pi:0.01:pi;
f3=2/3*sin(3*x)-sin(2*x)+2*sin(x);
f5=2/5*sin(5*x)-1/2*sin(4*x)+2/3*sin(3*x)-sin(2*x)+2*
sin(x);
f10=-1/5*sin(10*x)+2/9*sin(9*x)-1/4*sin(8*x)+2/7*sin(7*
x)-1/3*sin(6*x)+2/5*sin(5*x)-1/2*sin(4*x)+2/3*sin(3*x)-
sin(2*x)+2*sin(x);
hold on
plot(x,x,'m','linewidth',2);
plot(x,f3,'r','linewidth',2);
text(2.35,1.5,'k=3\rightarrow','fontsize',14);
plot(x,f5,'-.k','linewidth',2);
text(2.0,3.1,'k=5\rightarrow','fontsize',14);
plot(x,f10,'.b');
text(2.25,3.5,'k=10\rightarrow','fontsize',14);
```

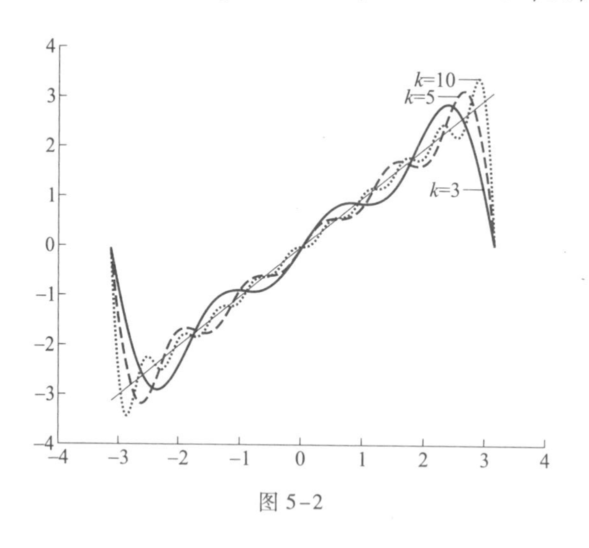

图5-2

例7 将函数$f(x)=x+1$在区间$[0,\pi]$上分别展开成正弦级数和余弦级数．

先求正弦级数，为此对函数$f(x)$进行奇延拓．只要对例6中的程序略作修改得到M文件，程序代码如下：

```
syms x;
k=6;  % k为需要展开的项数
f=x+1;  % f为需要展开的函数
for n=1:k
```

```
    b(n)=2*int(f*sin(n*x),x,0,pi)/pi;% 求出傅里叶系数 b=(b1,
b2,…)
    end
    for n=1:k
        si(n)=sin(n*x);% 傅里叶级数的正弦项
    end
        f=si.*b;
        g=0;
for n=1:k
        g=f(n)+g;
    end
    f=g  % 求出傅里叶级数
```

在实时编辑器运行,结果为

f =

$$\frac{\sin(x)(2\pi+4)}{\pi}-\frac{\sin(4x)}{2}-\frac{\sin(6x)}{3}-\sin(2x)+\frac{\sin(3x)\left(\frac{2\pi}{3}+\frac{4}{3}\right)}{\pi}+\frac{\sin(5x)\left(\frac{2\pi}{5}+\frac{4}{5}\right)}{\pi}$$

对于求余弦级数，可对函数 $f(x)$ 进行偶延拓求得 $f(x)$ 的余弦级数. 同正弦级数类似，M 文件程序代码如下：

```
    syms x;
    k=6;  %  k 为需要展开的项数
    f=x+1;  %  f 为需要展开的函数
    a0=int(f,x,0,pi)/pi;
    for n=1:k
    a(n)=2*int(f*cos(n*x),x,0,pi)/pi;  % 求出傅里叶系数 a=(a1,
a2,…),
    end
    for n=1:k
        co(n)=cos(n*x);  % 傅里叶级数的余弦项
    end
        f=co.*a;
        g=0;
    for n=1:k
        g=f(n)+g;
    end
    f=a0/2+g  % 求出傅里叶级数
```

在实时编辑器运行，

f=

$$\frac{\pi}{2}-\frac{4\cos(3x)}{9\pi}-\frac{4\cos(5x)}{25\pi}-\frac{4\cos(x)}{\pi}+1$$

为了能够直观地展示傅里叶级数的效果，将展为6项的正弦级数和余弦级数效果图绘制出来. 其M文件的MATLAB代码如下，效果图为图5-3.

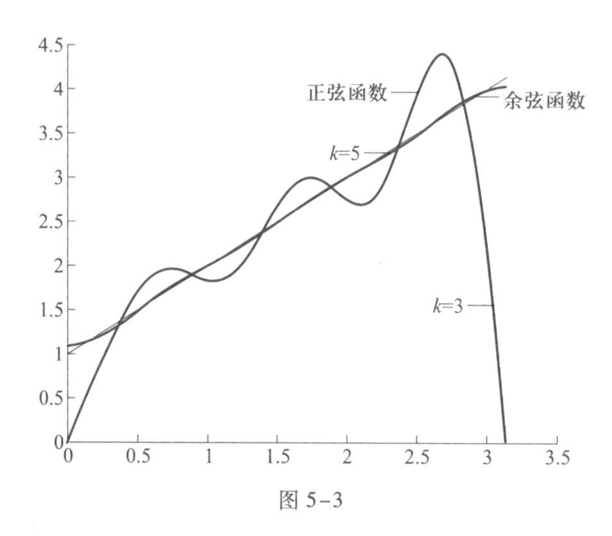

图 5-3

```
x=0:0.01:pi;
fsin=-1/3*sin(6*x)+sin(5*x)*(2/5*pi+4/5)/pi-1/2*sin(4*x)+
sin(3*x)*(2/3*pi+4/3)/pi-sin(2*x)+sin(x)*(2*pi+4)/pi;
fcos=(1/2*pi^2+pi)/pi-4/25*cos(5*x)/pi-4/9*cos(3*x)/pi-4*
cos(x)/pi;
hold on
plot(x,x+1,'m','linewidth',1);
plot(x,fsin,'r','linewidth',2);
text(2.35,1.5,'k=3\rightarrow','fontsize',14);
plot(x,fcos,'-k','linewidth',1);
text(2.0,3.1,'k=5\rightarrow','fontsize',14);
```

练习题 5.6

(A)

1. 将函数 $f(x)=\sin\frac{x}{3}$ 展成 x 的幂级数.

2. 求级数 $\sum_{n=0}^{\infty}\frac{2^n-1}{2^n}$ 的和.

3. 将函数 $f(x)=\frac{\pi-x}{2}$ $(0\leqslant x\leqslant 2\pi)$ 展开成傅里叶级数.

(B)

1. 将函数 $f(x)=\frac{1}{2x+1}$ 展开成 x 的幂级数.

2. 求级数 $\sum\limits_{n=1}^{\infty}\sin\frac{\pi}{4^n}$ 的和.

3. 将函数 $f(x)=x^2$ $(-\pi\leqslant x\leqslant\pi)$ 展开成傅里叶级数.

5.7 数学模型案例——银行存款问题

1. 问题的描述

如果银行要实行一种新的存款与付款方式，即某人在银行存入一笔存款，希望 n 年末取出 n^2 元 $(n=1,2,3,\cdots)$，并且永远照此规律提取，问事先需要存入多少本金？

2. 模型的建立与求解

设本金为 A，年利率为 p，按照复利的计算方法，第一年末的本利和（本金与利息之和）为 $A(1+p)$，第 n 年末的本利和为

$$A(1+p)^n(n=1,2,3,\cdots).$$

假定存 n 年的本金为 A_n，则第 n 年末的本利和为

$$A_n(1+p)^n(n=1,2,3,\cdots).$$

为保证某人的要求得以实现，即第 n 年末取出 n^2 元，那么，必须要求第 n 年末的本利和至少等于 n^2 元，即 $A_n(1+p)^n=n^2$，也就是说，应满足如下条件：

$$A_1(1+p)=1,\ A_2(1+p)^2=4,\ A_3(1+p)^3=9,\ \cdots,\ A_n(1+p)^n=n^2.$$

因此，第 n 年末要取出 n^2 元，事先应存入的本金 $A_n=n^2(1+p)^{-n}$，如果还要求此种存款方式永远继续下去，则事先应存入的本金总数应为

$$\sum_{n=1}^{\infty}n^2(1+p)^{-n}=\frac{1}{1+p}+\frac{4}{(1+p)^2}+\cdots+\frac{n^2}{(1+p)^n}+\cdots,$$

这是一个正项级数，利用比值审敛法：

$$\lim_{n\to\infty}\frac{u_{n+1}}{u_n}=\lim_{n\to\infty}\frac{(n+1)^2}{(1+p)^{n+1}}\ \frac{(1+p)^n}{n^2}=\frac{1}{1+p}<1.$$

显然级数是收敛的，为了求得本金总数，需要求它的总和.

由于上述常数项级数是幂级数 $\sum\limits_{n=1}^{\infty}n^2x^n$ 的和函数在 $x=\frac{1}{1+p}$ 处的值，因此，应

当先求出该幂级数的和函数.

于是

$$\frac{x}{1-x}=\sum_{n=1}^{\infty}x^n=1+x+x^2+\cdots+x^n+\cdots\quad(x\in(-1,\ 1)),$$

$$\frac{1}{(1-x)^2}=\sum_{n=1}^{\infty}nx^{n-1}\quad(x\in(-1,\ 1)),$$

$$\frac{x}{(1-x)^2}=\sum_{n=1}^{\infty}nx^n\quad(x\in(-1,\ 1)).$$

对上式两端求导，得

$$\frac{1+x}{(1-x)^3}=\sum_{n=1}^{\infty}n^2x^{n-1}\quad(x\in(-1,\ 1)),$$

所以

$$\sum_{n=1}^{\infty}n^2x^n=\frac{x+x^2}{(1-x)^3}\quad(x\in(-1,\ 1)),$$

在上式中取 $x=\frac{1}{1+p}$，便得所求的本金总数，即

$$\sum_{n=1}^{\infty}n^2(1+p)^{-n}=\frac{(1+p)(2+p)}{p^3}.$$

3. 模型讨论

(1) 如果年利率为 10%，不难算出需要事先存入本金 2 310 元，如果年利率 5%，不难算出需要事先存入本金 17 200 元，如果年利率为 2%，则需要事先存入本金 257 550 元.

(2) 如果换一种提取方式，第 n 年末取出 n 或 n^3 元等，也可以算出事先应存入的本金数.

(3) 但并非按照任何提款方式都可以实现，例如，要想第 n 年末提取 $(1+p)^n$ 元，永远按此规律提取是不现实的. 因为这时需要存入的本金总数为

$$\sum_{n=1}^{\infty}(1+p)^n(1+p)^{-n}=1+1+\cdots+1+\cdots,$$

这个级数是发散的，本金总和是无穷大.

自测与提高

1. 判定下列级数的敛散性：

(1) $\sum\limits_{n=1}^{\infty}\frac{1}{n^2+3}$；　(2) $\sum\limits_{n=1}^{\infty}\frac{n+1}{2n-1}$；　(3) $\sum\limits_{n=1}^{\infty}\frac{2^n n!}{n^n}$；

(4) $\sum_{n=1}^{\infty}\frac{(-1)^{n}n}{n+3}$;　　(5) $\sum_{n=1}^{\infty}\frac{(-1)^{n}n^{3}}{3^{n}}$.

2. 求下列级数的收敛域及收敛半径:

(1) $\sum_{n=1}^{\infty}\frac{2^{n}}{n}x^{n}$;　　(2) $\sum_{n=1}^{\infty}\frac{1}{n2^{n}}x^{n}$;　　(3) $\sum_{n=1}^{\infty}\frac{1}{(2n-1)3^{n}}(x-2)^{n}$.

3. 求下列幂级数的和函数:

(1) $\sum_{n=1}^{\infty}\frac{1}{n}x^{n}$;　　(2) $\sum_{n=1}^{\infty}(n+1)x^{n}$.

4. 把函数 $f(x)=\frac{x}{1+x}$ 展开成 x 的幂级数.

专升本备考专栏5

考试基本要求

典型例题及精解

人文素养阅读5

傅里叶分析的创始人——傅里叶

第6章 空间曲面与曲线

不懂几何者免进.

——柏拉图

空间曲面与曲线把数学研究的两个基本对象“数”与“形”统一起来，可以用代数方法解决几何问题，也可以用几何方法解决代数问题. 本章，在建立空间直角坐标系的基础上，学习向量及其运算律，以向量为工具，讨论空间平面和直线方程，并介绍空间曲面和空间曲线及投影.

6.1 空间直角坐标系与向量

在平面直角坐标系内，将平面上的任意点 P 与有序实数对 (x, y) 之间建立一一对应关系，由此将平面曲线与方程建立了一一对应关系. 为了建立空间图形与方程的联系，我们需要建立空间的点与有序数组之间的一一对应关系，这种对应关系可以通过建立空间直角坐标系来实现.

6.1.1 空间直角坐标系

在空间中任意取一点 O，过点 O（即**坐标原点**）作三条相互垂直的直线，它们都以 O 为原点；一般具有相同的单位长度；分别选取它们的正向，使它们成为三条数轴，分别称为 x 轴（**横轴**），y 轴（**纵轴**），z 轴（**竖轴**），统称为**坐标轴**. 三个坐标轴正向一般构成右手系，即用右手握着 z 轴，当右手四指从 x 轴正向以逆时针旋转 $90°$ 转向 y 轴正向时，大拇指的指向就是 z 轴的正向，如图 6-1 所示. 这样就构成了**空间直角坐标系**.

在空间直角坐标系中，任意两条坐标轴所确定的平面称为**坐标面**. 由 x 轴，

y 轴所确定的坐标面为 xOy，同理还有坐标面 yOz，xOz. 三个坐标平面把空间分为八个部分，称为八个**卦限**，用大写罗马数字表示，其顺序如图 6-2 所示.

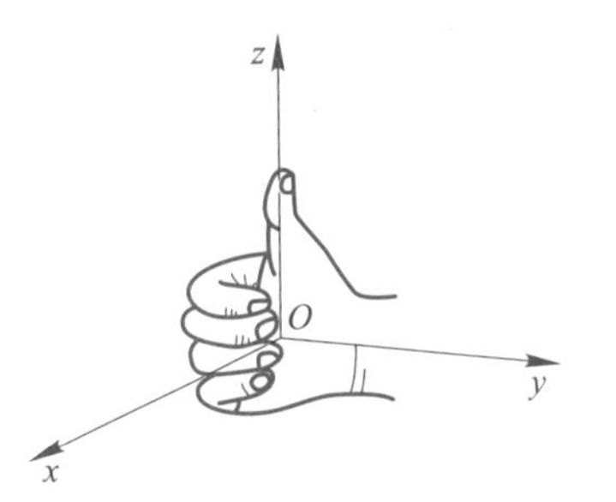

图 6-1

空间直角坐标系

对于空间任意点 P，可确定它的坐标如下：通过 P 点，作三个平面分别和三个坐标面平行，它们和坐标轴 Ox，Oy，Oz 依次交于点 A，B，C（如图 6-3），这三点在 Ox，Oy，Oz 上的坐标分别为 x，y，z. 由立体几何知道，已给一个平面，经过平面外一点可以作唯一的一个平面平行于所给平面. 所以给定点 P 后，就唯一确定一个有序三元数组 (x, y, z). 反之，对任意一个有序三元数组 (x, y, z)，可依次在坐标轴 Ox，Oy，Oz 上确定 A，B，C 三点（如图 6-3），它们在各坐标轴上的坐标依次是 x，y，z. 经过点 A，B，C 作平面平行于坐标面 yOz，xOz，xOy，这三个平面互相垂直，交于唯一的一点 P. 可见任意一个有序三元数组 (x, y, z) 唯一确定空间一点 P，于是，利用空间直角坐标系，就建立了空间的点 P 与有序三元数组 (x, y, z) 之间的一一对应关系. 称 (x, y, z) 为点 P 的**坐标**，通常记为 $P(x, y, z)$. x，y 和 z 依次称为点 P 的**横坐标**、**纵坐标**和**竖坐标**.

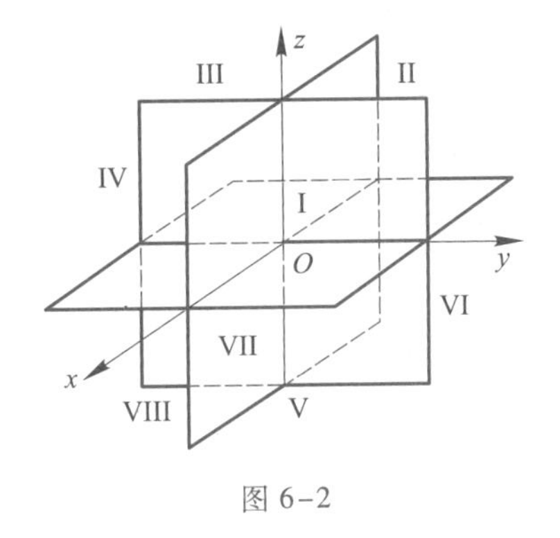

图 6-2

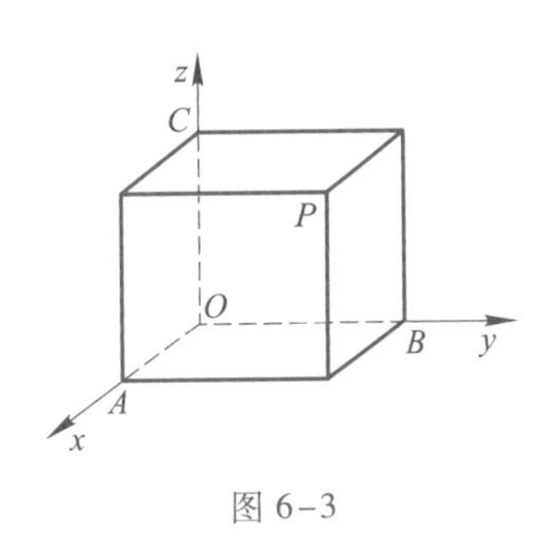

图 6-3

空间直角坐标系中，八个卦限中的点的坐标特点，见表 6-1.

表 6-1

坐标 \ 卦限	I	II	III	IV	V	VI	VII	VIII
x	+	−	−	+	+	−	−	+
y	+	+	−	−	+	+	−	−
z	+	+	+	+	−	−	−	−

坐标面上的点，它们的三个坐标中必有一个为零，见表 6-2.

表 6-2

坐标面	xOy	yOz	zOx
坐标面上点的特点	$z=0$	$x=0$	$y=0$

坐标轴上的点，它们的三个坐标中必有两个为零，见表 6-3.

表 6-3

坐标轴	x	y	z
坐标轴上点的特点	$y=0$，$z=0$	$x=0$，$z=0$	$x=0$，$y=0$

据平面解析几何知识，由平面上两点 $M_1(x_1, y_1)$，$M_2(x_2, y_2)$ 间的距离公式

$$|M_1M_2|=\sqrt{(x_2-x_1)^2+(y_2-y_1)^2},$$

推广到空间 $M_1(x_1, y_1, z_1)$，$M_2(x_2, y_2, z_2)$ 间的距离公式为

$$|M_1M_2|=\sqrt{(x_2-x_1)^2+(y_2-y_1)^2+(z_2-z_1)^2}.$$

6.1.2 向量的概念及其运算

1. 向量的概念

在自然科学和工程技术中经常遇到的量大致可分为两类：一类是只有大小的量，例如，长度、面积、密度、体积、流量等，这一类量称为**数量**（或**标量**）；另一类既有大小又有方向的量，例如，力、速度、加速度等，这一类量称为**向量**（或**矢量**）.

在数学上，常用有向线段表示向量，有向线段的长度表示向量的大小，有向线段的方向表示向量的方向，以 A 为起点，B 为终点的有向线段表示的向量，记为$\overrightarrow{AB}$，如图 6-4，其中第一个字母 A 是起点，第二个字母 B 是终点. 习惯上也用小写黑体字母表示向量，例如，$\boldsymbol{a}$，$\boldsymbol{b}$，$\boldsymbol{c}$ 等.

图 6-4

向量 $\boldsymbol{a}$ 的大小称为向量的**模**（或向量的**长度**），记为 $|\boldsymbol{a}|$. 模等于 1 的向量称为**单位向量**；模等于 0 的向量称为**零向量**，记为 $\boldsymbol{0}$，零向量没有确定的方向，也可以认为其方向是任意的.

规定　两个方向相同，模相等的向量称为**相等向量**.

有些向量与其起点有关，有些向量与其起点无关，在数学上我们仅讨论与起点无关的向量，即两个向量，在空间经过平行移动能使它们重合，就认为这两个向量相等，这种与起点无关的向量称为**自由向量**. 特别规定：一切零向量都相等.

向量的概念及其运算

2. **向量的运算**

下面分别介绍向量的加法、减法以及数与向量的乘法运算.

(1) 向量的加法

定义 1（向量加法） 设已给向量 $\boldsymbol{a}$，$\boldsymbol{b}$，以任意点 O 为起点，作$\overrightarrow{OA}=\boldsymbol{a}$，$\overrightarrow{OB}=\boldsymbol{b}$，再以 OA，OB 为边作平行四边形 $OACB$，则对角线上的向量$\overrightarrow{OC}=\boldsymbol{c}$ 就是向量 $\boldsymbol{a}$，$\boldsymbol{b}$ 之和，记作 $\boldsymbol{a}+\boldsymbol{b}=\boldsymbol{c}$. 这种求向量和的作图法称为**平行四边形法则**.

求向量和还有另一种方法：由于向量可以在空间平行移动，从空间一点 O 引向量$\overrightarrow{OB}=\boldsymbol{b}$，从 $\boldsymbol{b}$ 的终点 B 引向量$\overrightarrow{BC}=\boldsymbol{a}$，则向量$\overrightarrow{OC}=\boldsymbol{c}$，就是 $\boldsymbol{a}$，$\boldsymbol{b}$ 之和，$\boldsymbol{c}=\boldsymbol{a}+\boldsymbol{b}$ ($\overrightarrow{OC}=\overrightarrow{OB}+\overrightarrow{BC}$). 这种作图法称为**三角形法则**.

(2) 向量的减法

定义 2 若向量与 $\boldsymbol{a}$ 的长度相等，方向相反，则称它为 $\boldsymbol{a}$ 的**负向量**，记为$-\boldsymbol{a}$. 方向相同或相反的向量称为**平行向量**.

定义 3（向量减法） $\boldsymbol{a}-\boldsymbol{b}=\boldsymbol{a}+(-\boldsymbol{b})$.

对已给向量 $\boldsymbol{a}$，$\boldsymbol{b}$，以任意点 O 为起点，作$\overrightarrow{OA}=\boldsymbol{a}$，$\overrightarrow{OB}=\boldsymbol{b}$，则由$\overrightarrow{OB}$的终点 B 到$\overrightarrow{OA}$的终点 A 的向量$\overrightarrow{BA}$即为 $\boldsymbol{a}-\boldsymbol{b}$（图 6-5）. 这种作图法称为**向量减法的三角形法则**.

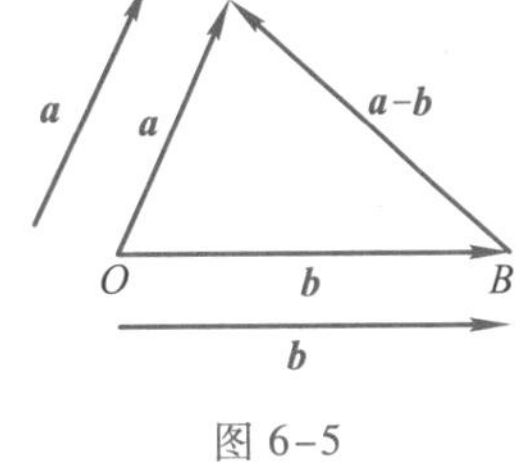

图 6-5

(3) 向量与数的乘法

定义 4 设 λ 为一实数，$\boldsymbol{a}$ 为向量，则 $\lambda\boldsymbol{a}$ 是一向量. 规定向量 $\lambda\boldsymbol{a}$ 的模等于 $|\boldsymbol{a}|$ 与数 $|\lambda|$ 的乘积，即 $|\lambda\boldsymbol{a}|=|\lambda||\boldsymbol{a}|$；当 $\lambda>0$ 时，$\lambda\boldsymbol{a}$ 与 $\boldsymbol{a}$ 同方向，当$\lambda<0$时，$\lambda\boldsymbol{a}$ 与 $\boldsymbol{a}$ 反方向，当 $\lambda=0$ 时，$\lambda\boldsymbol{a}$ 为零向量，则称向量 $\lambda\boldsymbol{a}$ 为**向量 $\boldsymbol{a}$ 与数 λ 的乘积**.

向量的加法与数乘满足以下运算律（$\boldsymbol{a}$，$\boldsymbol{b}$，$\boldsymbol{c}$ 为向量，λ，μ 为实数）：

交换律：$\boldsymbol{a}+\boldsymbol{b}=\boldsymbol{b}+\boldsymbol{a}$；

结合律：$(\boldsymbol{a}+\boldsymbol{b})+\boldsymbol{c}=\boldsymbol{a}+(\boldsymbol{b}+\boldsymbol{c})$；

$\lambda(\mu\boldsymbol{a})=(\lambda\mu)\boldsymbol{a}=\mu(\lambda\boldsymbol{a})$；

分配律：$(\lambda+\mu)\boldsymbol{a}=\lambda\boldsymbol{a}+\mu\boldsymbol{a}$；

$\lambda(\boldsymbol{a}+\boldsymbol{b})=\lambda\boldsymbol{a}+\lambda\boldsymbol{b}$.

从向量与数乘法的定义可以看出，两个非零向量 $\boldsymbol{a}$ 与 $\boldsymbol{b}$ 平行的充要条件是

$$\boldsymbol{a}=\lambda\boldsymbol{b}\ (\lambda\neq 0).$$

把与非零向量 $\boldsymbol{a}$ 同方向的单位向量称为 $\boldsymbol{a}$ 的单位向量，记作 $\boldsymbol{a}^0$，显然有

$$\boldsymbol{a}^0=\frac{\boldsymbol{a}}{|\boldsymbol{a}|}\text{或 }\boldsymbol{a}=|\boldsymbol{a}|\boldsymbol{a}^0.$$

6.1.3　向量的坐标表达式

1. 向径及其坐标表示

起点为坐标原点，终点为空间一点 $P(x, y, z)$ 的向量$\overrightarrow{OP}$称为点 P 的**向径**，如图 6-6 所示，记为 $\gamma(P)=\overrightarrow{OP}$.

向量的坐标表达式

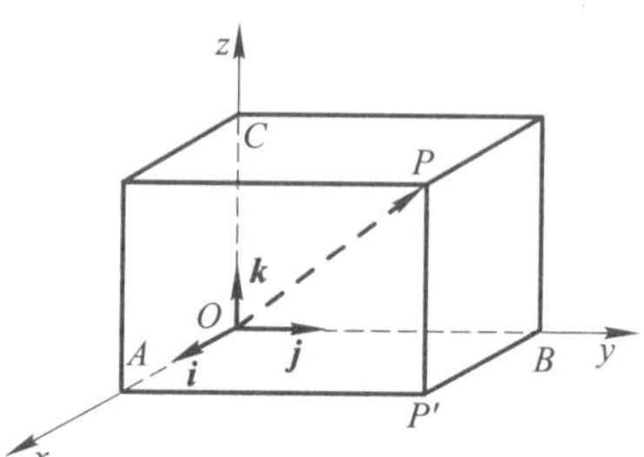

图 6-6

设 $\boldsymbol{i}, \boldsymbol{j}, \boldsymbol{k}$ 分别为与 Ox 轴，Oy 轴，Oz 轴同向的单位向量，并称为它们的**基本单位向量**. 由图 6-6 及向量加法，得

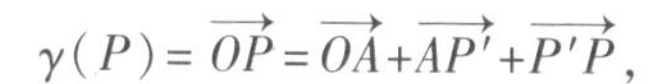

$$\gamma(P)=\overrightarrow{OP}=\overrightarrow{OA}+\overrightarrow{AP'}+\overrightarrow{P'P},$$

其中

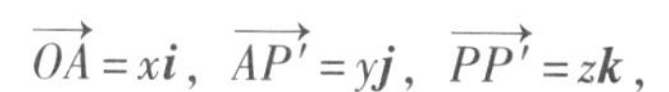

$$\overrightarrow{OA}=x\boldsymbol{i}, \ \overrightarrow{AP'}=y\boldsymbol{j}, \ \overrightarrow{PP'}=z\boldsymbol{k},$$

所以

$$\gamma(P)=\overrightarrow{OP}=x\boldsymbol{i}+y\boldsymbol{j}+z\boldsymbol{k}, \tag{1}$$

或记为

$$\gamma(P)=\overrightarrow{OP}=\{x, y, z\}. \tag{2}$$

(1)式称为向径$\overrightarrow{OP}$按基本单位向量的分解式，$x\boldsymbol{i}$，$y\boldsymbol{j}$，$z\boldsymbol{k}$ 分别称为$\overrightarrow{OP}$在 Ox 轴，Oy 轴，Oz 轴上的分向量；(2)式称为向径$\overrightarrow{OP}$的坐标表示式，$\{x, y, z\}$ 称为向径$\overrightarrow{OP}$的坐标.

2. 向量 $\boldsymbol{a}$ 的坐标表示式

在空间直角坐标系下，有以 $P_1(x_1, y_1, z_1)$ 为起点，$P_2(x_2, y_2, z_2)$ 为终点的向量 $\boldsymbol{a}$（图 6-7），则由向量的减法，得

$$\boldsymbol{a}=\overrightarrow{P_1P_2}=\overrightarrow{OP_2}-\overrightarrow{OP_1},$$

所以

$$\begin{aligned}\boldsymbol{a}&=(x_2\boldsymbol{i}+y_2\boldsymbol{j}+z_2\boldsymbol{k})-(x_1\boldsymbol{i}+y_1\boldsymbol{j}+z_1\boldsymbol{k})\\&=(x_2-x_1)\boldsymbol{i}+(y_2-y_1)\boldsymbol{j}+(z_2-z_1)\boldsymbol{k},\end{aligned} \tag{3}$$

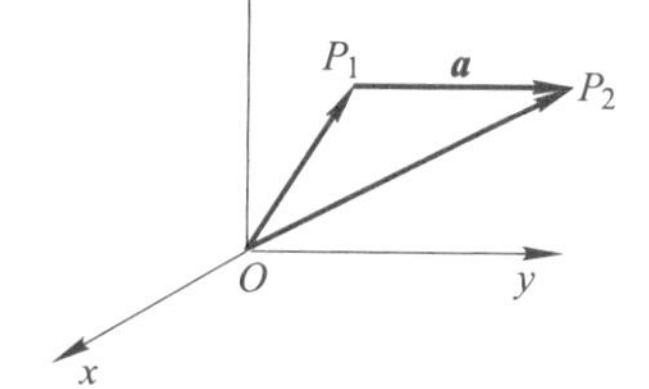

图 6-7

或记为

$$\boldsymbol{a}=\{x_2-x_1, y_2-y_1, z_2-z_1\}. \tag{4}$$

(3)式称为向量 $\boldsymbol{a}$ 按基本单位向量的分解式. (4)式称为向量 $\boldsymbol{a}$ 的坐标表示式.

向量的模可以用向量的坐标表示. 向量$\overrightarrow{P_1P_2}$的模为

$$|\overrightarrow{P_1P_2}|=\sqrt{(x_2-x_1)^2+(y_2-y_1)^2+(z_2-z_1)^2}. \tag{5}$$

(5)式也是空间两点之间的距离公式.

特别地，原点 $O(0, 0, 0)$ 到点 $P(x, y, z)$ 的向径$\overrightarrow{OP}$的模为

$$|\overrightarrow{OP}|=\sqrt{x^2+y^2+z^2}. \tag{6}$$

例 1 设 $\boldsymbol{a}=\{4, 3, 7\}$，$\boldsymbol{b}=\{2, -4, 5\}$，求 $\boldsymbol{a}-\boldsymbol{b}$，$4\boldsymbol{b}$.

解
$$\begin{aligned}\boldsymbol{a}-\boldsymbol{b}&=\{4, 3, 7\}-\{2, -4, 5\}=\{4-2, 3-(-4), 7-5\}\\&=\{2, 7, 2\},\end{aligned}$$
$$4\boldsymbol{b}=4\{2, -4, 5\}=\{8, -16, 20\}.$$

例 2 求平行于向量 $\boldsymbol{a}=6\boldsymbol{i}+6\boldsymbol{j}-7\boldsymbol{k}$ 的单位向量.

解
$$|\boldsymbol{a}|=\sqrt{x^2+y^2+z^2}=\sqrt{6^2+6^2+(-7)^2}=11,$$

所以，与 $\boldsymbol{a}$ 同方向的单位向量为

$$\boldsymbol{a}^0=\frac{\boldsymbol{a}}{|\boldsymbol{a}|}=\left\{\frac{6}{11}, \frac{6}{11}, -\frac{7}{11}\right\}.$$

与 $\boldsymbol{a}$ 反方向的单位向量为

$$\left\{-\frac{6}{11}, -\frac{6}{11}, \frac{7}{11}\right\}.$$

6.1.4 向量的点积与叉积

1. 向量的点积

根据力学知识，一物体在恒力 $\boldsymbol{F}$ 的作用下，沿直线从点 P_1 移动到点 P_2，位移为 $\boldsymbol{s}=\overrightarrow{P_1P_2}$，若 $\boldsymbol{F}$ 与 $\boldsymbol{s}$ 的夹角为 θ，则力 $\boldsymbol{F}$ 所做的功为

$$W=|\boldsymbol{F}||\boldsymbol{s}|\cos\theta.$$

这是由两个具有实际物理意义的向量确定一个数量 $|\boldsymbol{F}||\boldsymbol{s}|\cos\theta$ 的问题，因此可以抽象出两个向量的点积概念.

定义 5 设 $\boldsymbol{a}$，$\boldsymbol{b}$ 为任意两个向量，则它们的**点积**（或**数量积**）是一个数量，用 $\boldsymbol{a}\cdot\boldsymbol{b}$ 来表示，且

$$\boldsymbol{a}\cdot\boldsymbol{b}=|\boldsymbol{a}||\boldsymbol{b}|\cos\theta, \tag{7}$$

其中 θ 是 $\boldsymbol{a}$，$\boldsymbol{b}$ 之间的夹角，$0\leqslant\theta\leqslant\pi$.

注

在此定义中，若 $\boldsymbol{a}$，$\boldsymbol{b}$ 中至少有一个是零向量，则 θ 不能确定，但它们的点积为 0；若 $\boldsymbol{a}$，$\boldsymbol{b}$ 都是非零向量，则 θ 是无向角，在 0 与 π 之间被 $\boldsymbol{a}$，$\boldsymbol{b}$ 唯一确定.

向量的点积与叉积

根据定义，上面恒力做功问题，可以写为

$$W=\boldsymbol{F}\cdot\boldsymbol{S}.$$

向量的点积满足以下运算律（$\boldsymbol{a}$，$\boldsymbol{b}$，$\boldsymbol{c}$ 为向量，λ 为实数）：

（1）交换律 $\boldsymbol{a}\cdot\boldsymbol{b}=\boldsymbol{b}\cdot\boldsymbol{a}$；

（2）结合律 $\lambda(\boldsymbol{a}\cdot\boldsymbol{b})=(\lambda\boldsymbol{a})\cdot\boldsymbol{b}=\boldsymbol{a}\cdot(\lambda\boldsymbol{b})$；

（3）分配律 $(\boldsymbol{a}+\boldsymbol{b})\cdot\boldsymbol{c}=\boldsymbol{a}\cdot\boldsymbol{c}+\boldsymbol{b}\cdot\boldsymbol{c}$.

由点积的定义还可以得出如下结论：

（1）$\boldsymbol{a}\cdot\boldsymbol{a}=\boldsymbol{a}^2=|\boldsymbol{a}|^2$；

（2）对两个非零向量 $\boldsymbol{a}$ 和 $\boldsymbol{b}$，如果 $\boldsymbol{a}\perp\boldsymbol{b}$，则 $\boldsymbol{a}\cdot\boldsymbol{b}=0$，即 $\cos\theta=0$，所以两个非零向量 $\boldsymbol{a}$ 和 $\boldsymbol{b}$ 垂直的充分必要条件是

$$\boldsymbol{a}\cdot\boldsymbol{b}=0;$$

（3）两个非零向量 $\boldsymbol{a}$ 和 $\boldsymbol{b}$ 之间的夹角公式

$$\cos\theta=\frac{\boldsymbol{a}\cdot\boldsymbol{b}}{|\boldsymbol{a}||\boldsymbol{b}|};\tag{8}$$

（4）对基本单位向量 $\boldsymbol{i}$，$\boldsymbol{j}$，$\boldsymbol{k}$，有

$$\boldsymbol{i}\cdot\boldsymbol{i}=\boldsymbol{j}\cdot\boldsymbol{j}=\boldsymbol{k}\cdot\boldsymbol{k}=1,\ \boldsymbol{i}\cdot\boldsymbol{j}=\boldsymbol{j}\cdot\boldsymbol{k}=\boldsymbol{k}\cdot\boldsymbol{i}=0.$$

设 $\boldsymbol{a}=\{a_x,\ a_y,\ a_z\}$，$\boldsymbol{b}=\{b_x,\ b_y,\ b_z\}$，则两个向量点积的坐标表示式为

$$\boldsymbol{a}\cdot\boldsymbol{b}=a_xb_x+a_yb_y+a_zb_z.\tag{9}$$

由向量点积的坐标表示式，可得两个非零向量 $\boldsymbol{a}$ 和 $\boldsymbol{b}$ 垂直的充分必要条件是

$$a_xb_x+a_yb_y+a_zb_z=0.\tag{10}$$

向量 $\boldsymbol{a}$ 和 $\boldsymbol{b}$ 夹角公式是

$$\cos\theta=\frac{a_xb_x+a_yb_y+a_zb_z}{\sqrt{a_x^2+a_y^2+a_z^2}\sqrt{b_x^2+b_y^2+b_z^2}}.\tag{11}$$

例3 设 $\boldsymbol{a}=\{3,\ 2,\ 1\}$，$\boldsymbol{b}=\left\{2,\ \frac{4}{3},\ k\right\}$，试确定 k 使：（1）$\boldsymbol{a}\perp\boldsymbol{b}$；（2）$\boldsymbol{a}/\!/\boldsymbol{b}$.

解 （1）因为 $\boldsymbol{a}\perp\boldsymbol{b}$，所以

$$\boldsymbol{a}\cdot\boldsymbol{b}=a_xb_x+a_yb_y+a_zb_z=3\times2+2\times\frac{4}{3}+1\times k=0,$$

解之得 $k=-\frac{26}{3}$.

（2）因为 $\boldsymbol{a}/\!/\boldsymbol{b}$，由数与向量的乘法可知 $\boldsymbol{a}=\lambda\boldsymbol{b}$，即

$$\frac{a_x}{b_x}=\frac{a_y}{b_y}=\frac{a_z}{b_z},$$

$$\frac{3}{2}=\frac{2}{\frac{4}{3}}=\frac{1}{k},$$

解之得 $k=\frac{2}{3}$.

例4 设 $\boldsymbol{a}=\{-1,\ -1,\ 4\}$，$\boldsymbol{b}=\{-1,\ 2,\ -2\}$，求 $\boldsymbol{a}$，$\boldsymbol{b}$ 的夹角.

解 由夹角公式

$$\begin{aligned}\cos\theta &= \frac{a_x b_x + a_y b_y + a_z b_z}{\sqrt{a_x^2+a_y^2+a_z^2}\sqrt{b_x^2+b_y^2+b_z^2}} \\ &= \frac{(-1)\times(-1)+(-1)\times 2+4\times(-2)}{\sqrt{(-1)^2+(-1)^2+4^2}\sqrt{(-1)^2+2^2+(-2)^2}} \\ &= -\frac{\sqrt{2}}{2},\end{aligned}$$

所以 $\theta=\frac{3\pi}{4}$.

2. **向量的叉积**

由力学知识可知，恒力 $\boldsymbol{F}$ 对某中心 O 的力矩是一向量 $\boldsymbol{M}$（如图 6-8），它的模为

$$|\boldsymbol{M}| = |\overrightarrow{OA}|\,|\boldsymbol{F}|\sin\theta,$$

其中 θ 是向量$\overrightarrow{OA}$与力 $\boldsymbol{F}$ 的夹角，向量 $\boldsymbol{M}$ 同时垂直于$\overrightarrow{OA}$和 $\boldsymbol{F}$，向量 $\boldsymbol{M}$ 的方向使$\overrightarrow{OA}$，$\boldsymbol{F}$ 和 $\boldsymbol{M}$ 正向符合右手规则，这是两个具有实际物理意义的向量$\overrightarrow{OA}$和 $\boldsymbol{F}$ 确定另一个向量的问题，由此可以抽象出两个向量叉积的概念.

定义 6 设 $\boldsymbol{a}$，$\boldsymbol{b}$ 为任意两个向量，则它们的**叉积**（或**向量积**）$\boldsymbol{c}$ 是一个向量，用 $\boldsymbol{a}\times\boldsymbol{b}$ 表示，即 $\boldsymbol{c}=\boldsymbol{a}\times\boldsymbol{b}$，且

（1）$|\boldsymbol{c}|=|\boldsymbol{a}\times\boldsymbol{b}|=|\boldsymbol{a}|\,|\boldsymbol{b}|\sin\theta,\ 0\leqslant\theta\leqslant\pi$；　　（12）

（2）$\boldsymbol{c}$ 同时垂直于 $\boldsymbol{a}$ 和 $\boldsymbol{b}$，且按 $\boldsymbol{a}$，$\boldsymbol{b}$，$\boldsymbol{c}$ 的次序构成右手系（如图 6-9）.

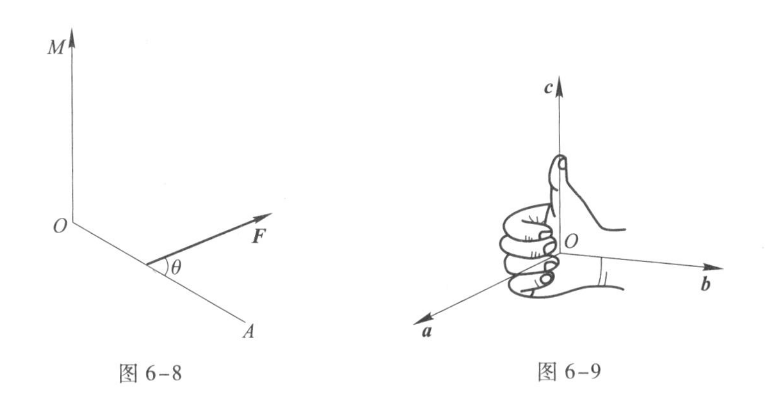

图 6-8　　图 6-9

根据叉积的定义，恒力 $\boldsymbol{F}$ 对点 O 的力矩 $\boldsymbol{M}$ 可表示为

$$\boldsymbol{M}=\overrightarrow{OA}\times\boldsymbol{F}.$$

叉积满足以下运算律（$\boldsymbol{a}$，$\boldsymbol{b}$，$\boldsymbol{c}$ 为向量，λ 为实数）：

（1）$\boldsymbol{a}\times\boldsymbol{b}=-\boldsymbol{b}\times\boldsymbol{a}$（说明叉积不满足交换律）；

（2）$\lambda(\boldsymbol{a}\times\boldsymbol{b})=(\lambda\boldsymbol{a})\times\boldsymbol{b}=\boldsymbol{a}\times(\lambda\boldsymbol{b})$；

（3）$\boldsymbol{a}\times(\boldsymbol{b}+\boldsymbol{c})=\boldsymbol{a}\times\boldsymbol{b}+\boldsymbol{a}\times\boldsymbol{c}$.

根据叉积的定义可以推出：

（1）向量 $\boldsymbol{a}$ 和 $\boldsymbol{b}$ 的叉积的模 $|\boldsymbol{a}\times\boldsymbol{b}|$ 在几何上表示以 $\boldsymbol{a}$，$\boldsymbol{b}$ 为邻边的平行四边形的面积；

（2）对于两个非零向量 $\boldsymbol{a}$ 和 $\boldsymbol{b}$，若 $\boldsymbol{a}/\!/\boldsymbol{b}$，则 $\boldsymbol{a}\times\boldsymbol{b}=\boldsymbol{0}$；反之，若 $\boldsymbol{a}\times\boldsymbol{b}=\boldsymbol{0}$，则 $\theta=0$ 或π，即 $\boldsymbol{a}/\!/\boldsymbol{b}$. 所以，两个非零向量 $\boldsymbol{a}$ 和 $\boldsymbol{b}$ 平行的充分必要条件是

$$\boldsymbol{a}\times\boldsymbol{b}=\boldsymbol{0};$$

（3）两个非零向量 $\boldsymbol{a}$ 和 $\boldsymbol{b}$ 的夹角公式

$$\sin\theta=\frac{|\boldsymbol{a}\times\boldsymbol{b}|}{|\boldsymbol{a}||\boldsymbol{b}|};$$

（4）对基本单位向量 $\boldsymbol{i}$，$\boldsymbol{j}$，$\boldsymbol{k}$，有

$$\boldsymbol{i}\times\boldsymbol{i}=\boldsymbol{j}\times\boldsymbol{j}=\boldsymbol{k}\times\boldsymbol{k}=\boldsymbol{0};$$

$$\boldsymbol{i}\times\boldsymbol{j}=\boldsymbol{k},\ \boldsymbol{j}\times\boldsymbol{k}=\boldsymbol{i},\ \boldsymbol{k}\times\boldsymbol{i}=\boldsymbol{j}.$$

设 $\boldsymbol{a}=\{a_x, a_y, a_z\}$，$\boldsymbol{b}=\{b_x, b_y, b_z\}$，则两个向量叉积的坐标表示式①为

$$\boldsymbol{a}\times\boldsymbol{b}=\begin{vmatrix}\boldsymbol{i} & \boldsymbol{j} & \boldsymbol{k}\\ a_x & a_y & a_z\\ b_x & b_y & b_z\end{vmatrix}=(a_yb_z-a_zb_y)\boldsymbol{i}+(a_zb_x-a_xb_z)\boldsymbol{j}+(a_xb_y-a_yb_x)\boldsymbol{k},$$

此即两个向量叉积的坐标计算公式.

利用两个向量叉积的坐标计算公式，可以得到一个重要结论：

若 $\boldsymbol{a}=\{a_x, a_y, a_z\}$，$\boldsymbol{b}=\{b_x, b_y, b_z\}$，则

$$\boldsymbol{a}/\!/\boldsymbol{b}\Leftrightarrow\boldsymbol{a}\times\boldsymbol{b}=\boldsymbol{0}\Leftrightarrow\frac{a_x}{b_x}=\frac{a_y}{b_y}=\frac{a_z}{b_z},$$

即两个向量平行的充要条件是它们对应的坐标之比相等.

规定 在上式中若分母为零，则分子也为零. 如，当 $b_x=0$ 时，$a_x=0$.

混合积

例 5 设 $\boldsymbol{a}=\{-1, 0, 1\}$，$\boldsymbol{b}=\{2, 3, 0\}$，求 $\boldsymbol{a}\times\boldsymbol{b}$.

解
$$\boldsymbol{a}\times\boldsymbol{b}=\begin{vmatrix}\boldsymbol{i} & \boldsymbol{j} & \boldsymbol{k}\\ a_x & a_y & a_z\\ b_x & b_y & b_z\end{vmatrix}=(a_yb_z-a_zb_y)\boldsymbol{i}+(a_zb_x-a_xb_z)\boldsymbol{j}+(a_xb_y-a_yb_x)\boldsymbol{k}$$
$$=(0\times0-1\times3)\boldsymbol{i}+[1\times2-(-1)\times0]\boldsymbol{j}+[(-1)\times3-0\times2]\boldsymbol{k}$$
$$=-3\boldsymbol{i}+2\boldsymbol{j}-3\boldsymbol{k}.$$

例 6 已知 $\boldsymbol{a}\times\boldsymbol{b}=12\boldsymbol{i}+24\boldsymbol{j}+8\boldsymbol{k}$，$\boldsymbol{a}=\{2, -2, 3\}$，$\boldsymbol{b}=\{4, 0, -6\}$，求向量 $\boldsymbol{a}$，$\boldsymbol{b}$ 的夹角 θ.

解
$$|\boldsymbol{a}\times\boldsymbol{b}|=\sqrt{12^2+24^2+8^2}=28,$$

① 表示式用到的行列式运算可参见第 8 章.

$$|\boldsymbol{a}|=\sqrt{2^2+(-2)^2+3^2}=\sqrt{17},$$

$$|\boldsymbol{b}|=\sqrt{4^2+0^2+(-6)^2}=\sqrt{52},$$

又

$$\sin\theta=\frac{|\boldsymbol{a}\times\boldsymbol{b}|}{|\boldsymbol{a}||\boldsymbol{b}|}=\frac{28}{\sqrt{17}\sqrt{52}}=\frac{14}{221}\sqrt{221},$$

所以

$$\theta=\arcsin\frac{14}{221}\sqrt{221}，\text{或 }\theta=\pi-\arcsin\frac{14}{221}\sqrt{221}.$$

注

上述解法有问题吗？若有，应如何改正？

上述解法有问题，因为向量 $\boldsymbol{a}$，$\boldsymbol{b}$ 的夹角 θ 虽然有可能是锐角也有可能是钝角，但当二者是具体向量的时候，只有一种可能，而 $\sin\theta=\frac{|\boldsymbol{a}\times\boldsymbol{b}|}{|\boldsymbol{a}||\boldsymbol{b}|}=\frac{28}{\sqrt{17}\sqrt{52}}=\frac{14}{221}\sqrt{221}$ 不能确定 θ 到底是锐角还是钝角，写成 $\arcsin\frac{14}{221}\sqrt{221}$ 或 $\pi-\arcsin\frac{14}{221}\sqrt{221}$ 貌似很完善，其实不正确.

所以不能用 $\boldsymbol{a}\times\boldsymbol{b}$ 计算公式求向量夹角，而应该用 $\boldsymbol{a}\cdot\boldsymbol{b}$ 公式，因为由 $\boldsymbol{a}\cdot\boldsymbol{b}$ 公式得

$$\cos\theta=\frac{a_xb_x+a_yb_y+a_zb_z}{\sqrt{a_x^2+a_y^2+a_z^2}\sqrt{b_x^2+b_y^2+b_z^2}},$$

代入坐标，很容易得出结果为

$$\cos\theta=\frac{8+0-18}{\sqrt{17}\sqrt{52}}=-\frac{5}{221}\sqrt{221},$$

由此 θ 是钝角. 所以 $\theta=\pi-\arccos\frac{5}{221}\sqrt{221}$.

练习题 6.1

(A)

1. 求点 $M(1, 2, 3)$ 关于原点、Ox 轴、yOz 平面的对称点的坐标.

2. 确定下列各点所在的卦限：$A(-2, 1, 3)$；$B(2, -5, 7)$；$C(3, -1, -5)$；$D(-3, -6, 9)$.

3. 已知向量 $\boldsymbol{a}=\boldsymbol{i}+\boldsymbol{j}+\boldsymbol{k}$ 和 $\boldsymbol{b}=3\boldsymbol{i}-\boldsymbol{j}-7\boldsymbol{k}$，求 $\boldsymbol{a}+\boldsymbol{b}$，$\boldsymbol{a}-2\boldsymbol{b}$，$5\boldsymbol{b}$.

4. 求平行于 $\boldsymbol{a}=\{1, 7, -5\}$ 的单位向量.

5. 设 $\boldsymbol{a}=\{3, -1, 2\}$, $\boldsymbol{b}=\{1, 2, -1\}$, 求 $\boldsymbol{a}\cdot\boldsymbol{b}$, $\boldsymbol{a}\times\boldsymbol{b}$, $\boldsymbol{a}$ 和 $\boldsymbol{b}$ 的夹角 θ.

6. 试证明两向量 $\boldsymbol{a}=\{3, 2, 1\}$, $\boldsymbol{b}=\{2, -3, 0\}$ 互相垂直.

7. 已知三点 $A(1, 1, 1)$, $B(2, 2, 1)$, $C(2, 1, 2)$, 求$\overrightarrow{AB}$和$\overrightarrow{AC}$的夹角 θ.

(B)

1. 求点 $(2, -3, -1)$ 关于 (1) 各坐标面; (2) 各坐标轴; (3) 坐标原点的对称点的坐标.

2. 已知 $\boldsymbol{a}=\boldsymbol{i}+\boldsymbol{j}+5\boldsymbol{k}$, $\boldsymbol{b}=2\boldsymbol{i}-3\boldsymbol{j}+5\boldsymbol{k}$, 求与 $\boldsymbol{a}-3\boldsymbol{b}$ 反方向的单位向量.

3. 已知向量 $\boldsymbol{a}=2\boldsymbol{i}-3\boldsymbol{j}-\boldsymbol{k}$ 和 $\boldsymbol{b}=\boldsymbol{i}-\boldsymbol{j}+3\boldsymbol{k}$ 和 $\boldsymbol{c}=\boldsymbol{i}-\boldsymbol{j}$, 计算 $\boldsymbol{a}-2\boldsymbol{b}$, $\boldsymbol{b}-\boldsymbol{c}$.

4. 已知向量 $\boldsymbol{a}=\alpha\boldsymbol{i}+2\boldsymbol{j}-\boldsymbol{k}$, 与 $\boldsymbol{b}=\boldsymbol{i}-\boldsymbol{j}+\beta\boldsymbol{k}$ 平行, 求 α 与 β.

5. 已知 $|\boldsymbol{a}|=1$, $|\boldsymbol{b}|=2$, $|\boldsymbol{a}\times\boldsymbol{b}|=\sqrt{3}$, 求 $\boldsymbol{a}$ 和 $\boldsymbol{b}$ 的夹角.

6. 已知三角形的顶点 $A(1, -1, 2)$, $B(3, 3, 1)$, $C(3, 1, 3)$, 用向量求 $\triangle ABC$ 的面积.

6.2 平面与直线

6.2.1 平面方程

1. 平面的点法式方程

定义 1 若一个非零向量垂直于一已知平面, 则称这个向量为平面的法向量.

设 $P_0(x_0, y_0, z_0)$ 在平面 π 上, π 的法向量 $\boldsymbol{n}=\{A, B, C\}$, 由此我们来建立这个平面的方程 (图 6-10).

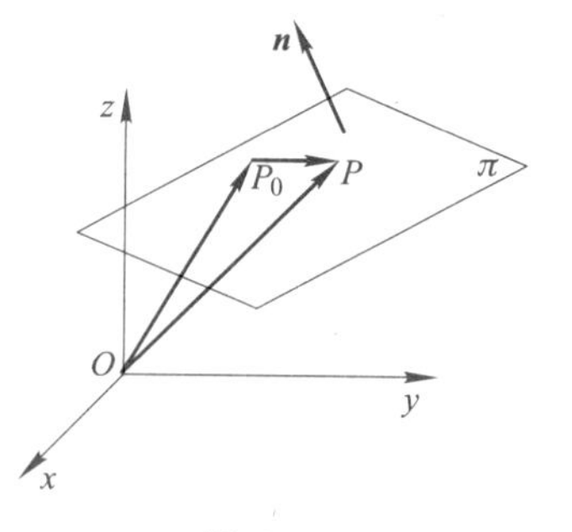

图 6-10

设 $P(x, y, z)$ 为所求平面 π 上任一点, 那么可得向量$\overrightarrow{P_0P}=\{x-x_0, y-y_0, z-z_0\}$. 在立体几何中知: 一条直线垂直于一个平面, 则该直线垂直于该平面内的任意一条直线. 所以有$\boldsymbol{n}\perp\overrightarrow{P_0P}$, 由两向量垂直的充要条件得

$$\boldsymbol{n}\cdot\overrightarrow{P_0P}=0,$$

即

$$A(x-x_0)+B(y-y_0)+C(z-z_0)=0. \tag{1}$$

由于平面 π 上任意点的坐标都满足方程（1），而满足方程式（1）的坐标都是平面 π 上的点，因此，方程（1）就是所求的平面方程.

因为方程（1）是由给定点 $P_0(x_0, y_0, z_0)$ 和法向量 $\boldsymbol{n}=\{A, B, C\}$ 所确定的，所以方程（1）称为**平面的点法式方程**.

微课6.2.1

平面的方程

2. 平面的一般式方程

由（1）式可得

$$Ax+By+Cz-(Ax_0+By_0+Cz_0)=0.$$

若令 $D=-(Ax_0+By_0+Cz_0)$，则平面的点法式方程（1）可写为

$$Ax+By+Cz+D=0.$$

说明平面方程是关于 x，y，z 的三元一次方程.

反之，对任一三元一次方程

$$Ax+By+Cz+D=0 \text{（}A, B, C\text{ 不同时为零）},$$

可任取满足该方程一组数 x_0，y_0，z_0，那么有

$$Ax_0+By_0+Cz_0+D=0,$$

则由

$$Ax+By+Cz+D-(Ax_0+By_0+Cz_0+D)=0$$

可得

$$A(x-x_0)+B(y-y_0)+C(z-z_0)=0.$$

此为过点 (x_0, y_0, z_0)，以 $\boldsymbol{n}=\{A, B, C\}$ 为法向量的平面方程，所以

$$Ax+By+Cz+D=0 \tag{2}$$

表示一个平面. 称（2）式为**平面的一般式方程**.

利用平面的一般式方程，可得特殊位置的平面方程：

（1）过原点的平面方程为 $Ax+By+Cz=0$；

（2）平行于坐标轴的平面方程：平行于 x 轴的平面方程为 $By+Cz+D=0$；平行于 y 轴的平面方程为 $Ax+Cz+D=0$；平行于 z 轴的平面方程为 $Ax+By+D=0$；

（3）通过坐标轴的平面方程：过 x 轴的平面方程为 $By+Cz=0$；过 y 轴的平面方程为 $Ax+Cz=0$；过 z 轴的平面方程为 $Ax+By=0$；

（4）垂直于坐标轴的平面方程：垂直于 x 轴的平面方程为 $Ax+D=0$；垂直于 y 轴的平面方程为 $By+D=0$；垂直于 z 轴的平面方程为 $Cz+D=0$；

（5）坐标平面的方程：坐标平面 yOz 的方程为 $x=0$；坐标平面 zOx 的方程为 $y=0$；坐标平面 xOy 的方程为 $z=0$.

3. 平面的截距式方程

设一平面不通过原点，也不平行于任何坐标轴，并与 x 轴，y 轴，z 轴分别

交于 $P(a, 0, 0)$，$Q(0, b, 0)$，$R(0, 0, c)$ 三点（如图 6-11），由于点 P，Q，R 在平面上，则有

$$\begin{cases} Aa+D=0, \\ Bb+D=0, \\ Cc+D=0, \end{cases}$$

解方程组得

$$A=-\frac{D}{a},\ B=-\frac{D}{b},\ C=-\frac{D}{c}.$$

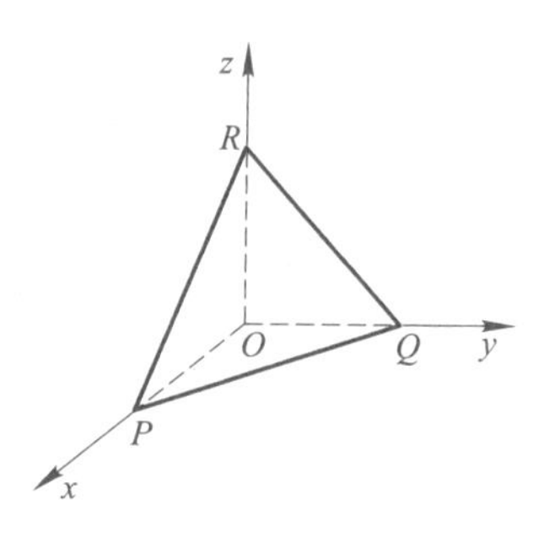

图 6-11

由于平面不过原点，所以 $D\neq 0$，代入所求平面方程 $Ax+By+Cz+D=0$ 并化简得

$$\frac{x}{a}+\frac{y}{b}+\frac{z}{c}=1. \tag{3}$$

（3）式称为**平面的截距式方程**. a，b，c 分别为平面在 x 轴，y 轴，z 轴上的截距.

对于不过原点的平面，利用平面的截距式方程，确定平面与三个坐标轴的交点，连接这三个交点，即为所求平面的图形.

例 1　求过 z 轴和点 $M(-4, 3, 1)$ 的平面方程.

解　设所求平面为 π，其法向量为 $\boldsymbol{n}$，因为平面 π 过 z 轴，所以 $\boldsymbol{n}\perp\boldsymbol{k}$，又因为向量$\overrightarrow{OM}=\{-4, 3, 1\}$ 在平面 π 上，所以 $\boldsymbol{n}\perp\overrightarrow{OM}$，于是 $\boldsymbol{n}/\!/(\boldsymbol{k}\times\overrightarrow{OM})$，故可取

$$\boldsymbol{n}=\boldsymbol{k}\times\overrightarrow{OM}=\boldsymbol{k}\times(-4\boldsymbol{i}+3\boldsymbol{j}+\boldsymbol{k})=-4\boldsymbol{j}-3\boldsymbol{i}.$$

由平面的点法式方程得 π 的方程为

$$-3\cdot(x+4)-4\cdot(y-3)+0\cdot(z-1)=0,$$

即

$$3x+4y=0.$$

例 2　求过点 $P_1(0, 1, -3)$，$P_2(-1, -1, 2)$，$P_3(1, -2, 2)$ 的平面方程.

解　因为向量$\overrightarrow{P_1P_2}=\{-1, -2, 5\}$ 和$\overrightarrow{P_2P_3}=\{2, -1, 0\}$ 在所求平面上，所以可取所求平面的法向量 $\boldsymbol{n}$ 为$\overrightarrow{P_1P_2}\times\overrightarrow{P_2P_3}$，即

$$\begin{aligned}\boldsymbol{n}&=\overrightarrow{P_1P_2}\times\overrightarrow{P_2P_3}\\&=(a_yb_z-a_zb_y)\boldsymbol{i}+(a_zb_x-a_xb_z)\boldsymbol{j}+(a_xb_y-a_yb_x)\boldsymbol{k}\\&=[-2\times0-5\times(-1)]\boldsymbol{i}+[5\times2-(-1)\times0]\boldsymbol{j}+[-1\times(-1)-(-2)\times2]\boldsymbol{k}\\&=5\boldsymbol{i}+10\boldsymbol{j}+5\boldsymbol{k}.\end{aligned}$$

由平面的点法式方程得所求平面方程为

$$5(x-0)+10(y-1)+5(z+3)=0,$$

即

$$x+2y+z+1=0.$$

例 3　写出平面 $4x-3y+6z-12=0$ 的截距式方程，并画图.

解 将 $4x-3y+6z-12=0$ 化为

$$4x-3y+6z=12,$$

两边同除以 12，得平面的截距式方程

$$\frac{x}{3}+\frac{y}{-4}+\frac{z}{2}=1.$$

该平面过点 $A(3, 0, 0)$，$B(0, -4, 0)$，$C(0, 0, 2)$. 在空间直角坐标系中作出 A，B，C 并连接这三点即得平面的图形（图 6-12）.

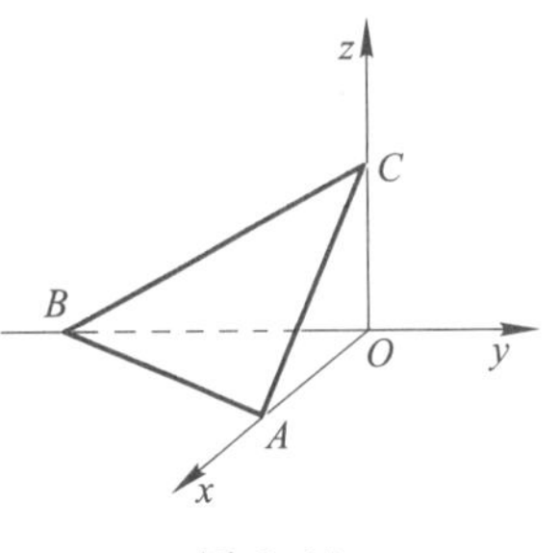

图 6-12

6.2.2 直线方程

直线方程

1. 直线的一般式方程

空间任意一条直线都可以看作两个平面的交线，由此，一条直线在空间直角坐标系中就可以由两个平面方程来表示.

设已知直线为 L，通过 L 的两个不平行平面 π_1：$A_1x+B_1y+C_1z+D_1=0$ 与 π_2：$A_2x+B_2y+C_2z+D_2=0$，那么直线 L 上任意点的坐标都满足这两个平面方程；反之，满足这两个平面方程的点一定在直线 L 上. 因此，这两个方程系数不成比例的三元一次方程组

$$\begin{cases}A_1x+B_1y+C_1z+D_1=0,\\A_2x+B_2y+C_2z+D_2=0\end{cases}\tag{4}$$

表示直线 L，称（4）式为**空间直线 L 的一般式方程**（图 6-13）.

> **注**
>
> 通过空间一直线 L 的平面有无限多个，只要在这无限多个平面中任意选取两个，把这两个平面方程联立起来，所得的方程组就表示直线 L.

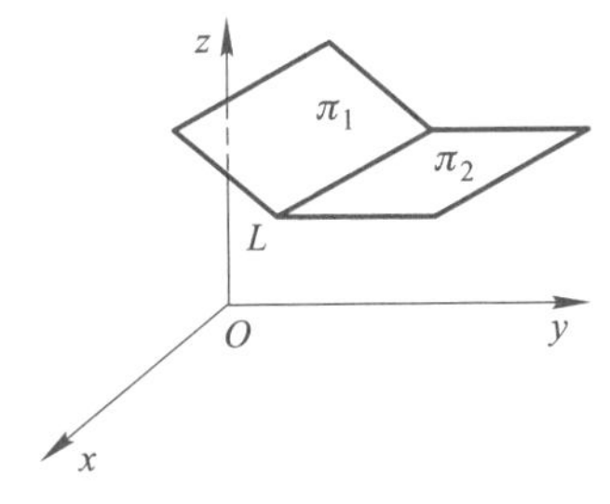

图 6-13

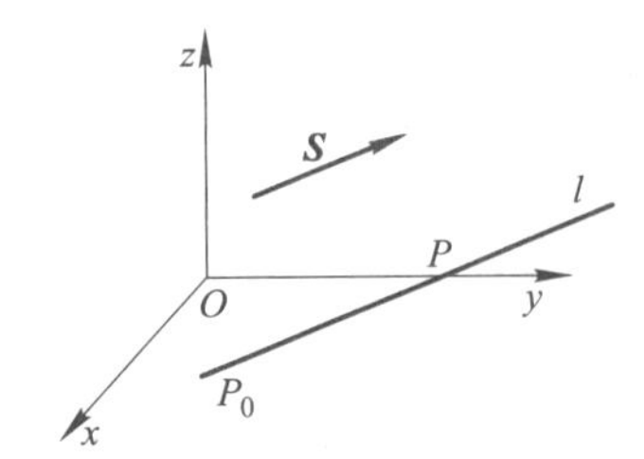

图 6-14

2. 直线的点向式方程

一直线 l 过空间一点 $P_0(x_0, y_0, z_0)$ 且与一已知非零向量 $\boldsymbol{S}=\{m, n, p\}$ 平

行，则直线 l 在空间的位置就完全确定了，向量 $\boldsymbol{S}$ 称为直线 l 的**方向向量**. 下面建立直线 l 的方程.

如图6-14所示，设 $P(x, y, z)$ 为直线 l 上不重合于 P_0 的任意一点，那么 $\overrightarrow{P_0P}$ 平行于 $\boldsymbol{S}$，由于

$$\overrightarrow{P_0P}=\{x-x_0, y-y_0, z-z_0\},$$

从而由两向量平行的充要条件得

$$\frac{x-x_0}{m}=\frac{y-y_0}{n}=\frac{z-z_0}{p}. \tag{5}$$

反之，满足（5）式的点一定在直线 l 上，所以（5）式称为**直线 l 的点向式方程**.

注

因为 $\boldsymbol{S}=\{m, n, p\}$ 是非零向量，所以 m, n, p 不同时为零，若其中某个为零时，例如，$m=0$，（5）式应理解为

$$\begin{cases}x-x_0=0,\\ \dfrac{y-y_0}{n}=\dfrac{z-z_0}{p};\end{cases}$$

若两个为零时，例如，$m=n=0$，（5）式应理解为

$$\begin{cases}x-x_0=0,\\ y-y_0=0.\end{cases}$$

3. **直线的参数方程**

由（5）式，设其比值为 λ，则有

$$\frac{x-x_0}{m}=\frac{y-y_0}{n}=\frac{z-z_0}{p}=\lambda,$$

那么直线 l 的方程可写成如下形式

$$\begin{cases}x=x_0+\lambda m,\\ y=y_0+\lambda n,\\ z=z_0+\lambda p.\end{cases} \tag{6}$$

（6）式称为**直线 l 的参数方程**，λ 为参数.

例4 求过点 $P(1, -4, 6)$ 且和平面 $2x-3y+5z-7=0$ 垂直的直线的方程.

解 因为所求直线垂直于已知平面，所以平面的法向量平行于所求直线的方向向量，可取

$$\boldsymbol{S}=\boldsymbol{n}=\{2, -3, 5\},$$

由直线的点向式方程得所求直线为

$$\frac{x-1}{2}=\frac{y+4}{-3}=\frac{z-6}{5}.$$

例 5 把直线的一般式方程 $\begin{cases}2x-y+3z-6=0,\\3x+2y-4z+5=0\end{cases}$ 化为直线的点向式方程和参数方程.

解 因为两平面的法向量分别为

$$\boldsymbol{n}_1=\{2,\ -1,\ 3\},\ \boldsymbol{n}_2=\{3,\ 2,\ -4\},$$

且所求直线的方向向量同时垂直于 $\boldsymbol{n}_1$ 与 $\boldsymbol{n}_2$，所以取

$$\boldsymbol{S}=\boldsymbol{n}_1\times\boldsymbol{n}_2,$$

即

$$\begin{aligned}\boldsymbol{S}&=\boldsymbol{n}_1\times\boldsymbol{n}_2=(a_yb_z-a_zb_y)\boldsymbol{i}+(a_zb_x-a_xb_z)\boldsymbol{j}+(a_xb_y-a_yb_x)\boldsymbol{k}\\&=[(-1)\cdot(-4)-3\cdot2]\boldsymbol{i}+[3\cdot3-2\cdot(-4)]\boldsymbol{j}+[2\cdot2-(-1)\cdot3]\boldsymbol{k}\\&=-2\boldsymbol{i}+17\boldsymbol{j}+7\boldsymbol{k}.\end{aligned}$$

再求直线上的点 P. 不妨设 $z=0$，代入直线的一般式得

$$\begin{cases}2x-y-6=0,\\3x+2y+5=0,\end{cases}$$

解之得 $x=1$，$y=-4$，于是直线过点 $P(1,\ -4,\ 0)$，所以直线的点向式方程为

$$\frac{x-1}{-2}=\frac{y+4}{17}=\frac{z-0}{7}.$$

令上式的比值为 λ，则直线的参数方程为

$$\begin{cases}x=1-2\lambda,\\y=-4+17\lambda,\\z=7\lambda.\end{cases}$$

6.2.3 直线与平面的位置关系

微课6.2.3
直线与平面的位置关系

1. 两平面之间的位置关系

定义 2 两平面的法向量之间的夹角 θ $\left(0\leqslant\theta\leqslant\frac{\pi}{2}\right)$，称为**两平面之间的夹角**（如图 6-15）.

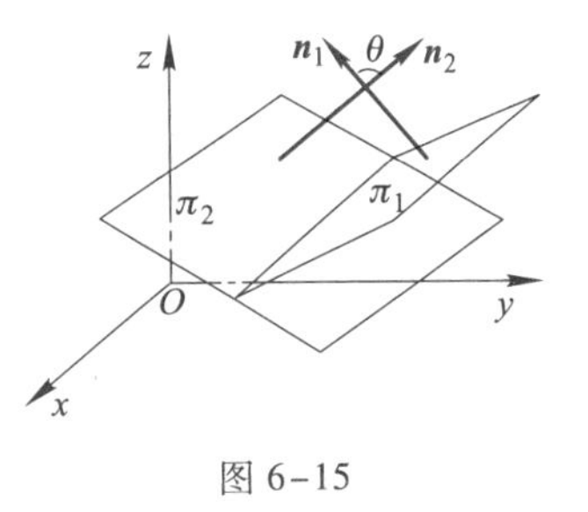

图 6-15

设平面 π_1，π_2 的法向量分别为

$$\boldsymbol{n}_1=\{A_1,\ B_1,\ C_1\},\ \boldsymbol{n}_2=\{A_2,\ B_2,\ C_2\},$$

那么，平面 π_1，π_2 的夹角 θ 的余弦

$$\cos\theta=\frac{|\boldsymbol{n}_1\boldsymbol{n}_2|}{|\boldsymbol{n}_1||\boldsymbol{n}_2|}=\frac{|A_1A_2+B_1B_2+C_1C_2|}{\sqrt{A_1^2+B_1^2+C_1^2}\cdot\sqrt{A_2^2+B_2^2+C_2^2}}. \tag{7}$$

由两向量垂直与平行的条件可推出如下结论：

平面 π_1 垂直于平面 π_2 的充要条件为

$$A_1A_2+B_1B_2+C_1C_2=0;$$

平面 π_1 平行于平面 π_2 的充要条件为

$$\frac{A_1}{A_2}=\frac{B_1}{B_2}=\frac{C_1}{C_2}.$$

2. **两直线之间的位置关系**

定义 3 两直线的方向向量之间的夹角 $\theta\left(0\leqslant\theta\leqslant\frac{\pi}{2}\right)$，称为**两直线之间的夹角**.

设空间两直线 l_1 与 l_2 的方向向量分别为

$$\boldsymbol{S}_1=\{m_1,\ n_1,\ p_1\},\ \boldsymbol{S}_2=\{m_2,\ n_2,\ p_2\},$$

那么空间两直线 l_1 与 l_2 之间夹角 θ 的余弦为

$$\cos\theta=\frac{|\boldsymbol{S}_1\boldsymbol{S}_2|}{|\boldsymbol{S}_1||\boldsymbol{S}_2|}=\frac{|m_1m_2+n_1n_2+p_1p_2|}{\sqrt{m_1^2+n_1^2+p_1^2}\cdot\sqrt{m_2^2+n_2^2+p_2^2}}. \tag{8}$$

由两向量垂直与平行的条件可推出如下结论：

直线 l_1 垂直于直线 l_2 的充要条件为

$$m_1m_2+n_1n_2+p_1p_2=0;$$

直线 l_1 平行于直线 l_2 的充要条件为

$$\frac{m_1}{m_2}=\frac{n_1}{n_2}=\frac{p_1}{p_2}.$$

例 6 设已知平面 π_1 方程为 $x-2y+2z-1=0$，平面 π_2 的法向量为 $\boldsymbol{n}_2=\{1,\ -1,\ 0\}$. 求平面 π_1 与平面 π_2 之间的夹角 θ.

解 由已知得平面 π_1 的法向量 $\boldsymbol{n}_1=\{1,\ -2,\ 2\}$，而 $|\boldsymbol{n}_1|=3$，$|\boldsymbol{n}_2|=\sqrt{2}$，且

$$\boldsymbol{n}_1\cdot\boldsymbol{n}_2=1\times1+(-2)\times(-1)+2\times0=3,$$

所以

$$\cos\theta=\frac{|\boldsymbol{n}_1\boldsymbol{n}_2|}{|\boldsymbol{n}_1||\boldsymbol{n}_2|}=\frac{3}{3\sqrt{2}}=\frac{\sqrt{2}}{2},$$

即 $\theta=\frac{\pi}{4}$.

例 7 已知一直线过点 $M(1,\ 2,\ 3)$ 且与平面 $2x-3y+4z-5=0$ 垂直，求此直线的方程.

解 因为所求直线与平面 $2x-3y+4z-5=0$ 垂直，所以该直线的方向向量 $\boldsymbol{S}$ 可取为 $\boldsymbol{S}=\{2,\ -3,\ 4\}$，因此，所求直线方程为

$$\frac{x-1}{2}=\frac{y-2}{-3}=\frac{z-3}{4}.$$

3. **直线和平面之间的位置关系**

定义 4 直线 l 与它在平面 π 上投影直线 l' 之间的夹角 φ，称为**直线 l 与平面 π 之间的夹角**，规定 $0\leqslant\varphi\leqslant\frac{\pi}{2}$，如图 6-16.

设直线 l 的方向向量为 $\boldsymbol{S}=\{m, n, p\}$，平面 π 的法向量为 $\boldsymbol{n}=\{A, B, C\}$. 两向量 $\boldsymbol{S}$ 与 $\boldsymbol{n}$ 的夹角为 θ，由图 6-17 可知

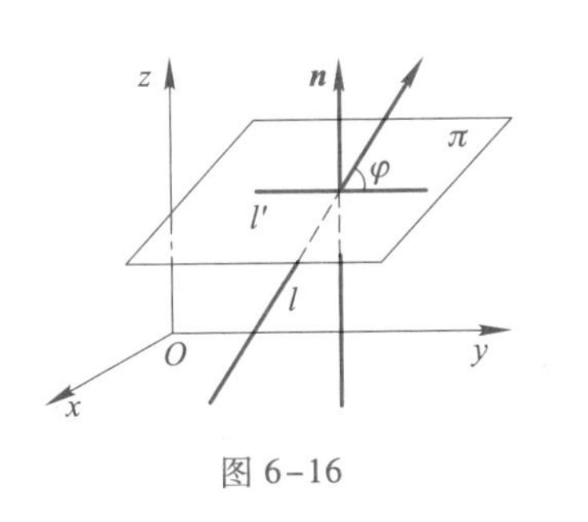

图 6-16

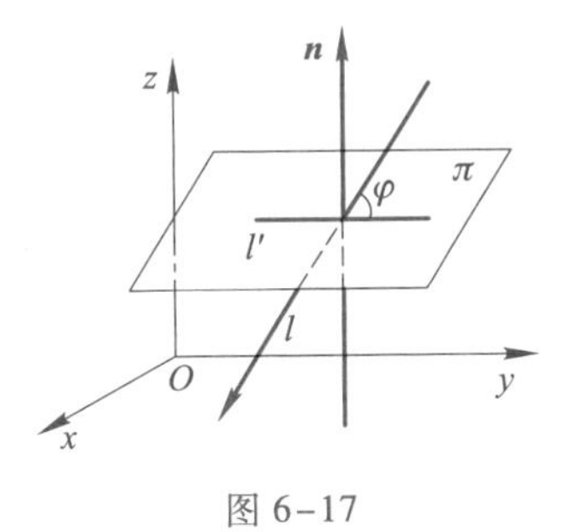

图 6-17

$$\theta=\frac{\pi}{2}-\varphi，\text{或 } \theta=\frac{\pi}{2}+\varphi.$$

所以

$$\sin\varphi=|\cos\theta|=\frac{|\boldsymbol{s}\cdot\boldsymbol{n}|}{|\boldsymbol{s}||\boldsymbol{n}|}=\frac{|Am+Bn+Cp|}{\sqrt{m^2+n^2+p^2}\cdot\sqrt{A^2+B^2+C^2}}. \tag{9}$$

由两向量垂直与平行的条件可知：

直线 l 垂直于平面 π 的充要条件为

$$\frac{A}{m}=\frac{B}{n}=\frac{C}{p};$$

直线 l 平行于平面 π 的充要条件为

$$Am+Bn+Cp=0.$$

例 8 求直线 $\frac{x-1}{1}=\frac{y-2}{-4}=\frac{z-3}{1}$ 和平面 $y+z-1=0$ 的夹角.

解 已知直线的方向向量为 $\boldsymbol{S}=\{1, -4, 1\}$，平面的法向量为 $\boldsymbol{n}=\{0, 1, 1\}$，所以

$$\begin{aligned}\sin\varphi&=\frac{|Am+Bn+Cp|}{\sqrt{m^2+n^2+p^2}\cdot\sqrt{A^2+B^2+C^2}}\\&=\frac{|0\times1+1\times(-4)+1\times1|}{\sqrt{1^2+(-4)^2+1^2}\cdot\sqrt{0^2+1^2+1^2}}=\frac{1}{2},\end{aligned}$$

所以 $\varphi=\frac{\pi}{6}$.

4. 直线和平面的交点

直线 l 的方程为

$$\frac{x-x_0}{m}=\frac{y-y_0}{n}=\frac{z-z_0}{p},$$

平面 π 的方程为

$$Ax+By+Cz+D=0,$$

直线 l 与平面 π 的交点坐标必须同时满足直线 l 与平面 π 的方程，为此令直线 l 中各比值为 λ. 于是，有

$$x=x_0+m\lambda,\ y=y_0+n\lambda,\ z=z_0+p\lambda.$$

将上式中的 x，y，z 代入平面 π 的方程，得

$$(Am+Bn+Cp)\lambda+(Ax_0+By_0+Cz_0+D)=0.$$

（1）若 $Am+Bn+Cp=0$，$Ax_0+By_0+Cz_0+D\neq 0$ 时，直线 l 与平面 π 平行，且点 (x_0, y_0, z_0) 不在平面 π 上，所以没有交点；

（2）若 $Am+Bn+Cp=0$，$Ax_0+By_0+Cz_0+D=0$ 时，直线 l 在平面 π 内；

（3）若 $Am+Bn+Cp\neq 0$，则有

$$\lambda=-\frac{Ax_0+By_0+Cz_0+D}{Am+Bn+Cp},$$

将 λ 值代入 $x=x_0+m\lambda$，$y=y_0+n\lambda$，$z=z_0+p\lambda$ 中，即得直线 l 与平面 π 的交点坐标.

例 9 已知直线方程

$$\frac{x-1}{2}=\frac{y-2}{3}=\frac{z-3}{4}$$

和平面方程

$$3x+4y-6z+4=0,$$

求直线与平面的交点.

解 令 $\frac{x-1}{2}=\frac{y-2}{3}=\frac{z-3}{4}=\lambda$，将 $x=1+2\lambda$，$y=2+3\lambda$，$z=3+4\lambda$ 代入平面方程，得

$$3(1+2\lambda)+4(2+3\lambda)-6(3+4\lambda)+4=0,$$

解之得 $\lambda=-\frac{1}{2}$，所以 $x=0$，$y=\frac{1}{2}$，$z=1$，故所求的交点坐标为 $\left(0, \frac{1}{2}, 1\right)$.

练习题 6.2

(A)

1. 一平面过点 $(-3, 0, 5)$ 且平行于平面 $x+3y-2z+6=0$，求其方程.

2. 一平面平行于 x 轴，并经过两点 $(4, 0, -2)$，$(5, 1, 7)$，求此平面方程.

3. 一直线过点 $(1, -5, 0)$ 且与平面 $4x-3y+5z-4=0$ 垂直，求此直线方程.

4. 求过点 $(2, 3, 4)$ 且和两平面 $x+y-2z-1=0$ 与 $x+2y-z+1=0$ 平行的直线方程.

(B)

1. 将直线的一般式方程 $\begin{cases}3x+2y+4z-11=0,\\ 2x+y-3z-1=0\end{cases}$ 化成直线的点向式方程.

2. 已知平面 π_1 的截距为 1，2，2，平面 π_2 的截距为 2，1，-2，求此两平面的夹角.

3. 求直线 $\frac{x+3}{1}=\frac{y+2}{2}=\frac{z}{-2}$ 与平面 $2x+2y+z-1=0$ 的夹角.

6.3 空间曲面与曲线

上节已经学习了空间的平面、直线及其方程，本节介绍空间中更一般的几何图形——空间曲面与曲线的方程.

6.3.1 空间曲面的概念

在空间直角坐标系下，当点的坐标 x，y 和 z 之间满足某个关系时，一般情况下，这些点构成一个曲面，此关系式就称为曲面的方程. 确切地表述如下：

设曲面 Σ 上任意一点坐标 x，y 和 z 都满足方程

$$F(x, y, z)=0, \tag{1}$$

并且反之，坐标满足方程 (1) 的任意一组解 x，y 和 z 所对应的点 (x, y, z) 都在这个曲面 Σ 上，则称方程 (1) 为**曲面 Σ 的方程**，而曲面 Σ 称为该**方程的图形**.

下面，学习一些常用的曲面的方程.

6.3.2 母线平行于坐标轴的柱面方程

平面解析几何中，方程 $x^2+y^2=R^2$ 表示以原点为圆心，以 R 为半径的圆. 那么空间直角坐标系下，方程 $x^2+y^2=R^2$ 表示怎样的图形？

方程缺 z，意味着不论 z 坐标怎样，凡是 x 和 y 坐标满足这个方程的空间中的点，都在方程所表示的曲面 Σ 上；反之，凡是 x 和 y 坐标不满足这个方程的，无论 z 坐标怎样，这些点都不在曲面 Σ 上，即点 $P(x, y, z)$ 在曲面 Σ 上的充要条件是点 $P(x, y, z)$ 在过点 $(x, y, 0)$ 且平行于 z 轴的直线上．所以，方程 $x^2+y^2=R^2$ 表示：由通过 xOy 坐标面上的圆 $x^2+y^2=R^2$ 上的每一点且平行于 z 轴的直线所组成的曲面，称为柱面．

定义 平行于定直线并沿定曲线 L 移动的直线 C 所形成的曲面称为**柱面**．定曲线 L 称为柱面的**准线**，动直线 C 称为柱面的**母线**．

凡是曲面方程中仅出现两个变量，这个方程就表示母线平行于坐标轴的柱面，其母线为不出现在方程中那个变量的同名坐标轴．如，方程 $F(x, y)=0$ 表示母线平行于 z 轴的柱面；方程 $G(y, z)=0$ 表示母线平行于 x 轴的柱面等．

例 1 （1）方程 $z=1-y^2$ 表示母线平行于 x 轴的柱面，它的准线为 yOz 平面上的抛物线 $z=1-y^2$，这个柱面称为**抛物柱面**（如图 6-18）；

（2）平面方程 $x+z-3=0$ 表示母线平行于 y 轴的柱面，其准线为 xOz 平面上的直线 $x+z-3=0$（如图 6-19）；

（3）方程 $y^2-x^2=4$ 表示母线平行于 z 轴的柱面，它的准线为 xOy 平面上的双曲线 $y^2-x^2=4$，这个柱面称为**双曲柱面**（如图 6-20）．

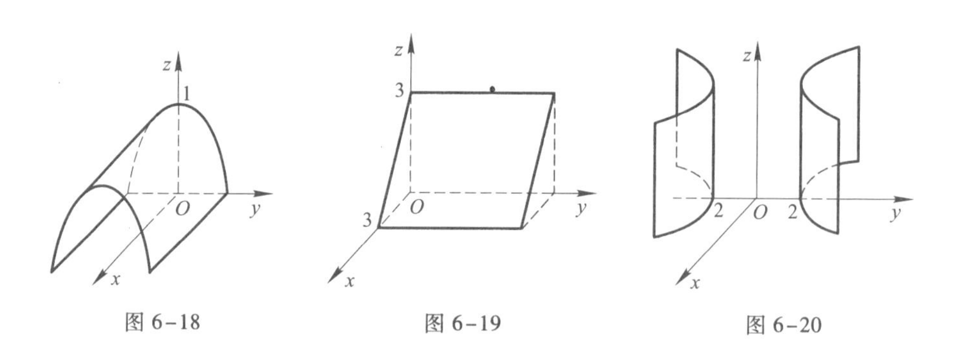

图 6-18　　图 6-19　　图 6-20

6.3.3 二次曲面

空间直角坐标系中，变量 x，y，z 的二次方程所表示的曲面称为二次曲面．例如，圆柱面、双曲柱面等．

1. 旋转曲面

由一已知平面曲线 L 绕其平面上定直线 C 旋转一周所形成的曲面称为**旋转曲面**．这定直线 C 称为旋转曲面的**轴**，曲线 L 称为旋转曲面的**母线**．例如，一个圆绕它的一个直径转动所生成的曲面，就是以这个圆的半径为半径的球面．

已知曲线 L 在 yOz 坐标面上，它的方程为

$$\begin{cases} f(y, z)=0, \\ x=0, \end{cases}$$

以 z 轴为旋转轴，得到一个旋转曲面，它的方程可以如下求得：

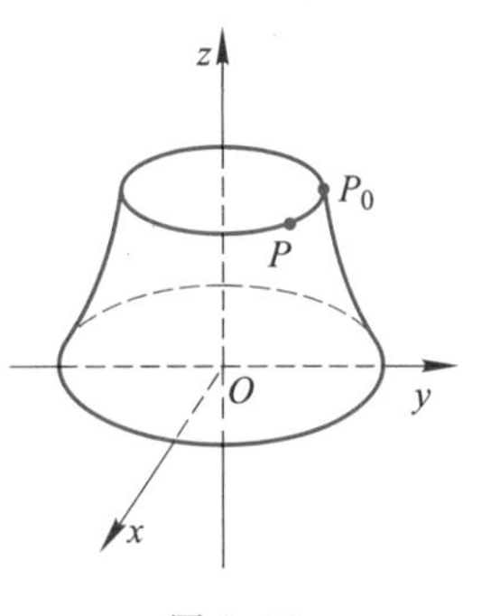

图 6-21

设 $P_0(0, y_0, z_0)$ 为曲线 L 上的任意一点（如图 6-21），则有 $f(y_0, z_0)=0$，当曲线 L 绕 z 轴旋转时，点 P_0 也绕 z 轴旋转到另一点 $P(x, y, z)$，这时 $z=z_0$ 保持不变，且 P 点与 z 轴的距离 d 恒等于 $|y_0|$，但 $d=\sqrt{x^2+y^2}$，所以有 $y_0=\pm\sqrt{x^2+y^2}$，将 y_0，z_0 代入 $f(y_0, z_0)=0$，就得到点 P 的坐标应满足的方程

$$f(\pm\sqrt{x^2+y^2}, z)=0. \tag{2}$$

而坐标满足方程（2）的点一定在曲面上，所以方程（2）就是所求旋转曲面的方程.

同理，曲线

$$L: \begin{cases} f(y, z)=0, \\ x=0 \end{cases}$$

绕 y 轴旋转一周所得旋转曲面方程为

$$f(y, \pm\sqrt{x^2+z^2})=0. \tag{3}$$

对其他坐标面上的已知曲线，绕该坐标面上任意一条坐标轴旋转一周形成的旋转面方程，可以用类似的方法求得.

例 2 设 xOz 平面上的椭圆方程为 $\frac{x^2}{a^2}+\frac{z^2}{c^2}=1$，求其绕 x 轴或 z 轴旋转一周所成的曲面方程.

解 绕 x 轴旋转，x 不变，z 置换为 $\pm\sqrt{y^2+z^2}$，就得到绕 x 轴旋转一周所成的曲面方程

$$\frac{x^2}{a^2}+\frac{y^2+z^2}{c^2}=1;$$

同理，绕 z 轴旋转为

$$\frac{x^2+y^2}{a^2}+\frac{z^2}{c^2}=1.$$

这两种曲面都称为**旋转椭球面**.

2. **椭球面**

由方程

$$\frac{x^2}{a^2}+\frac{y^2}{b^2}+\frac{z^2}{c^2}=1\ (a>0,\ b>0,\ c>0) \qquad (4)$$

所表示的曲面称为**椭球面**，a，b，c 为椭球面的**半轴**（如图6-22）.

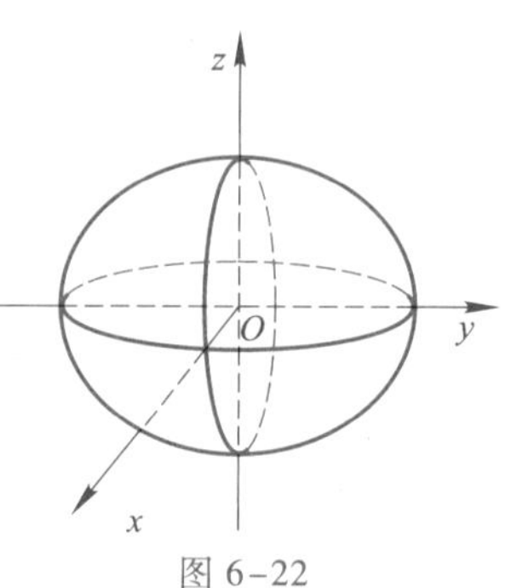

图6-22

由（4）式可知

$$\frac{x^2}{a^2}\leqslant 1,\ \frac{y^2}{b^2}\leqslant 1,\ \frac{z^2}{c^2}\leqslant 1,$$

即 $|x|\leqslant a$，$|y|\leqslant b$，$|z|\leqslant c$. 因此，该椭球面被由 $x=\pm a$，$y=\pm b$，$z=\pm c$ 六个平面所围成的长方体所包含.

当 $a=b=c=R$ 时，（4）式变为 $x^2+y^2+z^2=R^2$，即为球面方程.

3. **椭圆抛物面**

由方程 $\frac{x^2}{a^2}+\frac{y^2}{b^2}=z\ (a>0,\ b>0)$ 所表示的曲面称为**椭圆抛物面**. 可以看出，$z\geqslant 0$，所以曲面在 xOy 平面的上方.

4. **单叶双曲面和双叶双曲面**

方程

$$\frac{x^2}{a^2}+\frac{y^2}{b^2}-\frac{z^2}{c^2}=1\ (a>0,\ b>0,\ c>0)$$

所表示的曲面称为**单叶双曲面**.

方程

$$\frac{x^2}{a^2}+\frac{y^2}{b^2}-\frac{z^2}{c^2}=-1\ (a>0,\ b>0,\ c>0)$$

所表示的曲面称为**双叶双曲面**.

5. **双曲抛物面**

方程

$$\frac{x^2}{a^2}-\frac{y^2}{b^2}=z\ (a>0,\ b>0)$$

所表示的曲面称为**双曲抛物面**.

6.3.4 空间曲线及其在坐标面上的投影

1. **空间曲线的方程**

在6.2.2直线方程中介绍过空间直线可看作两个平面的交线，同样，空间曲线也可以看作两个曲面的交线.

设曲面 Σ_1 的方程为 $F_1(x, y, z)=0$，曲面 Σ_2 的方程为 $F_2(x, y, z)=0$，它们的交线是曲线 Γ（图 6-23）. 因为曲线 Γ 上的任何点都同时在这两个曲面上，所以 Γ 上的所有点的坐标都满足这两个曲面的方程，即

$$\begin{cases}F_1(x, y, z)=0, \\ F_2(x, y, z)=0.\end{cases} \tag{5}$$

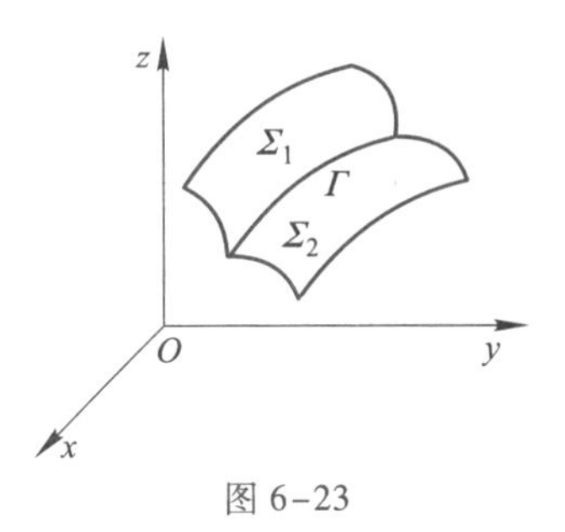

图 6-23

反之，坐标同时满足（5）式的点一定在它们的交线 Γ 上，所以曲线 Γ 可用（5）式表示，称（5）式为**空间曲线 Γ 的一般方程**.

空间曲线也可以用参数方程表示，它的一般形式为

$$\begin{cases}x=x(t), \\ y=y(t), \\ z=z(t)\end{cases}（t 为参数且 \alpha \leqslant t \leqslant \beta）. \tag{6}$$

例 3 方程组$\begin{cases}x^2+y^2=4, \\ 2x+3y+3z=12\end{cases}$表示怎样的曲线?

解 方程组中第一个方程表示圆柱面，其母线平行于 z 轴，准线为 xOy 平面上的圆，圆心在原点，半径为 2；方程组中第二个方程表示平面，它在 x, y, z 轴上的截距分别为 6，4，4. 所以方程组表示的曲线是圆柱面与平面的交线（如图 6-24）.

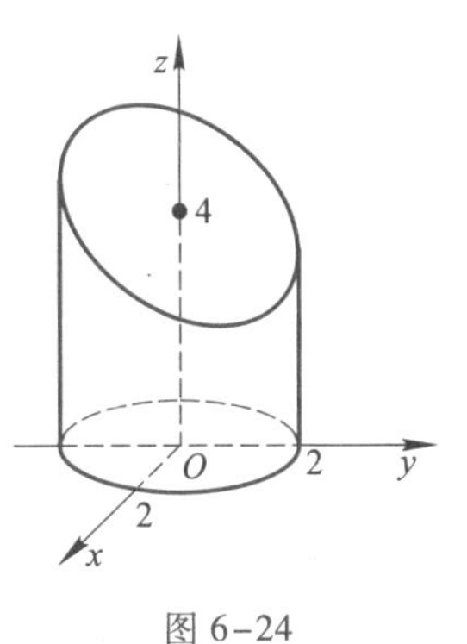

图 6-24

2. 空间曲线在坐标面上的投影

设空间曲线 Γ 的方程为（5），讨论曲线 Γ 在 xOz 平面上投影曲线的方程.

由方程（5）式消去 y，得方程

$$F(x, z)=0. \tag{7}$$

方程（7）表示一个母线平行于 y 轴的柱面. 若某点的坐标满足（5），则该点坐标必满足方程（7），因此曲线 Γ 在（7）式所表示的柱面上，这个柱面称为曲线 Γ 关于 xOz 平面的投影柱面. 投影柱面与 xOz 平面的交线，一般说正是将空间曲线 Γ 投影到 xOz 平面上所得的曲线，这曲线称为空间曲线 Γ 在 xOz 平面上的**投影曲线**，简称**投影**，它的方程是

$$\begin{cases}F(x, z)=0, \\ y=0.\end{cases} \tag{8}$$

用类似的方法可得曲线 Γ 在 xOy 平面和 yOz 平面上投影曲线的方程.

例 4　求出曲线$\begin{cases}\dfrac{x^2}{16}+\dfrac{y^2}{4}-\dfrac{z^2}{4}=1,\\ x-2z+3=0\end{cases}$在 xOy 平面上的投影柱面和投影曲线的方程.

解　从所给方程组中消去 z，得

$$4y^2=6x+25,$$

因此所给曲线在 xOy 平面上的投影柱面方程为

$$4y^2=6x+25,$$

投影曲线方程为

$$\begin{cases}4y^2=6x+25,\\ z=0.\end{cases}$$

练习题 6.3

(A)

1. 求下列旋转曲面的方程：

(1) $\begin{cases}\dfrac{x^2}{4}+\dfrac{y^2}{9}=1,\\ z=0\end{cases}$绕 x 轴旋转；　　(2) $\begin{cases}z=\sqrt{y},\\ x=0\end{cases}$绕 y 轴旋转.

2. 指出下列方程各表示什么曲面：

(1) $\dfrac{x^2}{4}+\dfrac{y^2}{9}=z^2$；　　(2) $\dfrac{x^2}{4}+\dfrac{y^2}{9}=z$.

3. 指出下列方程组在平面解析几何中与在空间解析几何中分别表示什么图形：

(1) $y=2$；　　(2) $x^2-y^2=4$；

(3) $\dfrac{x^2}{4}+\dfrac{y^2}{9}=1$；　　(4) $\begin{cases}x+y=2,\\ 3x-5y=7.\end{cases}$

4. 已知两球面的方程为 $x^2+y^2+z^2=1$ 与 $x^2+(y-1)^2+(z-1)^2=1$，求它们的交线 Γ 在坐标面 xOz 上的投影方程.

(B)

1. 指出方程 $x^2-4y^2-z^2=-1$ 表示什么曲面，并画出图形.

2. 指出下列方程所表示的曲面名称，并画出图形：

(1) $(x-1)^2+(y-2)^2+(z+1)^2=4$；

(2) $4x^2+y^2-z^2=-9$；

(3) $x^2+y^2=1-4z$.

3. 求曲线 Γ: $\begin{cases} x^2+y^2+z^2=64, \\ x^2+y^2=8y \end{cases}$ 在 xOy 坐标面上的投影曲线的方程.

6.4 MATLAB 软件在向量运算及空间曲线、曲面中的应用

6.4.1 MATLAB 软件的格式与功能

MATLAB 具有强大的空间向量的运算能力和空间曲线与曲面的作图能力. 在 MATLAB 中，用数组格式表示空间向量，可以对其进行加减、数量积、向量积等运算，还可以求其向量的模、向量的夹角以及空间曲线与曲面方程等，利用命令函数 plot3( ) 和 mesh( ) 可以作出空间曲线与曲面的图形. 其常见运算和作图的命令函数的调用格式和功能说明如下：

调用格式	功能说明
a=[x, y, z]	建立向量 a，其中 x，y，z 为其三个坐标分量
a+b	向量 a 与 b 的和
dot(a, b)	向量 a 与 b 的数量积 a · b
cross(a, b)	向量 a 与 b 的向量积 a×b
plot3(x, y, z)	绘制三维曲线图形. 其中参数 x，y，z 分别定义曲线的三个坐标向量，它可以是向量也可以是矩阵. 若是向量，则表示绘制一条三维曲线，若是矩阵，则表示绘制多条曲线
plot3(x1, y1, z1, s1, x2, y2, z2, s2, …)	绘制多条三维曲线图形. 其中参数 xi，yi，zi 分别定义曲线的三个坐标，si 用来定义曲线的颜色或线型
mesh(x, y, z, c)	绘制三维网格曲面. 参数 x，y，z 都是矩阵，其中矩阵 x 定义图形的 x 坐标，矩阵 y 定义图形的 y 坐标，矩阵 z 定义图形的 z 坐标，若 x，y 均省略，则三维网格数据矩阵取值 x=1：n,y=1：m. c 表示网格曲面的颜色分布，若省略，则网格曲面的颜色亮度与 z 方向上的高度值成正比

6.4.2 MATLAB 软件运算

例 1 已知向量 $\boldsymbol{a}=2\boldsymbol{i}+\boldsymbol{j}+5\boldsymbol{k}$，计算该向量的模、方向余弦和方向角.

解
```
>>a=[2,1,5];
```

```
>>MO=sqrt(dot(a,a))
MO=     5.477 2
>>cx=2/MO;cy=1/MO;cz=5/MO;
>>c=[cx,cy,cz]
c=     0.365 1     0.182 6     0.912 9
>>ax=acos(cx);ay=acos(cy);az=acos(cz);
>>a=[ax,ay,az]
a=     1.197 0     1.387 2     0.420 5
```

例 2　已知 $\boldsymbol{a}=2\boldsymbol{i}+\boldsymbol{j}+5\boldsymbol{k}$，$\boldsymbol{b}=2\boldsymbol{i}+3\boldsymbol{j}+\boldsymbol{k}$，计算 $\boldsymbol{a}+\boldsymbol{b}$，$\boldsymbol{a}-\boldsymbol{b}$，$\boldsymbol{a}\cdot\boldsymbol{b}$，$\boldsymbol{a}\times\boldsymbol{b}$.

解

```
>>a=[2,1,5];b=[2,3,1];
>>a+b
ans=     4     4     6
>>  a-b
ans=     0    -2     4
>>dot(a,b)
ans=     12
>>cross(a,b)
ans=   -14     8     4
```

例 3　求点（1，2，1）到平面 $x+2y+2z-10=0$ 的距离.

解法 1

```
>>p=[1,2,1];s=[1,2,2];
>>d=abs(sum(p.*s)-10)/sqrt(sum(s.^2))
d=     1
```

解法 2

```
>>p=[1,2,1];s=[1,2,2];
>>d=abs(dot(p,s)-10)/sqrt(dot(s,s))
d=     1
```

例 4　求直线$\begin{cases}x+y+3z=0,\\x-y-z=0\end{cases}$与平面 $x-y-z+1=0$ 的夹角.

解

```
>>a=[1,1,3];b=[1,-1,-1];
>>lin1=cross(a,b)
lin1=     2     4    -2
>>lin2=[1,-1,-1];
>>c = abs(dot(lin1,lin2))/sqrt(dot(lin1,lin1)) * sqrt
  (dot(lin2,lin2))
c=     0
```

例 5　求由点 $A(1,\ -1,\ 3)$，$B(1,\ 0,\ 2)$，$C(-1,\ 1,\ 0)$ 所确定的平面

方程.

解
```
>>syms x y z
>>D=[x,y,z];
>>A=[1,-1,3];B=[1,0,2];C=[-1,1,0];
>>E=cross(A-B,A-C)
E=    -1     2     2
>>dot(E,D-A)
ans=-x-3+2 * y+2 * z
fprintf('-x-3+2 * y+2 * z=0')
-x-3+2 * y+2 * z=0
```

6.4.3 MATLAB 软件绘制图形

例 6 绘制螺旋线$\begin{cases} x=\cos t, \\ y=\sin t, \quad t\in[0, 10\pi]. \\ z=t, \end{cases}$

解
```
>>t=0:0.1:10 * pi;
>>x=cos(t);y=sin(t);z=t;
>>plot3(x,y,z)
```
结果如图 6-25 所示.

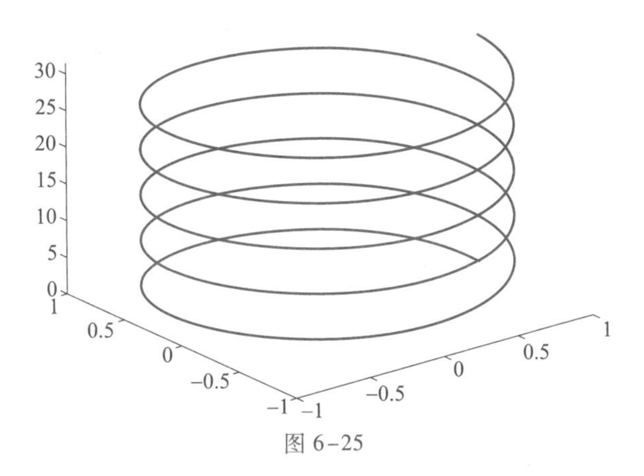

图 6-25

例 7 绘制函数 $z=\sin(x+\sin y)-\frac{x}{10}$的图形.

解
```
>>[x,y]=meshgrid(0:0.25:4 * pi);
>>z=sin(x+sin(y))-x/10;
>>mesh(x,y,z)
```
结果如图 6-26 所示.

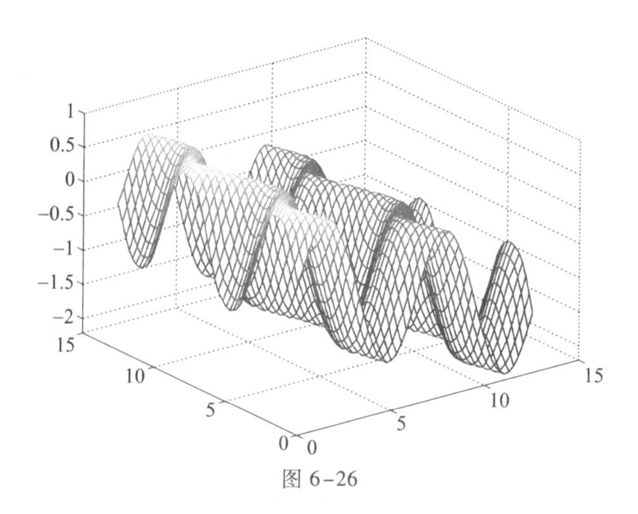

图 6-26

练习题 6.4

(A)

1. 已知向量 $\boldsymbol{a}=2\boldsymbol{i}+3\boldsymbol{j}-3\boldsymbol{k}$，$\boldsymbol{b}=\boldsymbol{i}-3\boldsymbol{j}+4\boldsymbol{k}$，求 $\boldsymbol{a}+\boldsymbol{b}$，$\boldsymbol{a}-\boldsymbol{b}$，$\boldsymbol{a}\cdot\boldsymbol{b}$，$\boldsymbol{a}\times\boldsymbol{b}$ 以及向量 $\boldsymbol{a}$ 的模.

2. 求点（1，2，3）到平面 $5x+2y+8z-4=0$ 的距离.

3. 计算直线 $\dfrac{x+2}{2}=\dfrac{y-11}{3}=\dfrac{z-4}{-1}$ 和直线 $\dfrac{x+2}{2}=\dfrac{y-3}{-1}=\dfrac{z+1}{3}$ 夹角的余弦.

4. 计算直线 $\dfrac{x-2}{3}=\dfrac{y+1}{2}=\dfrac{z-2}{-1}$ 与平面 $4x-2y-2z=3$ 夹角的正弦.

5. 求与向量 $\boldsymbol{a}=\boldsymbol{i}+3\boldsymbol{j}+6\boldsymbol{k}$，$\boldsymbol{b}=\boldsymbol{i}+5\boldsymbol{j}+3\boldsymbol{k}$ 同时垂直的向量.

(B)

1. 绘制函数 $z=\sqrt{9-x^2-y^2}$ 的图形.

2. 绘制马鞍面 $z=x^2-2y^2$ 和平面 $z=2x-3y$ 的交线.

3. 已知椭圆抛物面的参数方程为 $\begin{cases}x=2u\sin v,\\ y=3u\cos v,\\ z=u^2,\end{cases}$ $0\leqslant u\leqslant 10$，$0\leqslant v\leqslant 2\pi$，绘制椭圆抛物面的图形.

自测与提高

1. 指出点 $P_1(1, -1, -1)$，$P_2(-1, 2, 2)$，$P_3(-1, -2, 3)$ 所在的卦限.

2. 已知 $\boldsymbol{a}=\{3,2,-1\}$，$\boldsymbol{b}=\{-1,3,3\}$，求 $\boldsymbol{a}-\boldsymbol{b}$，$\boldsymbol{a}+3\boldsymbol{b}$，$7\boldsymbol{b}$，$\boldsymbol{a}\times\boldsymbol{b}$.

3. 已知向量 $\boldsymbol{a}$ 的起点 $A(4,0,5)$，终点 $B(7,1,3)$，求与 $\boldsymbol{a}$ 平行的单位向量 $\boldsymbol{a}^0$.

4. 求过点 $(4,-1,3)$ 且平行于直线 $\frac{x-3}{2}=\frac{y}{1}=\frac{z-1}{5}$ 的直线方程.

5. 求过点 $(2,0,-3)$ 且与直线 $\begin{cases}x-2y+4z-7=0,\\3x+5y-2z+1=0\end{cases}$ 垂直的平面方程.

6. 指出下列旋转曲面的一条母线和旋转轴：

(1) $z=5(x^2+y^2)$；　　(2) $z^2=9(x^2+y^2)$.

7. 求所给球面 $x^2+y^2+z^2+2y-4z-4=0$ 的球心与半径.

8. 证明直线 $\begin{cases}x+2y-z-7=0,\\-2x+y+z+1=0\end{cases}$ 与直线 $\begin{cases}3x+6y-3z=5,\\2x-y-z+9=0\end{cases}$ 平行.

专升本备考专栏 6

考试基本要求

典型例题及精解

人文素养阅读 6

20 世纪伟大的微分几何家——陈省身

第7章 多元函数微积分

数学中的一些美丽定理具有这样的特性：它们极易从事实中归纳出来，但证明却隐藏得极深.

——高斯

在自然科学和工程技术中经常会遇到多元函数微积分，多元函数微积分是一元函数微积分的推广和发展，本书主要介绍二元函数微积分. 其主要内容是偏导数、全微分和重积分的概念与运算. 常把多元函数的微积分问题转化为一元函数的微积分问题，用一元函数的知识和方法加以解决.

7.1 多元函数的概念与极限

7.1.1 多元函数的概念

在自然现象和实际问题中，经常会遇到多个变量之间的依赖关系. 这里我们考察几个例子.

例1 设矩形的边长分别为 x 和 y，则矩形的面积 S 为

$$S=xy.$$

这里，当 x，y 在集合 $\{(x, y)|x>0, y>0\}$ 内取定一对值时，S 的对应值就随之确定了.

例2 一定量的理想气体的压强 P，体积 V 和绝对温度 T 之间有如下关系

$$P=\frac{RT}{V}\ (R\text{ 是常数}).$$

这里，当 T，V 在集合 $\{(T, V)|T>0, V>0\}$ 内取定一对值时，P 的对应值也就随之确定了.

以上几个例子，虽然来自不同的实际问题，但是都说明，在一定的条件下，三个变量之间存在着一种依赖关系，这种关系给出了一个变量与另两个变量之间的对应法则，依照这个法则，当两个变量在允许的范围内取定一组数时，另一个变量有唯一确定的值与之相对应. 由这些共性可给出二元函数的定义.

1. 二元函数的定义

定义 1 设有三个变量 x，y 和 z，如果当变量 x，y 在它们的变化范围 D 内任意取一对值时，变量 z 按照一定的对应规律都有唯一确定的值与它们相对应，则称 z 为变量 x，y 的**二元函数**，记为 $z=f(x, y)$，其中 x 与 y 称为**自变量**，函数 z 称为**因变量**. 自变量 x 与 y 的变化范围 D 称为函数 z 的**定义域**. 类似地，可以定义三元、四元等多元函数.

一元函数的自变量只有一个，因而其定义域一般来说是一个或几个区间. 二元函数有两个自变量，它们的自变量变化范围或者是整个平面，或者是平面上的一部分.

由一条或几条光滑曲线所围成的具有连通性（如果一块部分平面内任意两点均可用完全属于此部分平面的折线段连接起来，这样的部分平面称为具有**连通性**）的部分平面，称为**平面区域**，简称**区域**. 二元函数的定义域通常为平面区域，围成区域的曲线称为区域的边界，边界上的点称为**边界点**，包括边界在内的区域称为**闭域**，不包括边界在内的区域称为**开域**. 如果区域延伸到无穷远处，则称为**无界区域**，否则称为**有界区域**.

微课7.1.1 多元函数的概念

例 3 求二元函数 $z=\sqrt{x+y}$ 的定义域.

知识拓展7.1.1 平面点集

解 由根式函数的要求容易知道，自变量 x，y 所取的值必须满足不等式

$$x+y \geqslant 0.$$

即函数的定义域为

$$D=\{(x, y) \mid x+y \geqslant 0\}.$$

其几何图形为平面上位于直线 $y=-x$ 右方的半平面（如图 7-1 所示）.

例 4 求二元函数 $z=\ln(xy)$ 的定义域.

解 自变量 x，y 所取的值必须满足不等式

$$xy>0,$$

即函数的定义域为

$$D=\{(x, y) \mid xy>0\}.$$

其几何图形为位于平面上一、三象限内的部分（如图 7-2 所示）.

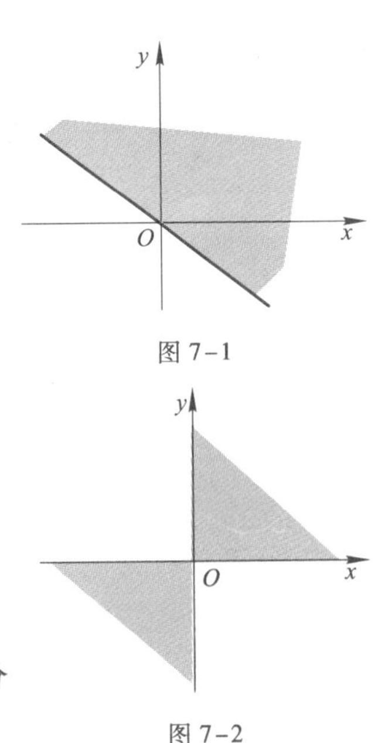

图 7-1

图 7-2

例 5 求二元函数 $z=\sqrt{9-x^2-y^2}+\sqrt{x^2+y^2-1}$ 的定义域以及在点（2，2）处的函数值.

解 自变量 x，y 所取的值必须满足不等式

$$\begin{cases}9-x^2-y^2\geqslant 0,\\ x^2+y^2-1\geqslant 0,\end{cases}$$

即函数的定义域为

$$D=\{(x,\ y)\mid 1\leqslant x^2+y^2\leqslant 9\}.$$

其几何图形为平面上以原点为圆心，半径为1的圆和以原点为圆心，半径为3的圆所围成的圆环域（包括边界曲线，如图7-3所示）.

函数在点（2，2）处的函数值为 $z\big|_{(2,2)}=1+\sqrt{7}$.

2. **二元函数的几何意义**

微课7.1.2

二元函数的极限与连续

建立空间直角坐标系后，由二元函数 $z=f(x,\ y)$ 定义域 D 中任取一点 $P_0(x_0,\ y_0)$，算出对应的函数值 $z_0=f(x_0,\ y_0)$ 就得到空间一个点 $M_0(x_0,\ y_0,\ z_0)$，当点 P 在区域 D 中变动位置时，对应点的全体形成空间的一个曲面 S. 曲面 S 称为**二元函数的图形**，而 $z=f(x,\ y)$ 也就是**曲面的方程**.

注意，二元函数 $z=f(x,\ y)$ 的图形为一空间图形，而二元函数的定义域的图形为平面图形，空间曲面 S 在 xOy 平面上的投影即为二元函数 $z=f(x,\ y)$ 定义域的图形（如图7-4所示）.

知识拓展7.1.2

二元函数极限的数学定义

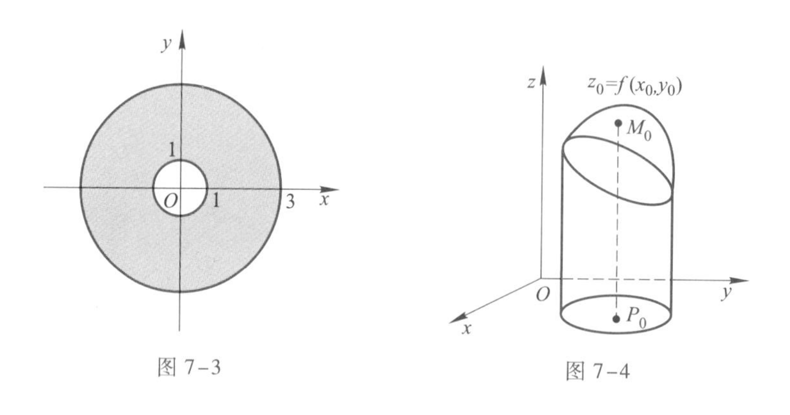

图7-3　　图7-4

7.1.2 二元函数的极限与连续性

二元函数的极限与连续的定义和一元函数的极限与连续的定义类似.

1. **二元函数的极限**

一元函数的极限是刻画当自变量按一定趋势变化时函数的变化趋势的. 同样

对于二元函数 $z=f(x,y)$，也会遇到当自变量按一定趋势变化时函数 $z=f(x,y)$ 的变化趋势.

定义 2　设二元函数 $z=f(x,y)$ 在区域 D 内有定义，如果当点 (x,y) 以任何方式趋近于点 (x_0,y_0) 时，$f(x,y)$ 总是无限地趋近于一个确定的常数 A，则称常数 A 为函数 $z=f(x,y)$ 在 $x\to x_0$，$y\to y_0$ 时的**极限**，记作

$$\lim_{\substack{x\to x_0\\ y\to y_0}} f(x,y)=A, \text{ 或 } f(x,y)\to A((x,y)\to(x_0,y_0)).$$

一元函数极限的四则运算法则，可以相应地推广到二元函数.

例 6　求 $\lim\limits_{\substack{x\to 0\\ y\to 0}}\dfrac{\sin xy}{y}$.

解　由于

$$\lim_{\substack{x\to 0\\ y\to 0}}\frac{\sin xy}{y}=\lim_{\substack{x\to 0\\ y\to 0}}x\cdot\frac{\sin xy}{xy},$$

而 $\lim\limits_{\substack{x\to 0\\ y\to 0}}x=0$，令 $xy=t$，有

$$\lim_{\substack{x\to 0\\ y\to 0}}\frac{\sin xy}{xy}=\lim_{t\to 0}\frac{\sin t}{t}=1,$$

所以

$$\lim_{\substack{x\to 0\\ y\to 0}}\frac{\sin xy}{y}=0.$$

例 7　讨论二元函数

$$f(x,y)=\begin{cases}\dfrac{xy}{x^2+y^2}, & x^2+y^2\neq 0,\\ 0, & x^2+y^2=0\end{cases}$$

当 $(x,y)\to(0,0)$ 时是否存在极限.

解　令 $y=x$，即当点 (x,y) 沿直线 $y=x$ 趋于点 $(0,0)$ 时，有

$$\lim_{\substack{x\to 0\\ y\to 0}}f(x,y)=\lim_{x\to 0}\frac{x^2}{x^2+x^2}=\frac{1}{2}.$$

又令 $y=x^2$，即当点 (x,y) 沿曲线 $y=x^2$ 趋于点 $(0,0)$ 时，有

$$\lim_{\substack{x\to 0\\ y\to 0}}f(x,y)=\lim_{x\to 0}\frac{x^3}{x^2+x^4}=\lim_{x\to 0}\frac{x}{1+x^2}=0.$$

因为沿不同路径趋近于 0 时，所得的极限值不同，根据二元函数的定义，原式的极限不存在.

2. 二元函数的连续性

和一元函数类似，下面引入二元函数连续的概念.

定义3 设二元函数 $z=f(x, y)$ 在点 $P_0(x_0, y_0)$ 的 δ 邻域①内有定义，若

$$\lim_{\substack{x\to x_0\\y\to y_0}}f(x, y)=f(x_0, y_0),$$

则称二元函数 $z=f(x, y)$ 在点 $P_0(x_0, y_0)$ 处**连续**. 点 $P_0(x_0, y_0)$ 称为$z=f(x, y)$ 的**连续点**.

知识拓展7.1.3

二元函数连续的数学定义

若函数 $z=f(x, y)$ 在区域 D 上每一点处都连续，则称函数 $f(x, y)$ 在区域 D 上连续.

显然，$z=f(x, y)$ 在点 $P_0(x_0, y_0)$ 处连续，则必须同时满足三条：

(1) $z=f(x, y)$ 在点 $P_0(x_0, y_0)$ 的 δ 邻域内有定义；

(2) $\lim\limits_{\substack{x\to x_0\\y\to y_0}}f(x, y)$ 的极限要存在；

(3) $\lim\limits_{\substack{x\to x_0\\y\to y_0}}f(x, y)=f(x_0, y_0)$.

若以上三条中有一条不满足，点 $P_0(x_0, y_0)$ 就称为**间断点**，此时，函数 $z=f(x, y)$ 在点 $P_0(x_0, y_0)$ 处**间断**.

与一元函数一样，二元函数的和、差、积、商（分母不为零）及复合函数仍是连续函数. 由此还可以得出“多元初等函数在其定义区域内连续”. 所谓定义区域是指包含在定义域内的区域.

练习题 7.1

(A)

1. 求下列各函数的表达式：

(1) 已知 $f(x, y)=x^2y+y^2$，求 $f(x+y, xy)$；

(2) 已知 $f(x, y)=3x+2y$，求 $f\left(xy, \dfrac{y}{x}\right)$.

2. 求下列函数的定义域：

(1) $z=\dfrac{1}{\sqrt{x}}\ln(x-y)$；

(2) $z=x+\sqrt{y}$；

(3) $z=\ln(-2x-y)$；

(4) $z=\sqrt{4-x^2-y^2}+\ln(x^2+y^2-1)$.

(B)

1. 求下列极限：

① 设 $\delta>0$，$\sqrt{(x-x_0)^2+(y-y_0)^2}<\delta$ 称为以 (x_0, y_0) 为中心，以 δ 为半径的 δ 邻域，它表示与点 $P_0(x_0, y_0)$ 距离小于 δ 的点 $P(x, y)$ 的全体.

(1) $\lim\limits_{(x,y)\to(0,2)}\dfrac{\sin xy}{x}$; (2) $\lim\limits_{(x,y)\to(1,1)}\dfrac{x^2+y^2-xy+3}{x+y}$;

(3) $\lim\limits_{(x,y)\to(0,1)}\sqrt{1-x^2+y^2}$; (4) $\lim\limits_{(x,y)\to(0,0)}\dfrac{xy}{\sqrt{1+xy}-1}$.

2. 指出下列函数在何处是间断的:

(1) $u=\ln(x^2+y^2)$; (2) $u=\dfrac{1}{(x-y)^2}$.

7.2 偏导数

7.2.1 偏导数的概念

与一元函数相似，多元函数也需要讨论变化率问题. 由于多元函数的自变量不止一个，因变量与自变量的函数关系要比一元函数复杂得多. 下面主要讨论当某一自变量在变化，而其他自变量不变化（视为常数）时，函数的变化率问题. 它就是多元函数的偏导数.

在二元函数 $z=f(x, y)$ 中，如果只有自变量 x 变化，而自变量 y 固定（即看作常量），这时，$z=f(x, y)$ 就成了一元函数，因此可以利用一元函数的导数概念，得到二元函数对自变量 x 的变化率，称之为二元函数 z 对于 x 的偏导数.

1. 偏导数的定义

定义 设函数 $z=f(x, y)$ 在点 $P_0(x_0, y_0)$ 的某一邻域内有定义，当 y 固定在 y_0，而 x 在 x_0 处有增量 Δx 时，相应地函数有增量

$$f(x_0+\Delta x, y_0)-f(x_0, y_0).$$

如果极限

$$\lim_{\Delta x\to 0}\frac{f(x_0+\Delta x, y_0)-f(x_0, y_0)}{\Delta x}$$

存在，则称此极限为函数 $z=f(x, y)$ 在点 $P_0(x_0, y_0)$ 处对 x 的**偏导数**. 记作

$$\left.\frac{\partial z}{\partial x}\right|_{\substack{x=x_0\\y=y_0}},\quad \left.\frac{\partial f}{\partial x}\right|_{\substack{x=x_0\\y=y_0}},\quad \left.z_x\right|_{\substack{x=x_0\\y=y_0}},\quad \text{或 } f_x(x_0, y_0),$$

微课7.2.1
偏导数的定义

即

$$f_x(x_0, y_0)=\lim_{\Delta x\to 0}\frac{f(x_0+\Delta x, y_0)-f(x_0, y_0)}{\Delta x}.$$

同样，$z=f(x, y)$ 在点 $P_0(x_0, y_0)$ 处对 y 的**偏导数**定义为

$$f_y(x_0, y_0)=\lim_{\Delta y\to 0}\frac{f(x_0, y_0+\Delta y)-f(x_0, y_0)}{\Delta y}.$$

也可记作

$$\left.\frac{\partial z}{\partial y}\right|_{\substack{x=x_0\\y=y_0}},\ \left.\frac{\partial f}{\partial y}\right|_{\substack{x=x_0\\y=y_0}},\ z_y\Big|_{\substack{x=x_0\\y=y_0}},\ 或 f_y(x_0,\ y_0).$$

如果 $z=f(x,\ y)$ 在区域 D 内的每一点 $(x,\ y)$ 处对 x 的偏导数都存在，那么这个偏导数仍为 x，y 的函数，此函数称为 $z=f(x,\ y)$ 对自变量 x 的**偏导函数**，简称为**偏导数**，记作

$$\frac{\partial z}{\partial x},\ \frac{\partial f}{\partial x},\ z_x,\ 或 f_x(x,\ y),$$

即

$$\frac{\partial z}{\partial x}=\lim_{\Delta x\to 0}\frac{f(x+\Delta x,\ y)-f(x,\ y)}{\Delta x}.$$

类似地，可以定义 $z=f(x,\ y)$ 对自变量 y 的偏导数，记作

$$\frac{\partial z}{\partial y},\ \frac{\partial f}{\partial y},\ z_y,\ 或 f_y(x,\ y),$$

即

$$\frac{\partial z}{\partial y}=\lim_{\Delta y\to 0}\frac{f(x,\ y+\Delta y)-f(x,\ y)}{\Delta y}.$$

根据函数在一点处的偏导数与偏导函数的定义，要求

$$\left.\frac{\partial z}{\partial x}\right|_{\substack{x=x_0\\y=y_0}},\ \left.\frac{\partial z}{\partial y}\right|_{\substack{x=x_0\\y=y_0}},$$

只需先求出$\frac{\partial z}{\partial x}$，$\frac{\partial z}{\partial y}$，然后将 $x=x_0$，$y=y_0$ 代入即可.

由此不难看出，求多元函数的偏导数，并不需要新的方法，因为这里只有一个自变量在变化，其他自变量看作常量，所以仍然是求一元函数的导数.

例 1 求 $z=xy+\frac{x}{y}$的偏导数$\frac{\partial z}{\partial x}$，$\frac{\partial z}{\partial y}$.

解 对 x 求导时，把 y 看作常量，对 x 求导数，有

$$\frac{\partial z}{\partial x}=y+\frac{1}{y};$$

对 y 求导时，把 x 看作常量，对 y 求导数，有

$$\frac{\partial z}{\partial y}=x-\frac{x}{y^2}.$$

例 2 求 $z=x^y$（$x>0$，$x\neq 1$，y 为任意实数）的偏导数$\frac{\partial z}{\partial x}$，$\frac{\partial z}{\partial y}$.

解 对 x 求导时，把 y 看作常量，对 x 求导数，有

$$\frac{\partial z}{\partial x}=y\cdot x^{y-1};$$

对 y 求导时，把 x 看作常量，对 y 求导数，有$\frac{\partial z}{\partial y}=x^y\cdot\ln x$.

例 3 求 $z=x^2+3xy+y^2$ 在点（1，2）处的偏导数.

解法 1
$$\frac{\partial z}{\partial x}=2x+3y,\quad \frac{\partial z}{\partial y}=3x+2y.$$

则
$$\left.\frac{\partial z}{\partial x}\right|_{\substack{x=1\\y=2}}=8,\ \left.\frac{\partial z}{\partial y}\right|_{\substack{x=1\\y=2}}=7.$$

解法 2
$$f(x,2)=x^2+6x+4,\ f(1,y)=1+3y+y^2,$$

则
$$f_x(1,2)=\left.(2x+6)\right|_{x=1}=8,$$
$$f_y(1,2)=\left.(3+2y)\right|_{y=2}=7.$$

求多元函数在某点处的偏导数时，解法 2 有时会方便些.

例 4 已知 $u=\mathrm{e}^{x^2+y^2+z^2}$，求$\frac{\partial u}{\partial x}$，$\frac{\partial u}{\partial y}$，$\frac{\partial u}{\partial z}$.

解 此函数为一个三元函数，求函数对自变量的偏导数，其解法与求二元函数的偏导数的解法相同，即求 u 关于 x 的偏导数，要把 y，z 看作是常数；求 u 关于 y 的偏导数，要把 x，z 看作是常数；求 u 关于 z 的偏导数，要把 x，y 看作是常数. 并可以此进行推广.

从而有
$$\frac{\partial u}{\partial x}=2x\mathrm{e}^{x^2+y^2+z^2},\ \frac{\partial u}{\partial y}=2y\mathrm{e}^{x^2+y^2+z^2},\ \frac{\partial u}{\partial z}=2z\mathrm{e}^{x^2+y^2+z^2}.$$

2. 偏导数的几何意义

设 $M_0(x_0, y_0, f(x_0, y_0))$ 为曲面 $z=f(x, y)$ 上的一点，过点 M_0 作平面 $y=y_0$，与曲面相截得一条曲线，其方程为
$$\begin{cases}y=y_0,\\ z=f(x,y_0),\end{cases}$$

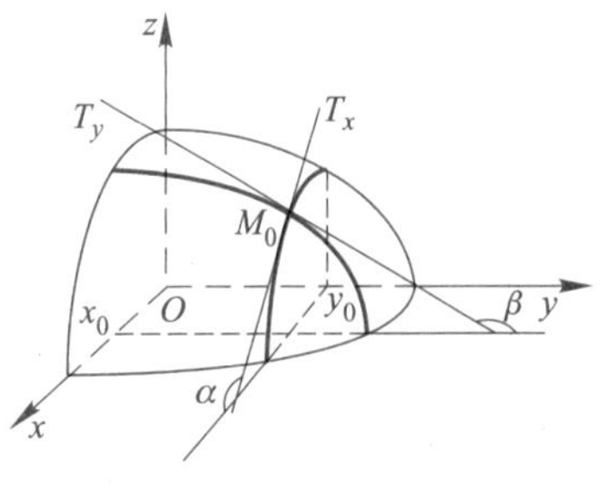

图 7-5

而偏导数 $f_x(x_0, y_0)$ 就是一元函数 $z=f(x, y_0)$ 在点 x_0 处的导数
$$\left.\frac{\mathrm{d}}{\mathrm{d}x}f(x,y_0)\right|_{x=x_0}.$$

在几何上，它表示曲线在点 M_0 处的切线 M_0T_x 对 x 轴的斜率（如图 7-5）
$$\tan\alpha=f_x(x_0,y_0).$$

同理，偏导数 $f_y(x_0, y_0)$ 表示曲面 $z=f(x, y)$ 被平面 $x=x_0$ 所截得曲线

$$\begin{cases} x = x_0, \\ z = f(x_0, y) \end{cases}$$

在点 M_0 处的切线对 y 轴的斜率

$$\tan\beta = f_y(x_0, y_0).$$

7.2.2　高阶偏导数

函数 $z=f(x, y)$ 的两个偏导数，一般仍为 x，y 的二元函数，如果这两个偏导数的偏导数还存在的话，则称二元函数 $z=f(x, y)$ 偏导数的偏导数为 $z=f(x, y)$ 的二阶偏导数. 按对变量的不同求导次序，二元函数的二阶偏导数共有四个，分别记为

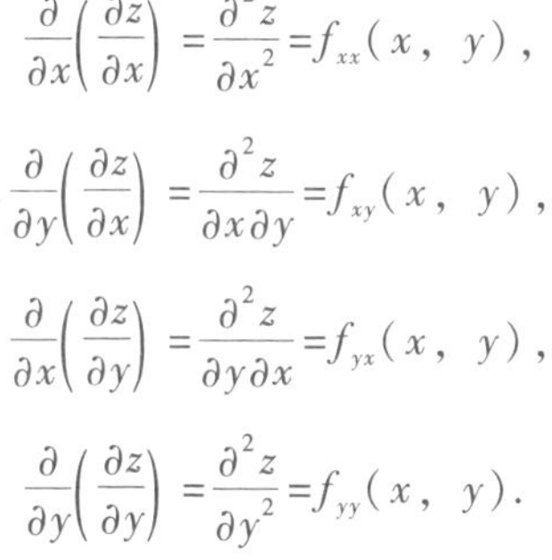
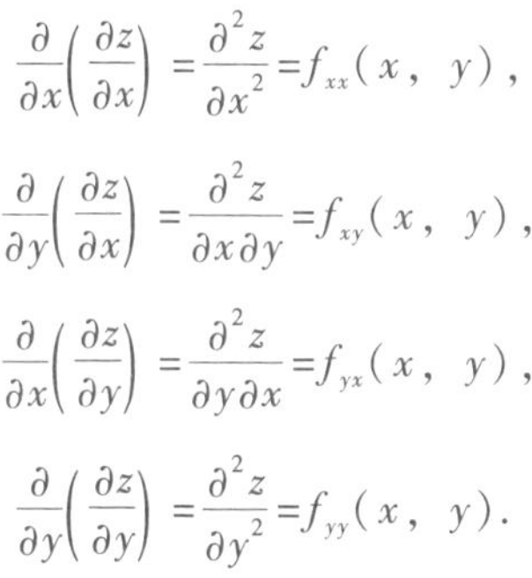

$$\frac{\partial}{\partial x}\left(\frac{\partial z}{\partial x}\right) = \frac{\partial^2 z}{\partial x^2} = f_{xx}(x, y),$$

$$\frac{\partial}{\partial y}\left(\frac{\partial z}{\partial x}\right) = \frac{\partial^2 z}{\partial x \partial y} = f_{xy}(x, y),$$

$$\frac{\partial}{\partial x}\left(\frac{\partial z}{\partial y}\right) = \frac{\partial^2 z}{\partial y \partial x} = f_{yx}(x, y),$$

$$\frac{\partial}{\partial y}\left(\frac{\partial z}{\partial y}\right) = \frac{\partial^2 z}{\partial y^2} = f_{yy}(x, y).$$

其中 $f_{xy}(x, y)$，$f_{yx}(x, y)$ 为**二阶混合偏导数**. 类似地，可得到三阶、四阶和更高阶的导数. 二阶及二阶以上的偏导数统称为**高阶偏导数**.

例 5　求函数 $z=x^2y-xy^2$ 的二阶偏导数.

解　因为

$$\frac{\partial z}{\partial x} = 2xy-y^2,\ \frac{\partial z}{\partial y} = x^2-2xy,$$

则

$$\frac{\partial^2 z}{\partial x^2} = \frac{\partial}{\partial x}\left(\frac{\partial z}{\partial x}\right) = \frac{\partial}{\partial x}(2xy-y^2) = 2y,$$

$$\frac{\partial^2 z}{\partial x \partial y} = \frac{\partial}{\partial y}\left(\frac{\partial z}{\partial x}\right) = \frac{\partial}{\partial y}(2xy-y^2) = 2x-2y,$$

$$\frac{\partial^2 z}{\partial y \partial x} = \frac{\partial}{\partial x}\left(\frac{\partial z}{\partial y}\right) = \frac{\partial}{\partial x}(x^2-2xy) = 2x-2y,$$

$$\frac{\partial^2 z}{\partial y^2} = \frac{\partial}{\partial y}\left(\frac{\partial z}{\partial y}\right) = \frac{\partial}{\partial y}(x^2-2xy) = -2x.$$

注意，此例中的两个二阶混合偏导数相等，即

$$\frac{\partial^2 z}{\partial x \partial y} = \frac{\partial^2 z}{\partial y \partial x},$$

但这个结论并不是对任意可求二阶偏导数的二元函数都成立，当两个二阶混合偏导数满足如下条件时，结论就成立.

定理 如果函数 $z=f(x, y)$ 的两个二阶混合偏导数 $\frac{\partial^2 z}{\partial x\partial y}$ 及 $\frac{\partial^2 z}{\partial y\partial x}$ 在区域 D 内连续，那么在该区域内这两个二阶混合偏导数必相等.

这个定理说明，只要两个二阶混合偏导数连续，那么它们与求导次序无关. 对于二元以上的函数，高阶混合偏导数在偏导数连续的条件下也与求导的次序无关.

练习题 7.2

(A)

1. 求下列各函数的偏导数：

(1) $z=2xy^2-\sin x+5y^3$；　(2) $z=x^2\sin y$；

(3) $z=e^{xy}$；　(4) $z=\frac{xy}{x+y}$；

(5) $z=\arctan\frac{2x}{y}$；　(6) $z=\ln(xy+\ln y)$；

(7) $u=xy+yz+xz$.

2. 求下列各函数在指定点处的偏导数：

(1) $f(x, y)=\sin(x+2y)$，求 $f_x\left(\frac{\pi}{2}, 0\right)$，$f_y\left(\frac{\pi}{2}, 0\right)$；

(2) $f(x, y)=\ln(1+x^2+y^2)$，求 $f_x(1, 2)$，$f_y(1, 2)$.

3. 求曲线 $\begin{cases} x=\sqrt{3}, \\ z=\sqrt{x^2+y^2+1} \end{cases}$ 在点 $(\sqrt{3}, 1, \sqrt{5})$ 处的切线关于 y 轴的斜率.

(B)

1. 求下列各函数的二阶偏导数：

(1) $z=x^3y-3x^2y^3$；　(2) $z=y\ln x$；

(3) $z=\sin(xy^2)$；　(4) $z=e^{ax+by}$.

2. 求下列各函数在指定点处的二阶偏导数：

(1) $f(x, y)=e^x(\cos y+x\sin y)$，求 $f_{xx}\left(0, \frac{\pi}{2}\right)$，$f_{xy}\left(0, \frac{\pi}{2}\right)$，$f_{yy}\left(0, \frac{\pi}{2}\right)$.

(2) $f(x, y, z)=xy^2+yz^2+zx^2$，求 $f_{xx}(1, 1, 2)$，$f_{xy}(1, 1, 2)$，$f_{xz}(1, 1, 2)$.

7.3 全微分

7.3.1 全微分的定义

在求一元函数 $y=f(x)$ 的增量 Δy 的时候，是用微分 $\mathrm{d}y=f'(x)\mathrm{d}x$ 来进行近似表示的. 当 Δx 很微小时，$\mathrm{d}y$ 计算较方便，它为 Δx 的一线性表示式，又 $\mathrm{d}y$ 作为 Δy 的近似值，所产生的误差为 Δx 的高阶无穷小. 将此方法推广到二元函数上，建立和一元函数相类似的全微分概念.

微课7.3.1
全微分的定义

定义 如果二元函数 $z=f(x, y)$ 在点 (x, y) 处的全增量

$$\Delta z=f(x+\Delta x, y+\Delta y)-f(x, y)$$

可以表示为关于 Δx，Δy 的线性函数与一个比 $\rho=\sqrt{\Delta x^2+\Delta y^2}$ 高阶的无穷小之和，即

$$\Delta z=f(x+\Delta x, y+\Delta y)-f(x, y)=A\cdot\Delta x+B\cdot\Delta y+o(\rho),$$

其中，A，B 与 Δx，Δy 无关，只与 x 与 y 有关，则称函数 $f(x, y)$ 在点 (x, y) 处**可微分**，并称 $A\cdot\Delta x+B\cdot\Delta y$ 是函数 $z=f(x, y)$ 在点 (x, y) 处的**全微分**，记作

$$\mathrm{d}z=A\cdot\Delta x+B\cdot\Delta y.$$

知识拓展7.3.1
全微分形式不变性

对于一元函数，$y=f(x)$ 在点 x 处可微与在点 x 处可导是等价的，且 $\mathrm{d}y=f'(x)\cdot\Delta x$，即$A=f'(x)$.

对于二元函数有

定理1（可微的必要条件） 如果函数 $z=f(x, y)$ 在点 (x, y) 处可微分，则它在点 (x, y) 处的偏导数$\dfrac{\partial z}{\partial x}$，$\dfrac{\partial z}{\partial y}$存在，并有

$$\mathrm{d}z=\frac{\partial z}{\partial x}\cdot\Delta x+\frac{\partial z}{\partial y}\cdot\Delta y.$$

一般地，用 $\mathrm{d}x$ 记 Δx，$\mathrm{d}y$ 记 Δy，并称为自变量 x，y 的微分，这样函数的全微分可写成

$$\mathrm{d}z=\frac{\partial z}{\partial x}\mathrm{d}x+\frac{\partial z}{\partial y}\mathrm{d}y.$$

知识拓展7.3.2
二元函数可微的条件的证明

下面给出可微的充分条件.

定理2（可微的充分条件） 如果函数 $z=f(x, y)$ 的偏导数$\dfrac{\partial z}{\partial x}$和$\dfrac{\partial z}{\partial y}$在点 (x, y) 处连续，则函数在该点处可微分.

与一元函数类似，二元函数 $z=f(x, y)$ 在点 (x, y) 处可微分，则函数在

该点处连续.

定理 3 若函数 $z=f(x, y)$ 在点 (x, y) 处可微，则它在该点处一定连续.

全微分的概念也可以推广到二元以上函数的情形. 例如，如果三元函数 $u=f(x, y, z)$ 可微分，那么

$$du=\frac{\partial u}{\partial x}dx+\frac{\partial u}{\partial y}dy+\frac{\partial u}{\partial z}dz.$$

例 1 求函数 $z=\tan(x+y^2)$ 的全微分.

多元复合函数求导法则

解 因为

$$\frac{\partial z}{\partial x}=\sec^2(x+y^2),\quad \frac{\partial z}{\partial y}=2y\sec^2(x+y^2),$$

所以

$$dz=\sec^2(x+y^2)dx+2y\sec^2(x+y^2)dy.$$

例 2 求函数 $z=e^{x^2y}$ 在点 $(2, 1)$ 处的全微分.

解 因为

$$\frac{\partial z}{\partial x}=2xye^{x^2y},\quad \frac{\partial z}{\partial y}=x^2e^{x^2y}.$$

所以

$$\left.\frac{\partial z}{\partial x}\right|_{(2,1)}=4e^4,\quad \left.\frac{\partial z}{\partial y}\right|_{(2,1)}=4e^4,$$

所以

$$dz=4e^4dx+4e^4dy.$$

7.3.2 全微分在近似计算中的应用

由二元函数全微分的定义知，当二元函数 $z=f(x, y)$ 的两个偏导数 $f_x(x, y)$，$f_y(x, y)$ 在点 (x, y) 处连续，并且 $|\Delta x|$ 与 $|\Delta y|$ 都较小时，有近似公式

$$\Delta z\approx dz.$$

又

$$\Delta z=f(x+\Delta x, y+\Delta y)-f(x, y),$$
$$dz=f_x(x, y)\Delta x+f_y(x, y)\Delta y,$$

所以有

$$f(x+\Delta x, y+\Delta y)\approx f(x, y)+f_x(x, y)\Delta x+f_y(x, y)\Delta y.$$

例 3 求 $(1.02)^{4.96}$ 的近似值.

解 设函数 $f(x, y)=x^y$，取

$$x=1,\ \Delta x=0.02,\ y=5,\ \Delta y=-0.04,$$

则

$$f(1,5)=1^5=1,$$
$$f_x(1,5)=yx^{y-1}\Big|_{\substack{x=1\\y=5}}=5,$$
$$f_y(1,5)=x^y\ln x\Big|_{\substack{x=1\\y=5}}=0.$$

所以由

$$f(x+\Delta x,y+\Delta y)\approx f(x,y)+f_x(x,y)\Delta x+f_y(x,y)\Delta y,$$

得

$$(1.02)^{4.96}\approx f(1,5)+f_x(1,5)\cdot 0.02+f_y(1,5)\cdot(-0.04).$$
$$=1+5\times 0.02=1.1.$$

练习题 7.3

(A)

1. 求下列函数的全微分：

(1) $z=x\sin y+y\cos x$； (2) $z=\ln(3x-2y)$；

(3) $z=\dfrac{x^2+y^2}{xy}$； (4) $z=\dfrac{e^{xy}}{x+y}$.

2. 求函数 $z=x^2y^2$ 在点 (2, 1) 处的全微分.

(B)

1. 求函数 $z=\dfrac{y}{x}$ 当 $x=2$，$y=1$，$\Delta x=0.1$，$\Delta y=-0.2$ 时的全增量和全微分.

2. 利用全微分计算近似值：

(1) $(1.04)^{2.02}$； (2) $\sqrt{(1.02)^3+(1.97)^3}$.

7.4 多元函数的极值

在日常生活中，人们常常遇到如何将有限的资金进行多项投资，使总收益最大这种有关多元函数的最值问题. 与一元函数类似，利用多元函数的偏导数可以求得函数的极值. 本节讨论二元函数的情形.

7.4.1 二元函数的极值

定义 设函数 $z=f(x,y)$ 在点 (x_0,y_0) 的某个邻域内有定义，如果对于点 (x_0,y_0) 在该邻域内任何异于它的点 (x,y)，都有

$$f(x, y) \leqslant f(x_0, y_0) \text{（或} f(x, y) \geqslant f(x_0, y_0)\text{）},$$

则称函数在点（x_0，y_0）处取得**极大值**（或**极小值**）. 极大值与极小值统称为函数的**极值**，使函数取得极值的点称为**极值点**.

二元函数的极值

二元函数的极值是一个局部概念，这一概念很容易推广至多元函数.

例 1 讨论下述函数在原点（0，0）处是否取得极值：

（1）$z=x^2+y^2$；（2）$z=-\sqrt{x^2+y^2}$；（3）$z=x\cdot y$.

解 根据极值定义可以判断：

（1）$z=x^2+y^2$ 在点（0，0）处取得极小值 $f(0, 0)=0$（如图 7-6 所示，（0，0，0）是开口向上的旋转抛物面 $z=x^2+y^2$ 的顶点）.

（2）$z=-\sqrt{x^2+y^2}$ 在点（0，0）处取得极大值 $f(0, 0)=0$（如图 7-7 所示，点（0，0，0）是开口向下的锥面 $z=-\sqrt{x^2+y^2}$ 的顶点）；

（3）点（0，0）不是**马鞍面** $z=x\cdot y$ 的极值点（如图 7-8 所示）.

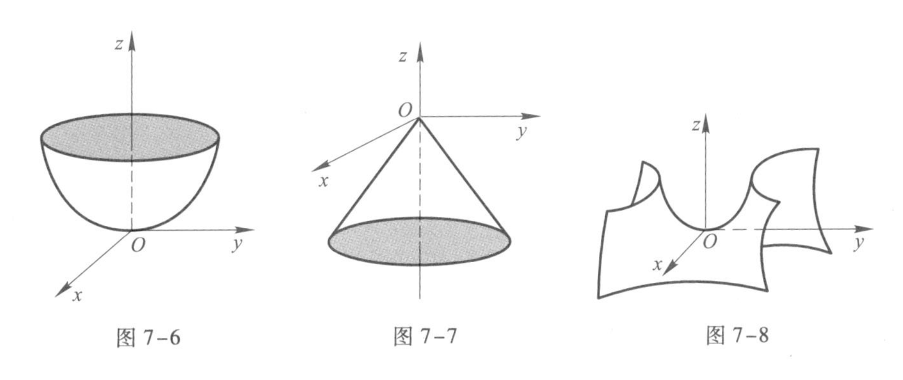

图 7-6　图 7-7　图 7-8

下面给出二元函数有极值的必要条件.

定理 1 如果函数 $z=f(x, y)$ 在点 $P_0(x_0, y_0)$ 处的两个一阶偏导数都存在，且函数在点 $P_0(x_0, y_0)$ 处取得极值，则必有

$$\begin{cases} \left.\dfrac{\partial z}{\partial x}\right|_{P_0}=f_x(x_0, y_0)=0, \\ \left.\dfrac{\partial z}{\partial y}\right|_{P_0}=f_y(x_0, y_0)=0. \end{cases}$$

称满足上述方程组的解为坐标的点为二元函数 $z=f(x, y)$ 的**驻点**.

此定理表明，可（偏）导函数的极值点必为驻点. 反过来，函数的驻点却不一定是极值点. 例如，$z=x\cdot y$ 在点（0，0）处不取得极值，但却是驻点.

此外，偏导数 $f_x(x_0, y_0)$ 或 $f_y(x_0, y_0)$ 不存在的点（x_0，y_0）也是函数的可能极值点. 例如，$z=-\sqrt{x^2+y^2}$ 在点（0，0）有极大值，其一阶偏导数

$$f_x(0, 0)=\lim_{x\to 0}\frac{f(x, 0)-f(0, 0)}{x}=\lim_{x\to 0}\frac{-|x|}{x}$$

不存在. 当然，$f_y(0, 0)$ 也不存在.

定理 2（极值存在的充分条件） 设函数 $z=f(x, y)$ 在点 $P_0(x_0, y_0)$ 的某一邻域内连续，且具有一阶和二阶连续的偏导数. 又

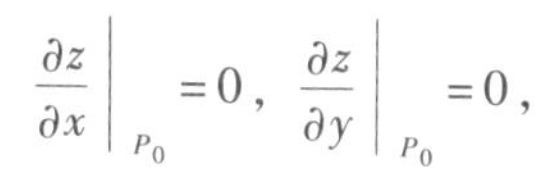

$$\left.\frac{\partial z}{\partial x}\right|_{P_0}=0,\ \left.\frac{\partial z}{\partial y}\right|_{P_0}=0,$$

极值的必要条件、充分条件

即 $P_0(x_0, y_0)$ 为二元函数 $z=f(x, y)$ 的一驻点. 记

$$A=\left.\frac{\partial^2 z}{\partial x^2}\right|_{P_0},\ B=\left.\frac{\partial^2 z}{\partial x\partial y}\right|_{P_0}=\left.\frac{\partial^2 z}{\partial y\partial x}\right|_{P_0},\ C=\left.\frac{\partial^2 z}{\partial y^2}\right|_{P_0},$$

则

（1）当 $AC-B^2>0$ 时，$f(x_0, y_0)$ 是极值且当 $A<0$ 时为极大值，当 $A>0$ 时为极小值；

（2）当 $AC-B^2<0$ 时，$f(x, y)$ 在点 P_0 处不取得极值；

（3）当 $AC-B^2=0$ 时，$f(x, y)$ 在点 P_0 处可能取得极值，也可能不取得极值，需另作判定.

例 2 求函数 $z=x^2-xy+y^2-2x+y+5$ 的极值.

解 解方程组

$$\begin{cases}\dfrac{\partial z}{\partial x}=2x-y-2=0,\\[2mm]\dfrac{\partial z}{\partial y}=-x+2y+1=0,\end{cases}$$

得驻点（1, 0）.

由于

$$\frac{\partial^2 z}{\partial x^2}=2,\ \frac{\partial^2 z}{\partial x\partial y}=\frac{\partial^2 z}{\partial y\partial x}=-1,\ \frac{\partial^2 z}{\partial y^2}=2,$$

所以在驻点（1, 0）处，有 $A=2$，$B=-1$，$C=2$，故

$$AC-B^2=3>0.$$

又 $A>0$，故由定理 2 可知，点（1, 0）为极小值点，极小值为 $f(1, 0)=4$.

例 3 求函数 $z=x^3-4x^2+2xy-y^2$ 的极值.

解 解方程组

$$\begin{cases}\dfrac{\partial z}{\partial x}=3x^2-8x+2y=0,\\[2mm]\dfrac{\partial z}{\partial y}=2x-2y=0,\end{cases}$$

得驻点（0, 0），（2, 2）.

因为

$$\frac{\partial^2 z}{\partial x^2}=6x-8,\ \frac{\partial^2 z}{\partial x\partial y}=\frac{\partial^2 z}{\partial y\partial x}=2,\ \frac{\partial^2 z}{\partial y^2}=-2,$$

所以

(1) 在驻点 (0, 0) 处，有 $A=-8$，$B=2$，$C=-2$，故

$$AC-B^2=12>0.$$

又 $A<0$，所以点 (0, 0) 为极大值点，极大值为 $f(0, 0)=0$.

(2) 在驻点 (2, 2) 处，有 $A=4$，$B=2$，$C=-2$，故

$$AC-B^2=-12<0.$$

所以点 (2, 2) 不是极值点.

定理 1 和定理 2 的结论也可推广至多元函数.

7.4.2 条件极值

前面所讨论的极值问题，对于函数的自变量，除了限制它在定义域内之外，再无其他约束条件，因此，称这类极值为**无条件极值**. 在实际问题中，有时会遇到对函数的自变量还有附加条件的极值问题，像这类自变量有附加条件的极值称为**条件极值**.

有些实际问题，可将条件极值化为无条件极值；但对一些复杂的问题，条件极值很难化为无条件极值.

考虑函数 $z=f(x, y)$ 在限制条件 $\varphi(x, y)=0$ 时的条件极值问题，可先作拉格朗日函数

$$F(x, y, \lambda)=f(x, y)+\lambda\varphi(x, y) \text{（其中 } \lambda \text{ 为参数）},$$

然后，求其对 x 与 y 的一阶偏导数，并解方程组

$$\begin{cases} \dfrac{\partial F}{\partial x}=f_x(x, y)+\lambda\varphi_x(x, y)=0, \\ \dfrac{\partial F}{\partial y}=f_y(x, y)+\lambda\varphi_y(x, y)=0, \\ \dfrac{\partial F}{\partial \lambda}=\varphi(x, y)=0, \end{cases}$$

求出 x，y，λ，这样求出的点 (x, y) 就是可能的条件极值点. 最后，判别求出的点 (x, y) 是否为极值点，通常由实际问题的实际意义判定.

上述方法称为**拉格朗日乘数法**，它可推广到二元以上的函数或限制条件多于一个的情形.

*7.4.3 二元函数的最值及其应用

与一元函数类似，可以利用二元函数的极值来求其最大值和最小值. 在实际问题中，如果从问题本身能够断定函数 $f(x, y)$ 的最大值（或最小值）一定在

其定义域 D 的内部取得，而且函数 $f(x, y)$ 在 D 内只有一个驻点，那么可以肯定该驻点处的函数值就是函数 $f(x, y)$ 在 D 上的最大值（或最小值）.

例 4 某人要用钢板焊接成一个体积为 8 m^3 的有盖的长方体的水箱，问长宽高应当各取多少，才能使得所用钢板最省料？

解 设水箱的长为 x，宽为 y，则其高为$\frac{8}{xy}$，此时，水箱所用钢板的面积为

$$S=2\left(xy+y\cdot\frac{8}{xy}+x\frac{8}{xy}\right)$$
$$=2\left(xy+\frac{8}{x}+\frac{8}{y}\right)\quad(x>0, y>0).$$

令 $S'_x=2\left(y-\frac{8}{x^2}\right)=0; S'_y=2\left(x-\frac{8}{y^2}\right)=0$，可解得 $x=y=2$（m），此时高 $\frac{8}{xy}=2$（m）.

由题意可知，水箱所用钢板材料面积存在最小值，且在开区域 D：$x>0$，$y>0$ 内取得，又因为函数 S 在 D 内有唯一的驻点（2，2），所以，可以断定当 $x=y=2$ 时，函数 S 取得最小值. 即当长、宽、高都等于 2m 时，所用的钢板材料最少.

例 5 某电脑公司通过互联网网站和电视台做电脑销售广告，根据他们的统计资料，销售收益 R（百万元）与网络广告费用 x（百万元）和电视广告费用 y（百万元）之间的关系满足下列公式：

$$R=15+14x+32y-8xy-2x^2-10y^2.$$

如果不限制广告费的支出，求该公司的最优广告策略.

解 由题意，该电脑公司的销售利润为

$$L=R-(x+y)=15+14x+32y-8xy-2x^2-10y^2-(x+y)$$
$$=15+13x+31y-8xy-2x^2-10y^2,$$

令
$$\begin{cases}\frac{\partial L}{\partial x}=13-8y-4x=0,\\ \frac{\partial L}{\partial y}=31-8x-20y=0,\end{cases}$$

可得驻点 $x_0=0.75$（百万元），$y_0=1.25$（百万元）. 又 $L''_{xx}=-4<0$，$L''_{xy}=-8$，$L''_{yy}=-20$.

在点（0.75，1.25）处，有

$$AC-B^2=(-4)\times(-20)-(-8)^2=16>0, A=-4<0,$$

所以，函数 L 在（0.75，1.25）处有极大值，因极大值点唯一，在（0.75，1.25）处也取得最大值，即最优的广告策略为互联网网站广告费为 75 万元，电视台广告费为 125 万元.

练习题 7.4

(A)

1. 求下列函数的极值：

(1) $z=xy+x^2+y^2+x-y+1$；　(2) $z=e^{2x}(x+y^2+2y)$；

(3) $f(x,\ y)=x^3+y^3-3xy$；　(4) $f(x,\ y)=x^3-4x^2+2xy-y^2+3$.

2. 求函数 $z=x^2-y^2$ 在闭区域 $x^2+4y^2\leqslant 4$ 上的最大值和最小值.

3. 某厂家生产的一种手机，同时在不同的市场上销售，售价分别为 P_1 和 P_2，销量分别为 Q_1 和 Q_2，且需求函数 $Q_1=24-0.2P_1$，$Q_2=10-0.05P_2$，成本函数 $C=35+40(Q_1+Q_2)$. 该厂家应如何确定两个市场手机的售价，才能使其获得利润最大？最大利润是多少？

(B)

1. 求函数 $z=x+y$ 当 $x^2+y^2=1$ 条件下的极值.

2. 建造一个长方形水池，其底和壁的总面积为 108 m^2，问水池的尺寸如何设计时，其容积最大？

3. 假设某产品的产量 Q 与所使用的甲、乙两种原料的数量 x、y 有如下关系：

$$Q(x,\ y)=0.005x^2y\ (\text{单位：kg}).$$

如果甲、乙两种原料的价格分别为 10 元/kg 和 20 元/kg，现用 1.5 万元购买原料生产，问购进甲、乙两种原料各多少，可使该产品数量最大？

7.5　二重积分

7.5.1　二重积分的概念与性质

首先以曲边梯形面积为例（如图 7-9），复习一下微元法.

第一步　将 $[a,\ b]$ 无限细分，在微小区间 $[x,\ x+\mathrm{d}x]$ 上“以直代曲”，求得面积微元为

$$\mathrm{d}A=f(x)\,\mathrm{d}x.$$

这一步即**局部线性化**.

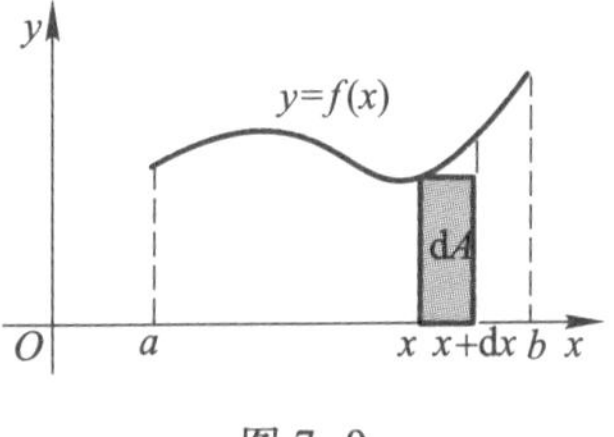

图 7-9

第二步　将微元在区间 $[a,\ b]$ 上无限累积，即得面积为

$$A=\int_a^b f(x)\,dx.$$

简言之，“$\int_a^b$”代表了对微元的无限累积，即“$\lim\limits_{\lambda\to 0}\sum\limits_{i=1}^{n}$”.

下面把这种思想推广到平面区域 D 上的二元函数.

二重积分的引例

1. 引例：曲顶柱体的体积

所谓**曲顶柱体**是指这样的几何体，它的底是 xOy 平面上的有界闭区域 D，它的侧面是以 D 的边界曲线为准线，而母线平行于 z 轴的柱面，它的顶是由二元函数 $z=f(x, y)$ 所表示的曲面. 如何求当 $f(x, y)\geqslant 0$ 时该曲顶柱体（如图 7-10）的体积?

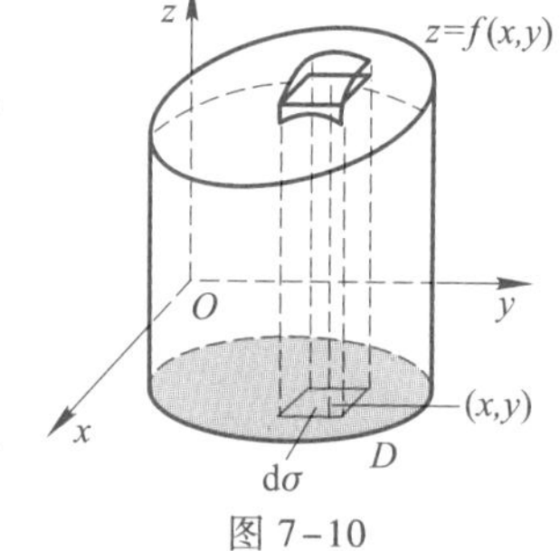

图 7-10

类似于求曲边梯形面积，可以通过局部线性化来实现，然后再累加求出总体，具体步骤如下：

第一步　将区域 D 无限细分，在微小区域 $d\sigma$ 上任取一点 (x, y)，用以 $f(x, y)$ 为高，$d\sigma$ 为底的平顶柱体体积 $f(x, y)d\sigma$ 近似代替 $d\sigma$ 上小曲顶柱体体积，即得体积微元

$$dV=f(x, y)\,d\sigma.$$

第二步　将体积微元 $dV=f(x, y)d\sigma$ 在区域 D 上无限累加（这一步记为“$\iint\limits_D$”），则得所求曲顶柱体体积为

$$V=\iint\limits_D f(x, y)\,d\sigma.$$

说明　第二步中，$f(x, y)d\sigma$ 在 D 上无限累加，它的内涵是指总和的极限“$\lim\limits_{\lambda\to 0}\sum$”，其中，$\sum$ 是在区域 D 范围内求和，求极限过程 $\lambda\to 0$ 中的 λ，指面积微元 $d\sigma$ 的最大直径（区域的直径是指有界闭区域上任意两点间的距离的最大值）. 今后在实用上我们总是用“$\iint\limits_D$”来代替运算“$\lim\limits_{\lambda\to 0}\sum$”.

2. 二重积分的概念

如果抽去上述问题的几何意义，设 $z=f(x, y)$ 为定义在有界闭区域 D 上的连续函数，则上述两步后所得的表达式

$$\iint\limits_D f(x, y)\,d\sigma$$

即为函数 $f(x, y)$ 在区域 D 上的**二重积分**，其中 $f(x, y)$ 称为**被积函数**，D 为**积分区域**，$f(x, y)d\sigma$ 称为**被积式**，$d\sigma$ 为**面积元素**，x 与 y 称为**积分变量**.

关于二重积分更精确的定义如下：

定义 设 $f(x, y)$ 是有界闭区域 D 上的有界函数. 将闭区域 D 任意分成 n 个小闭区域

$$\Delta\sigma_1, \Delta\sigma_2, \cdots, \Delta\sigma_n,$$

其中 $\Delta\sigma_i$ 表示第 i 个小闭区域, 也表示它的面积. 在每个 $\Delta\sigma_i$ 上任取一点 (ξ_i, η_i), 作乘积

$$f(\xi_i, \eta_i)\Delta\sigma_i (i=1,2,\cdots,n),$$

并作和 $\sum\limits_{i=1}^{n} f(\xi_i, \eta_i)\Delta\sigma_i$. 如果当各小闭区域的直径①中的最大值 λ 趋于零时, 这和式的极限存在, 则称此极限值为函数 $f(x, y)$ 在闭区域 D 上的**二重积分**, 记作 $\iint\limits_D f(x, y)\mathrm{d}\sigma$, 即

$$\iint\limits_D f(x, y)\mathrm{d}\sigma = \lim_{\lambda\to 0}\sum_{i=1}^{n} f(\xi_i, \eta_i)\Delta\sigma_i.$$

3. **二重积分的性质**

二重积分的概念

二重积分具有与定积分完全类似的性质.

性质 1 常数因子可提到积分号外面, 即

$$\iint\limits_D kf(x, y)\mathrm{d}\sigma = k\iint\limits_D f(x, y)\mathrm{d}\sigma.$$

性质 2 函数和与差的积分等于各函数积分的和与差, 即

$$\iint\limits_D [f(x, y) \pm g(x, y)]\mathrm{d}\sigma = \iint\limits_D f(x, y)\mathrm{d}\sigma \pm \iint\limits_D g(x, y)\mathrm{d}\sigma.$$

性质 3 若积分区域 D 分割为 D_1 与 D_2 两部分, 则有

$$\iint\limits_D f(x, y)\mathrm{d}\sigma = \iint\limits_{D_1} f(x, y)\mathrm{d}\sigma + \iint\limits_{D_2} f(x, y)\mathrm{d}\sigma.$$

性质 4 若在 D 上, $f(x, y) \leqslant g(x, y)$, 则有不等式

$$\iint\limits_D f(x, y)\mathrm{d}\sigma \leqslant \iint\limits_D g(x, y)\mathrm{d}\sigma.$$

推论
$$\left|\iint\limits_D f(x, y)\mathrm{d}\sigma\right| \leqslant \iint\limits_D |f(x, y)|\mathrm{d}\sigma.$$

性质 5 设 M, m 分别是 $f(x, y)$ 在闭区域 D 上的最大值和最小值, σ 为 D 的面积, 则有

$$m\sigma \leqslant \iint\limits_D f(x, y)\mathrm{d}\sigma \leqslant M\sigma.$$

性质 6 (中值定理) 设 $f(x, y)$ 在有界闭区域 D 上连续, σ 是区域 D 的面

---

① 一个小闭区域的直径是指该区域上任意两点间的距离的最大者.

积，则在 D 上至少有一点 $(\xi,\ \eta)$ 使得

$$\iint\limits_D f(x,\ y)\,\mathrm{d}\sigma=f(\xi,\ \eta)\sigma.$$

7.5.2 在直角坐标系下计算二重积分

在直角坐标系中，我们采用平行于 x 轴和 y 轴的直线把区域 D 分成许多小矩形，于是面积元素 $\mathrm{d}\sigma=\mathrm{d}x\mathrm{d}y$，二重积分可以写成

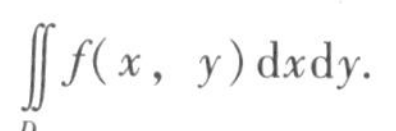

$$\iint\limits_D f(x,\ y)\,\mathrm{d}x\mathrm{d}y.$$

在直角坐标系下计算二重积分

下面用二重积分的几何意义来导出化二重积分为二次积分的方法.

设 D 可表示为不等式（如图 7-11(a)）

$$y_1(x)\leqslant y\leqslant y_2(x),\ a\leqslant x\leqslant b.$$

下面用定积分的“切片法”来求这个曲顶柱体的体积.

在 $[a,\ b]$ 上任意固定一点 x_0，过 x_0 作垂直于 x 轴的平面与柱体相交，截出的面积设为 $S(x_0)$，由定积分可知

$$S(x_0)=\int_{y_1(x_0)}^{y_2(x_0)}f(x_0,\ y)\,\mathrm{d}y.$$

一般地，过 $[a,\ b]$ 上任意一点 x，且垂直于 x 轴的平面与柱体相交得到的截面面积为

$$S(x)=\int_{y_1(x)}^{y_2(x)}f(x,\ y)\,\mathrm{d}y\ （如图 7-11(b)）.$$

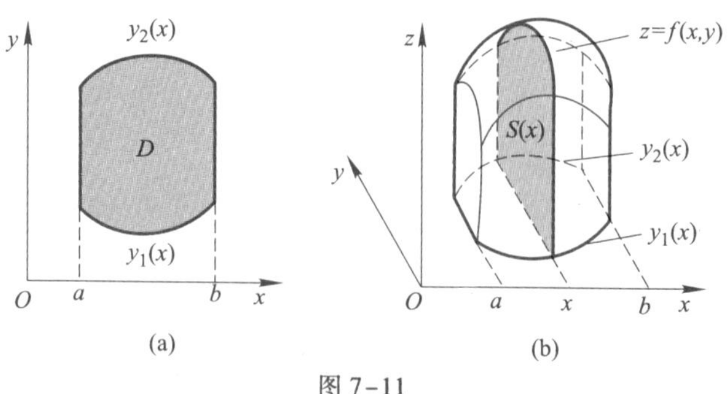

图 7-11

由定积分的“已知平行截面面积，求立体体积”的方法可知，所求曲顶柱体体积为

$$V=\int_a^b S(x)\,\mathrm{d}x=\int_a^b\left[\int_{y_1(x)}^{y_2(x)}f(x,\ y)\ \ \mathrm{d}y\right]\mathrm{d}x,$$

所以

$$\iint\limits_D f(x,\ y)\,\mathrm{d}x\mathrm{d}y=\int_a^b\left[\int_{y_1(x)}^{y_2(x)}f(x,\ y)\,\mathrm{d}y\right]\mathrm{d}x.$$

上式也可简记为

$$\iint_D f(x,\ y)\mathrm{d}x\mathrm{d}y=\int_a^b \mathrm{d}x\int_{y_1(x)}^{y_2(x)} f(x,\ y)\mathrm{d}y.$$

上式就是二重积分化为二次定积分的计算方法，该方法也称为**累次积分法**. 计算第一次积分时，视 x 为常量，对变量 y 由下限 $y_1(x)$ 积到上限$y_2(x)$，这时计算结果是一个关于 x 的函数，计算第二次积分时，x 是积分变量，积分限是常数，计算结果是一个定值.

设积分区域 D 可表示为不等式（如图 7-12）

$$x_1(y)\leqslant x\leqslant x_2(y),\ c\leqslant y\leqslant d.$$

类似地可得

$$\iint_D f(x,\ y)\mathrm{d}x\mathrm{d}y=\int_c^d \mathrm{d}y\int_{x_1(y)}^{x_2(y)} f(x,\ y)\mathrm{d}x.$$

二重积分化为累次积分时，需注意以下几点：

（1）累次积分的下限必须小于上限；

（2）用公式时，要求 D 满足：轴或平行于轴的直线与 D 的边界相交不多于两点. 如果 D 不满足这个条件，则需把 D 分割成几块（如图 7-13）. 然后分块计算；

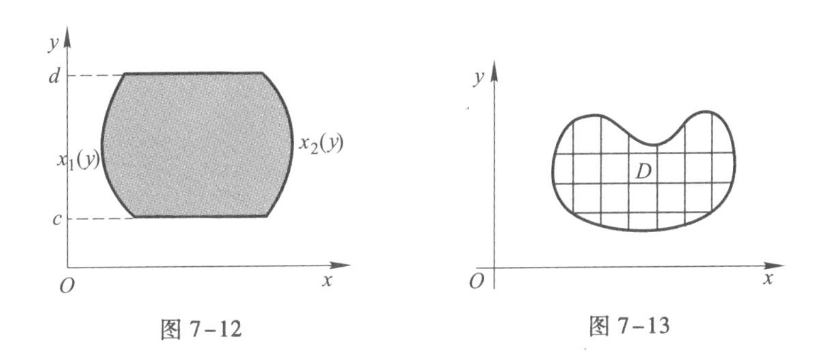

图 7-12　　图 7-13

（3）一个重积分常常是既可以先对 x 积分，又可以先对 y 积分，而这两种不同的积分次序，往往导致计算的繁简程度差别很大，有时甚至不能积出，那么，该如何恰当地选择积分次序呢？我们结合下述各例加以说明.

（4）外层积分的上、下限必须是常数. 若内层是关于 x 的积分，其上、下限或为常数，或是含 y 的表示式，反之也一样.

例 1　计算 $\iint_D xy\mathrm{d}x\mathrm{d}y$，其中 D：$x^2+y^2\leqslant 1$，$x\geqslant 0$，$y\geqslant 0$.

解　作 D 的图形（如图 7-14）. 先对 y 积分（固定 x），y 的变化范围由 0 到$\sqrt{1-x^2}$，然后再在 x 的最大变化范围［0，1］内对 x 积分，于是得到

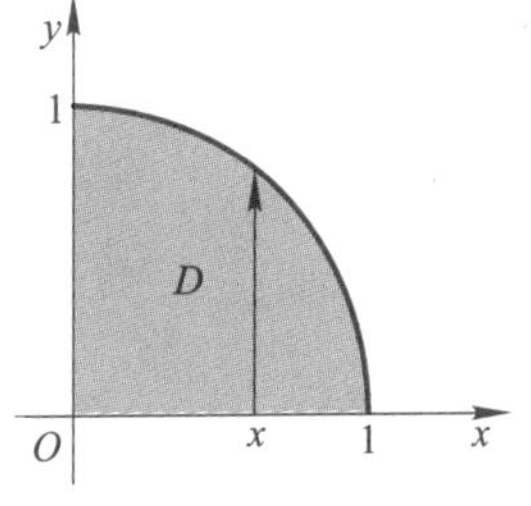

图 7-14

$$\iint_D xy\mathrm{d}x\mathrm{d}y=\int_0^1\mathrm{d}x\int_0^{\sqrt{1-x^2}}xy\mathrm{d}y=\int_0^1 x\left(\frac{1}{2}y^2\right)\Bigg|_0^{\sqrt{1-x^2}}\mathrm{d}x$$

$$=\int_0^1\frac{1}{2}x(1-x^2)\mathrm{d}x=\frac{1}{2}\left(\frac{x^2}{2}-\frac{x^4}{4}\right)\Bigg|_0^1=\frac{1}{8}.$$

本题若先对 x 积分，解法类似.

例 2　计算 $\iint\limits_D 2xy^2\mathrm{d}x\mathrm{d}y$，其中 D 由抛物线 $y^2=x$ 及直线 $y=x-2$ 围成.

解　作 D 的图形（如图 7-15）.

选择先对 x 积分，这时 D 的表示式为

$$\begin{cases}y^2\leqslant x\leqslant y+2,\\-1\leqslant y\leqslant 2,\end{cases}$$

在直角坐标系下计算二重积分的典例

从而

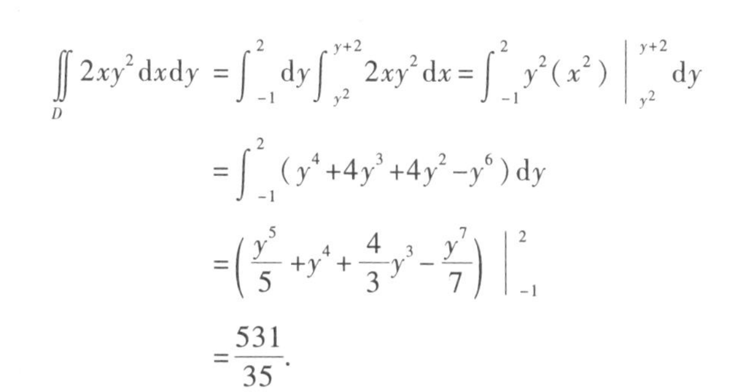

$$\iint_D 2xy^2\mathrm{d}x\mathrm{d}y=\int_{-1}^2\mathrm{d}y\int_{y^2}^{y+2}2xy^2\mathrm{d}x=\int_{-1}^2 y^2(x^2)\Big|_{y^2}^{y+2}\mathrm{d}y$$

$$=\int_{-1}^2(y^4+4y^3+4y^2-y^6)\mathrm{d}y$$

$$=\left(\frac{y^5}{5}+y^4+\frac{4}{3}y^3-\frac{y^7}{7}\right)\Bigg|_{-1}^2$$

$$=\frac{531}{35}.$$

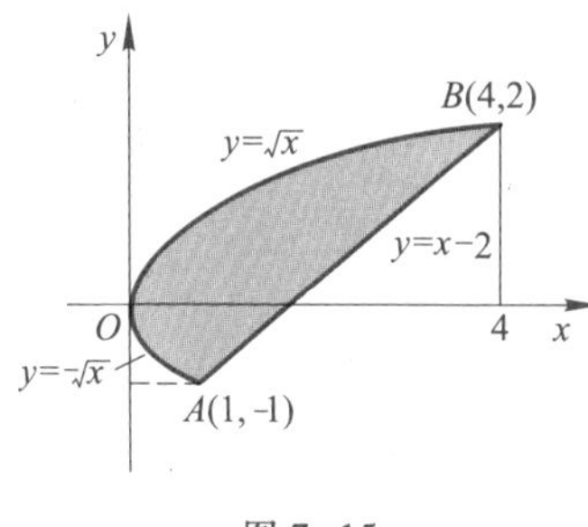

图 7-15

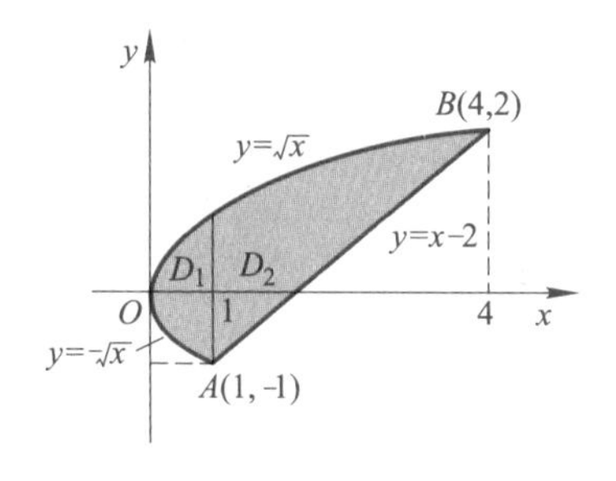

图 7-16

分析　本题也可先对 y 积分后对积分，但是这时就必须用直线 $x=1$ 将 D 分成 D_1 和 D_2 两块（如图 7-16），其中

$$D_1:\begin{cases}-\sqrt{x}\leqslant y\leqslant\sqrt{x},\\0\leqslant x\leqslant 1,\end{cases}\qquad D_2:\begin{cases}x-2\leqslant y\leqslant\sqrt{x},\\1\leqslant x\leqslant 4,\end{cases}$$

所以

$$\iint_D 2xy^2\mathrm{d}x\mathrm{d}y=\iint_{D_1}2xy^2\mathrm{d}x\mathrm{d}y+\iint_{D_2}2xy^2\mathrm{d}x\mathrm{d}y$$

$$=\int_0^1\mathrm{d}x\int_{-\sqrt{x}}^{\sqrt{x}}2xy^2\mathrm{d}y+\int_1^4\mathrm{d}x\int_{x-2}^{\sqrt{x}}2xy^2\mathrm{d}y.$$

可以看出这种方法要麻烦得多，所以恰当地选择积分次序是化二重积分为二次积

分的关键步骤.

例 3　计算$\iint\limits_D x\sqrt{y^3+1}\,\mathrm{d}x\mathrm{d}y$，其中 D 由 xOy 面上的直线 $x=0$，$y=2$ 及$y=\dfrac{x}{3}$所围成.

解　画出 D 的图形（如图 7-17）.

选择先对 x 积分，这时 D 的表示式为

$$\begin{cases}0\leqslant x\leqslant 3y\\0\leqslant y\leqslant 2\end{cases},$$

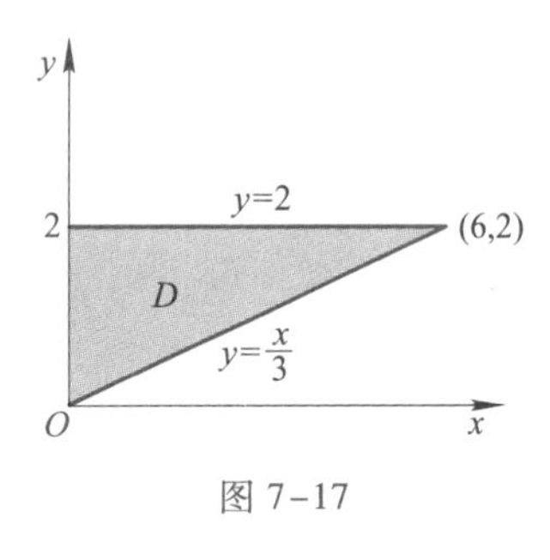

图 7-17

所以

$$\begin{aligned}\iint\limits_D x\sqrt{y^3+1}\,\mathrm{d}x\mathrm{d}y &= \int_0^2\mathrm{d}y\int_0^{3y}x\sqrt{y^3+1}\,\mathrm{d}x\\&=\int_0^2\left(\frac{x^2}{2}\sqrt{y^3+1}\right)\Bigg|_0^{3y}\mathrm{d}y\\&=\int_0^2\frac{9y^2}{2}(y^3+1)^{\frac{1}{2}}\mathrm{d}y\\&=(y^3+1)^{\frac{3}{2}}\Big|_0^2=27-1=26.\end{aligned}$$

本题如果选择先对 y 积分，则不能计算出结果，因为$\sqrt{y^3+1}$没有初等原函数. 由此可看出积分次序的重要性.

以上例 2 和例 3 显示出选择积分次序的重要性及应该考虑的因素.

7.5.3　在极坐标系下计算二重积分

对于圆形、扇形、环形等区域上的二重积分，利用直角坐标系往往是很困难的，而在极坐标系下计算则比较简单. 下面介绍这种计算方法. 首先，分割积分区域 D，用取一系列常数得到一族中心在极点的同心圆和取一系列常数得到一族过极点的射线，将 D 分成许多小的“弯曲的矩形”（如图 7-18）.

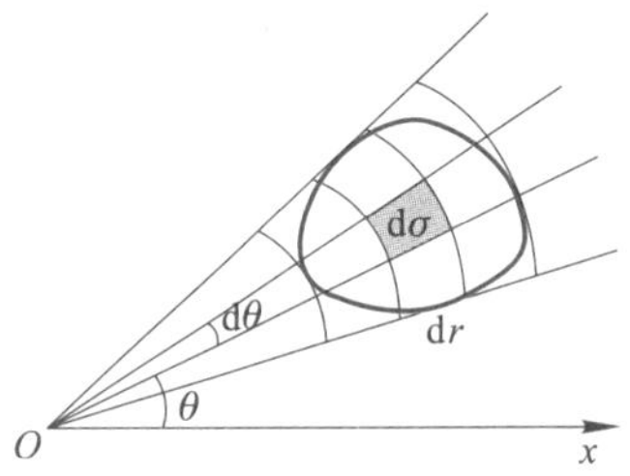

图 7-18

如果 Δr 和 $\Delta\theta$ 很小，小区域近似于以 $r\Delta\theta$ 和 Δr 为边的矩形，所以在极坐标系下的面积元素为

$$\mathrm{d}\sigma=r\mathrm{d}r\mathrm{d}\theta.$$

再分别用 $x=r\cos\theta$，$y=y\sin\theta$ 代换被积函数 $f(x,\ y)$ 中的 x，y，这样二重积分在极坐标系下表达式为

$$\iint\limits_D f(x,y)\,\mathrm{d}\sigma=\iint\limits_D f(r\cos\theta,r\sin\theta)\,r\mathrm{d}r\mathrm{d}\theta.$$

具体计算时，与直角坐标系下情况类似，还是化成累次积分来进行.

设 D（如图 7-19）位于两条射线 $\theta=\alpha$ 和 $\theta=\beta$ 之间，D 的两段边界线极坐标方程分别为

$$r=r_1(\theta),\quad r=r_2(\theta),$$

则二重积分就可化为如下的累次积分为

$$\iint\limits_D f(x,\ y)\,\mathrm{d}\sigma=\int_\alpha^\beta \mathrm{d}\theta\int_{r_1(\theta)}^{r_2(\theta)} f(r\cos\theta,\ r\sin\theta)\,r\mathrm{d}r.$$

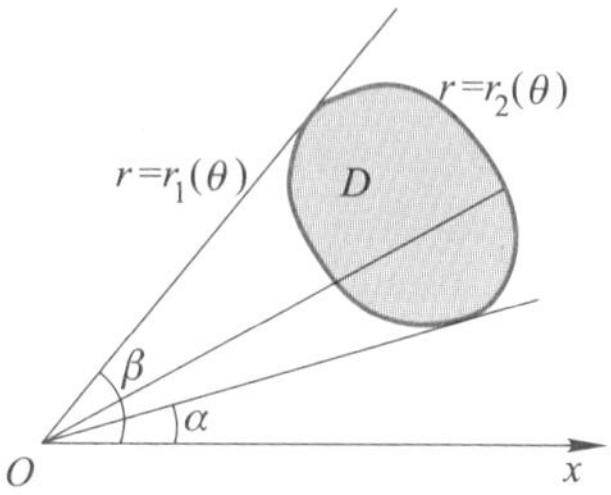

图 7-19

如果极点在 D 的内部（如图 7-20），有

$$\iint\limits_D f(x,\ y)\,\mathrm{d}\sigma=\int_0^{2\pi}\mathrm{d}\theta\int_0^{r(\theta)} f(r\cos\theta,\ r\sin\theta)\,r\mathrm{d}r.$$

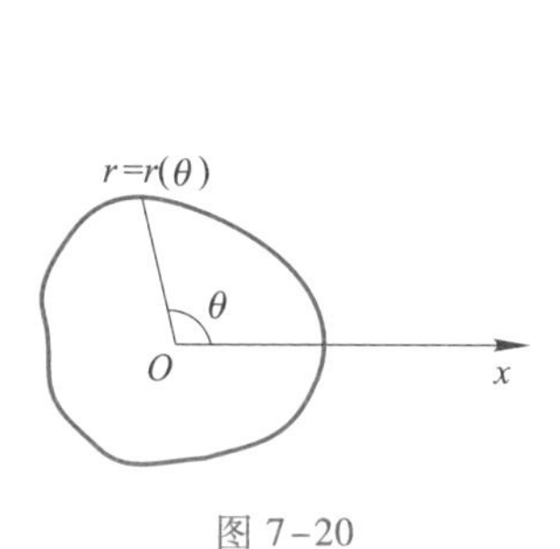

图 7-20

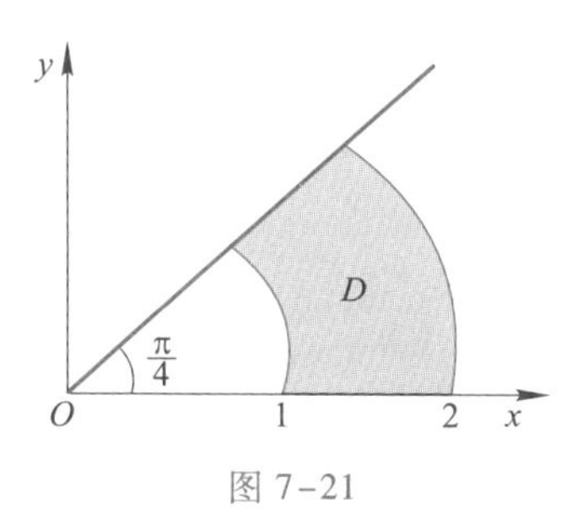

图 7-21

例 4 计算如图 7-21 所示区域 D 上函数

$$f(x,\ y)=\frac{1}{(x^2+y^2)^{\frac{3}{2}}}$$

的积分.

解 在极坐标系下，区域可表示为 $1\leqslant r\leqslant 2$，$0\leqslant\theta\leqslant\dfrac{\pi}{4}$，于是得到

$$\iint\limits_D \frac{1}{(x^2+y^2)^{\frac{3}{2}}}\mathrm{d}\sigma=\iint\limits_D \frac{1}{r^3}r\mathrm{d}r\mathrm{d}\theta=\int_0^{\frac{\pi}{4}}\mathrm{d}\theta\int_1^2\frac{1}{r^3}r\mathrm{d}r$$

$$=\int_0^{\frac{\pi}{4}}\left(-\frac{1}{r}\right)\Bigg|_{r=1}^{r=2}\mathrm{d}\theta=\frac{\pi}{8}.$$

以上讨论了二重积分在两种坐标系中的计算，选取适当的坐标系对计算二重积分是至关重要的. 一般说来，当积分区域为圆形、扇形、环形区域，而被积函数中含有 x^2+y^2 项时，采用极坐标计算往往比较简便.

练习题 7.5

(A)

1. 将二重积分 $\iint\limits_D f(x,\ y)\,\mathrm{d}\sigma$ 化为二次积分，且写出两种积分次序，其中二重区域 D 为

(1) 由直线 $y=x$，$y=3x$，$x=1$ 所围成的区域；

(2) 由曲线 $y^2=x$ 与直线 $x-y=2$ 所围成的区域.

2. 计算二重积分：

(1) $\iint\limits_D x^2y\mathrm{d}\sigma$，其中 D 为由直线 $x=1$，$x=2$，$y=1$，$y=3$ 所围成的区域；

(2) $\iint\limits_D (x-2y)\mathrm{d}\sigma$，其中 D 为由抛物线 $y=x^2$ 和直线 $y=x+2$ 所围成的区域.

(B)

1. 计算二重积分：

(1) $\iint\limits_D (x^2+y^2)\mathrm{d}\sigma$，其中 D：$x^2+y^2\leqslant 2x$，$y\geqslant 0$；

(2) $\iint\limits_D \sin\sqrt{x^2+y^2}\,\mathrm{d}\sigma$，其中 D：$\pi^2\leqslant x^2+y^2\leqslant 4\pi^2$.

2. 利用二重积分求下列几何体的体积：

(1) 平面 $x=0$，$y=0$，$z=0$，$x+y+z=1$ 所围成的几何体；

(2) 平面 $z=0$ 及抛物面 $x^2+y^2=a-z$ $(a>0)$ 所围成的几何体.

7.6 数学模型实例及求解

7.6.1 二元函数微分模型及其求解

与一元函数类似，对于有界闭区域 D 上的二元连续函数 $f(x, y)$，一定能在该区域上取得最大值和最小值. 使函数取得最值的点既可能在 D 的内部，也可能在 D 的边界上.

若函数的最值在区域 D 的内部取得，这个最值也是函数的极值，它必在函数的驻点或使 $f_x(x, y)$，$f_y(x, y)$ 不存在的点之中.

若函数在 D 的边界上取得最值，可根据 D 的边界方程，将 $f(x, y)$ 化成定义在某个闭区间上的一元函数，进而利用一元函数求最值的方法求出最值.

综合上述讨论，有界闭区域 D 上的连续函数 $f(x, y)$ 最值的求法如下：

(1) 求出在 D 的内部，使 f_x，f_y 同时为零的点及使 f_x 或 f_y 不存在的点；

(2) 计算出 $f(x, y)$ 在 D 的内部的所有可疑极值点处的函数值；

(3) 求出 $f(x, y)$ 在 D 的边界上的最值；

(4) 比较上述函数值的大小，最大者便是函数在 D 上的最大值，最小者便是函数在 D 上的最小值.

例 1 求二元函数 $f(x, y)=x+xy-x^2-y^2$ 在区域

$$D: x\geqslant 0, y\geqslant 0, x+y\leqslant 4$$

上的最值.

解 函数在 D 内处处可导，且

$$\begin{cases} f_x=1+y-2x=0, \\ f_y=x-2y=0, \end{cases}$$

得驻点 $\left(\frac{2}{3}, \frac{1}{3}\right)$，相应的函数值 $f\left(\frac{2}{3}, \frac{1}{3}\right)=\frac{1}{3}$.

考虑函数在区域 D 的边界上的情况.

在边界 $x=0$ 上，二元函数成为 y 的一元函数

$$f(0, y)=-y^2 \quad (0\leqslant y\leqslant 4),$$

则

$$-16\leqslant f(0, y)\leqslant 0.$$

在边界 $y=0$ 上，二元函数成为 x 的一元函数

$$f(x, 0)=x-x^2=-\left(x-\frac{1}{2}\right)^2+\frac{1}{4} \quad (0\leqslant x\leqslant 4),$$

则

$$-12\leqslant f(x, 0)\leqslant \frac{1}{4}.$$

在边界 $x+y=4$ 上，二元函数成为 x 的一元函数

$$f(x, 4-x)=-3x^2+13x-16=-3\left(x-\frac{13}{6}\right)^2-\frac{23}{12} \quad (0\leqslant x\leqslant 4),$$

则

$$-16\leqslant f(x, 4-x)\leqslant -\frac{23}{12}.$$

所以，函数在闭区域 D 上的最大值和最小值分别为

$$f\left(\frac{2}{3}, \frac{1}{3}\right)=\frac{1}{3} \text{与} f(0, 4)=-16.$$

对于实际问题中的最值问题，往往从问题本身断定它的最值一定在 D 的内部取得，而函数在 D 内只有一个驻点，则该驻点处的函数值就是函数在 D 上的最值.

例 2 某厂要用铁板做成一个体积为 2 m^3 的有盖长方体水箱，当长、宽、高各取怎样的尺寸时用料最省？

解法 1 设水箱的长为 x m，宽为 y m（如图 7-22），则高为 $\frac{2}{xy}$ m，水箱的表面积为

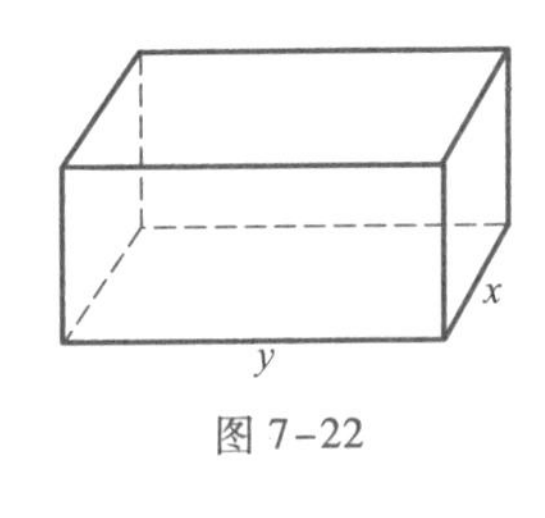

图 7-22

$$A=2\left(xy+y\cdot\frac{2}{xy}+x\cdot\frac{2}{xy}\right)=2\left(xy+\frac{2}{x}+\frac{2}{y}\right)\quad(x>0,\ y>0).$$

令

$$\begin{cases}A_x=2\left(y-\dfrac{2}{x^2}\right)=0,\\ A_y=2\left(x-\dfrac{2}{y^2}\right)=0,\end{cases}$$

解方程组，得唯一驻点 $x=y=\sqrt[3]{2}$.

据问题的实际背景，水箱所用材料面积的最小值一定存在，并在开区域 D: $x>0$, $y>0$ 内取得，又函数在 D 内只有唯一的驻点，因此，可断定当 $x=y=\sqrt[3]{2}$ 时，A 取得最小值. 即当水箱的长、宽、高分别为 $\sqrt[3]{2}$ m 时，所用材料最省，此时的最小表面积为 $6(\sqrt[3]{2})^2$.

解法 2　用拉格朗日乘数法求解.

设长方体的长、宽、高分别为 x, y, z，设拉格朗日函数

$$F(x,\ y,\ z,\ \lambda)=2xy+2yz+2zx+\lambda(xyz-2).$$

由

$$\begin{cases}\dfrac{\partial F}{\partial x}=2y+2z+\lambda yz=0,\\ \dfrac{\partial F}{\partial y}=2x+2z+\lambda xz=0,\\ \dfrac{\partial F}{\partial z}=2x+2y+\lambda xy=0,\\ \dfrac{\partial F}{\partial \lambda}=xyz-2=0,\end{cases}$$

得唯一驻点 $x=y=z=\sqrt[3]{2}$.

由问题本身可知最小值一定存在，因此当 $x=y=z=\sqrt[3]{2}$ 时，长方体所需材料最省.

7.6.2　二重积分模型

我们通过几个物理问题的讨论，来介绍二重积分的应用.

1. 平面薄板的质量

例 3　设一薄板的占有区域为中心在原点，半径为 R 的圆域，面密度为 $\mu=x^2+y^2$，求薄板的质量.

解　应用微元法，在圆域 D 上任取一个微小区域 $\mathrm{d}\sigma$，视面密度不变，则得

质量微元

$$dm=\mu(x, y)d\sigma=(x^2+y^2)d\sigma.$$

将上述微元在区域 D 上积分，即得薄板的质量

$$m=\iint_D (x^2+y^2)d\sigma, D: x^2+y^2\leqslant R^2.$$

用极坐标计算，得

$$m=\int_0^{2\pi}d\theta\int_0^R r^2\cdot rdr=\frac{1}{2}\pi R^4.$$

一般地，面密度为 $\mu(x, y)$ 的平面薄板 D 的质量是

$$m=\iint_D \mu(x, y)d\sigma.$$

2. 平面薄板的质心

由物理学力学原理知道，质点系的质心坐标为

$$\bar{x}=\frac{m_y}{m}, \quad \bar{y}=\frac{m_x}{m},$$

其中，m 为质点系的质量，m_y，m_x 分别是质点系对 y 轴和 x 轴的静力矩.

设有薄板，占有区域 D，在点 (x, y) 的密度为 $\mu(x, y)$，求薄板质心的坐标.

在区域 D 上任取一微小区域 $d\sigma$，则有

$$dm=\mu(x, y)d\sigma,$$

设想这部分质量集中在点 (x, y) 处，于是得薄板对坐标轴的静力矩微元（如图 7-23）为

$$dm_y=x\mu(x, y)d\sigma,$$

$$dm_x=y\mu(x, y)d\sigma.$$

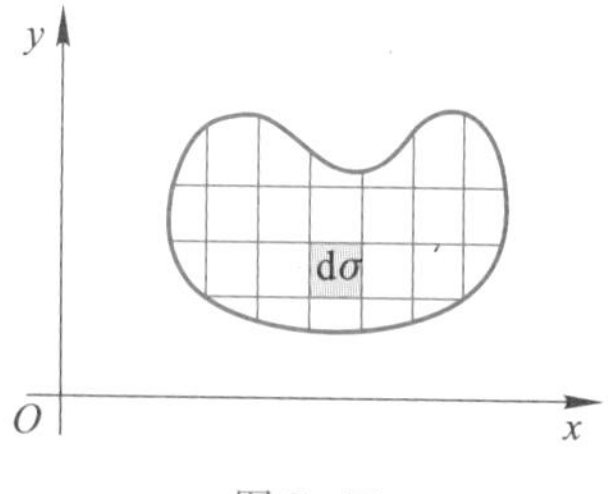

图 7-23

将上述微元在 D 上积分，得

$$m_y=\iint_D x\mu(x, y)d\sigma, m_x=\iint_D y\mu(x, y)d\sigma.$$

于是，薄板质心坐标为

$$\bar{x}=\frac{\iint_D x\mu(x, y)d\sigma}{\iint_D \mu(x, y)d\sigma}, \quad \bar{y}=\frac{\iint_D y\mu(x, y)d\sigma}{\iint_D \mu(x, y)d\sigma}.$$

若薄板是均匀的，μ 是常数，则质心坐标为

$$\bar{x}=\frac{1}{A}\iint_D xd\sigma, \quad \bar{y}=\frac{1}{A}\iint_D yd\sigma,$$

其中 A 为区域 D 的面积.

例 4　设半径为 1 的半圆形薄板上各点处的密度等于该点到圆心的距离，求此半圆的质心.

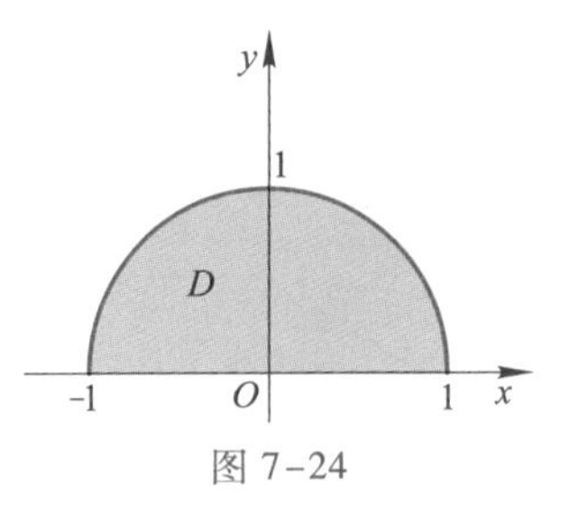

图 7-24

解　如图 7-24 取坐标系. 令

$$\mu(x,\ y)=\sqrt{x^2+y^2}.$$

由于薄板形状及密度函数关于 x 轴都是对称的，所以质心必在 y 轴上，即 $\bar{x}=0$，需求 $\bar{y}$ 即可.

$$m=\iint_D \sqrt{x^2+y^2}\,\mathrm{d}\sigma=\int_0^{\pi}\mathrm{d}\theta\int_0^1 r r\mathrm{d}r=\frac{\pi}{3},$$

$$m_x=\iint_D y\sqrt{x^2+y^2}\,\mathrm{d}\sigma=\int_0^{\pi}\mathrm{d}\theta\int_0^1 r\sin\theta\cdot r r\mathrm{d}r$$

$$=\int_0^{\pi}\sin\theta\mathrm{d}\theta\int_0^1 r^3\mathrm{d}r=\frac{1}{2},$$

所以

$$\bar{y}=\frac{m_x}{m}=\frac{3}{2\pi},$$

质心坐标为 $\left(0,\ \dfrac{3}{2\pi}\right)$.

3. **平面薄板的转动惯量**

与求静力矩类似，用微元法可求得薄板关于 x 轴，y 轴以及原点 O 的转动惯量.

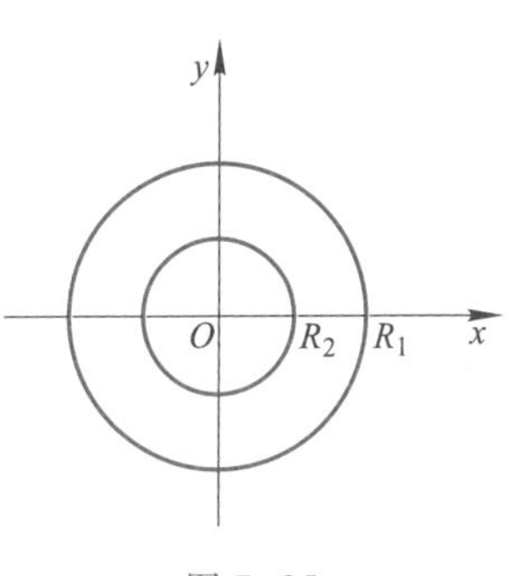

图 7-25

例 5　求内半径为 R_1，外半径为 R_2，密度均匀的圆环薄板关于圆心的转动惯量.

解　如图 7-25 建坐标系，先求转动惯量微元.

$$\mathrm{d}I_0=(x^2+y^2)\mu\mathrm{d}\sigma\ (\mu\ 为密度),$$

将微元在圆环域内积分，则得

$$I_0=\mu\iint_D (x^2+y^2)\,\mathrm{d}\sigma.$$

用极坐标计算，D 表示为 $R_1\leqslant r\leqslant R_2$，$0\leqslant\theta\leqslant 2\pi$，于是

$$I_0=\mu\int_0^{2\pi}\mathrm{d}\theta\int_{R_1}^{R_2} r^2 r\mathrm{d}r=\frac{1}{2}\pi\mu(R_2^4-R_1^4).$$

练习题 7.6

(A)

1. 求由 $xy=a^2$，$xy=2a^2$ $(a>0)$，$y=x$，$y=2x$ 所围成区域的面积.

2. 由曲线 $y=x^2$，$y=x+2$ 所围成的薄板，已知其各点处的密度函数 $\rho=1+x^2$，求此薄板的质量.

(B)

1. 用二重积分计算由 $z \geqslant x^2+y^2$ 及 $x^2+y^2+z^2 \leqslant 2z$ 所确立的立体的体积.

2. 设平面薄板 D 是由曲线 $y=x$ 和 $y=x^2$ 围成，薄板上点 $M_0(x, y)$ 处的密度函数为 $\rho(x, y)=x^2+y^2$，求薄板 D 的质量.

7.7 MATLAB在多元函数微积分中的应用

7.7.1 用 MATLAB 求偏导数与多元函数的极值

1. 用 MATLAB 求偏导数

在 MATLAB 中，求偏导数仍是由函数 diff( ) 来实现. 其调用格式和功能说明如表 7-1：

表 7-1

调用格式	功能说明
r=diff(s, 'var')	求多元函数 s 对指定自变量的偏导数. 其中 var 代表自变量，默认是按系统的默认原则处理

例 1 已知函数 $f(x, y)=\dfrac{xe^y}{y^2}$，求偏导数 $\dfrac{\partial f}{\partial x}$，$\dfrac{\partial f}{\partial y}$.

解 在实时编辑器编辑、运行以下代码：

```
clear
syms x y
diff(x*exp(y)/y^2,x)
diff(x*exp(y)/y^2,y)
diff(x*exp(y)/y^2)
```

结果为

ans =

$$\frac{e^y}{y^2}$$

ans =

$$\frac{xe^y}{y^2}-\frac{2xe^y}{y^3}$$

ans =

$$\frac{e^y}{y^2}$$

可见,不指明求导变量,系统默认对第一个变量求偏导.

例 2 已知方程 $\arctan\frac{y}{x}=\ln\sqrt{x^2+y^2+z^2}$, 求$\frac{\partial z}{\partial x}$.

解
```
syms x y z
F=atan(y/x)-log(sqrt(x^2+y^2+z^2));
Fx=diff(F,x);
Fz=diff(F,z);
G=-Fx/Fz
```
结果为

G=

$$-\frac{\left(\frac{x}{x^2+y^2+z^2}+\frac{y}{x^2\left(\frac{y^2}{x^2}+1\right)}\right)(x^2+y^2+z^2)}{z}$$

例 3 设 $z=ue^{2v-3w}$, 其中 $u=\sin x$, $v=x^3$, $w=x$, 求$\frac{dz}{dx}$.

解 在实时编辑器编辑、运行以下代码:
```
clear
  syms x z u v w
u=sin(x);
v=x^3;w=x;z=u*exp(2*v-3*w);
diff(z,x)
```
结果为

ans =

$$e^{2x^3-3x}\cos(x)+e^{2x^3-3x}\sin(x)(6x^2-3)$$

例 4 已知 $z=u^2\ln v$, 而 $u=\frac{x}{y}$, $v=3y-2x$, 求$\frac{\partial^2 z}{\partial x\partial y}$.

解 在实时编辑器编辑、运行以下代码:
```
clear
syms x y z u v
u=x/y;v=3*y-2*x;z=u^2*log(v);
diff(diff(z,x),y)
```
结果为

ans=

$$\frac{6x^2}{y^2\ (2x-3y)^2}-\frac{4x\log(3y-2x)}{y^3}-\frac{6x}{y^2(2x-3y)}-\frac{4x^2}{y^3(2x-3y)}$$

2. 用 MATLAB 求多元函数的极值

求驻点和判断驻点是不是极值点时，需要根据极值存在的充分条件编写程序. 计算驻点时，用到命令函数 solve ( )，计算 A，B，C 时用到计算数值的命令函数 subs ( ). 根据7-4定理2，可以判断出驻点是不是极值点.

如果只是求多元函数极值和极值点，也可以直接调用 MATLAB 求极值的函数 fminunc ( ). 具体调用格式和功能如表7-2所示.

表 7-2

调用格式	功能说明
[X,fval]=fminunc(fun,x_0,'options')	共有两个返回值，X 返回极小值点，fval 返回函数的极小值，fun 指的是所给的多元函数，x_0 是给定的一个初始值，“options”优化参数，可缺省.
g=@(x)-f(x) [Y,fval]=fminunc(g ,x_0,'options')	共有两个返回值，Y 返回极大值点，fval 返回函数的极大值，g 指的是所给的多元函数，x_0 是给定的一个初始值，“options”优化参数，可缺省.

例 5 分析 $f(x,y)=x^3-y^3+3x^2+3y^2-9x$ 的极值情况.

解 编写 .m 文件，比如命名为 jizhi. m，内容如下：

```
clear
syms x y
f=x^3-y^3+3*x^2+3*y^2-9*x;
a=diff(f,x);
b=diff(f,y);
[X,Y]=solve(a,b,x,y);
A=diff(a,x);
B=diff(a,y);
C=diff(b,y);
D=A*C-B^2;
g1=subs(subs(D,x,1),y,0);
if g1<0
    fprintf('(1,0)不是极值点');
```

```
else
    fprintf('(1,0)是极值点')
end
% 输出结果
g2=subs(subs(D,x,-3),y,0);
if g2<0
    fprintf('(-3,0)不是极值点')
else
    fprintf('(-3,0)是极值点')
end
% 输出结果
g3=subs(subs(D,x,1),y,2);
if g3<0
    fprintf('(1,2)不是极值点')
else
    fprintf('(1,2)是极值点')
end
% 输出结果
g4=subs(subs(D,x,-3),y,2);
if g4<0
    fprintf('(-3,2)不是极值点');
else
    fprintf('(-3,2)是极值点')
end
% 输出结果
```

运行后的结果为:

(1, 0)是极值点,(-3, 0)不是极值点,(1, 2)不是极值点,(-3, 2)是极值点

再在命令窗口输入:

```
>> f=@ (x)(x(1)^3-x(2)^3+3*x(1)^2+3*x(2)^2-9*x(1));
>> [a,fval]=fminunc(f,rand(2,1))
>> g=@ (x)-f(x);
>> [b,fval]=fminunc(g,rand(2,1))
```

运行结果为:

```
a =
```

```
        1.000 0
       -0.000 0
fval =
       -5.000 0
b =
       -3.000 0
        2.000 0
fval =
       -31.000 0
```

说明，极小值点为（1，0），极小值为-5；极大值点为（-3，2），极大值为-31.

7.7.2 用 MATLAB 求二重积分

1. 用 MATLAB 求二重积分的命令函数格式

用 MATLAB2022a 计算二重积分问题较复杂，命令仍用 int( )来求．确定了重积分的积分限后，若两次使用该命令就是求二重积分，其调用格式与求定积分相同．也可以用数值积分命令 integral2( )计算，也需要将二重积分先化为二次积分.

2. 用 MATLAB 求二重积分的例题

例 6 计算二重积分$\iint\limits_{D}\frac{x}{1+xy}\mathrm{d}x\mathrm{d}y$，其中 D：$0\leqslant x\leqslant 1$，$0\leqslant y\leqslant 1$.

解法 1

```
>> clear
>> syms x y
>> sx=int(x/(1+x*y),x,0,1)
>> sy=int(sx,y,0,1)
sy=
    log(4)-1
```

解法 2

```
>> clear
>> syms x y
>> fun=@ (x,y) x./(1+x.*y);
>> s=integral2(fun,0,1,0,1)
s=
   0.386 3
```

例 7 计算二重积分$\iint\limits_D \frac{y}{x}\mathrm{d}x\mathrm{d}y$，其中 D 由 $y=2x$，$y=x$，$x=2$，$x=4$ 围成.

分析 选择先对 x 后对 y 积分，则 y 的变化范围是 $x\leqslant y\leqslant 2x$，x 的取值范围是$2\leqslant x\leqslant 4$.

解法 1

```
>> clear
>> syms x y
>> sy=int(y/x,y,x,2*x)
sy=
              3/2*x
>> sx=int(sy,x,2,4)
sx=
    9
```

解法 2

```
>> clear
>> syms x y
>> fun=@ (x,y)y./x;
>> ymin=@ (x)x;
>> ymax=@ (x)2*x;
>> s=integral2(fun,2,4,ymin,ymax)
s=
    9
```

例 8 计算$\iint\limits_D \mathrm{e}^{-x^2-y^2}\mathrm{d}x\mathrm{d}y$，其中 D：$x^2+y^2\leqslant a^2$.

分析 用极坐标计算，r：$0\leqslant r\leqslant a$，θ：$0\leqslant\theta\leqslant 2\pi$.

解 在实时编辑器编辑、运行以下代码：

```
clc
clear
syms a r theta
s=int(int(r*exp(-r^2),r,0,a),theta,0,2*pi)
```

结果为

s=

$$-\pi(\mathrm{e}^{-a^2}-1)$$

练习题 7.7

(A)

1. 求函数 $z=x^2\ln(x+y^2)$ 的偏导数.

2. 求函数 $z=\sqrt{xy}$ 的二阶偏导数 $\frac{\partial^2 z}{\partial x \partial y}$.

3. 求函数 $z=x^3+y^3+xy$ 的极值.

4. 设薄板的区域为中心在原点，半径为 R 的圆形区域，面密度为 $\mu=\sqrt{x^2+y^2}$，求薄板的质量.

(B)

1. 求函数 $z=\ln\sin(x-2y)$ 的偏导数.

2. 求函数 $z=y^{\ln x}$ 的二阶偏导数 $\frac{\partial^2 z}{\partial x \partial y}$.

3. 求 $\iint\limits_D (4-x^2-y^2)\,\mathrm{d}x\mathrm{d}y$，$D$ 是由直线 $2x+y=4$，$x=0$，$y=0$ 围成的区域.

自测与提高

1. 填空题.

(1) 设有一平面薄片 D 放置在 xOy 平面上，其上任意一点 (x, y) 处的面密度为 $\rho(x, y)$（$\rho(x, y)$ 为定义在 D 上的非负连续函数），则该平面薄片的质量 m 用二重积分可表示为（　　）.

(2) 当函数 $f(x, y)$ 在有界闭区域 D 上（　　）时，$f(x, y)$ 在 D 上的二重积分必存在.

(3) $x^2+y^2\leqslant R^2$ 围成的闭区域记为 D，设 $I=\iint\limits_D \sqrt{R^2-x^2-y^2}\,\mathrm{d}\sigma$，则根据二重积分的几何意义可知 $I=$（　　）.

(4) D 为圆形闭区域 $x^2+y^2\leqslant 4$，则 $\iint\limits_D \mathrm{d}\sigma=$（　　）.

(5) 设 D：$0\leqslant x\leqslant 1$，$0\leqslant y\leqslant 2$，则 $\iint\limits_D xy\,\mathrm{d}x\mathrm{d}y=$（　　）.

(6) 设区域 D 由 $-1\leqslant x\leqslant 1$，$-1\leqslant y\leqslant 1$ 所确定，则 $\iint\limits_D x(y-x)\,\mathrm{d}x\mathrm{d}y=$（　　）.

(7) $\int_0^1 \mathrm{d}x\int_0^{\frac{\pi}{2}} \sqrt{x}\cos y\,\mathrm{d}y=$（　　）.

(8) 若积分区域 D 是由 $x=0$，$x=1$，$y=0$，$y=1$ 所围成的矩形区域，则 $\iint\limits_D \mathrm{e}^{x+y}\,\mathrm{d}x\mathrm{d}y=$（　　）.

(9) 交换二重积分次序：$\int_0^1 \mathrm{d}x\int_{\sqrt{x}}^1 f(x, y)\,\mathrm{d}y=$（　　）.

(10) 化二重积分$\int_0^{2a}dx\int_0^{\sqrt{2ax-x^2}}(x^2+y^2)dy$为极坐标形式（　　）.

2. 选择题.

(1) 设区域D是由$x^2+y^2\leqslant 1$所确定的区域，则$\iint\limits_D d\sigma=$（　　）.

A. 2　　B. π　　C. 4π　　D. 8π

(2) 设$f(x,y)$为二元连续函数，且$\iint\limits_D f(x,y)dxdy=\int_1^2 dy\int_y^2 f(x,y)dx$，则积分区域$D$可表示为（　　）.

A. $\begin{cases}1\leqslant x\leqslant 2,\\1\leqslant y\leqslant 2\end{cases}$　　B. $\begin{cases}1\leqslant x\leqslant 2,\\x\leqslant y\leqslant 2\end{cases}$

C. $\begin{cases}1\leqslant x\leqslant 2,\\1\leqslant y\leqslant x\end{cases}$　　D. $\begin{cases}1\leqslant y\leqslant 2,\\1\leqslant x\leqslant y\end{cases}$

(3) 设区域D是由x轴，y轴及直线$x+y=1$所围成的区域，则$\iint\limits_D xydxdy=$（　　）.

A. $\frac{1}{4}$　　B. $\frac{1}{8}$　　C. $\frac{1}{12}$　　D. $\frac{1}{24}$

(4) 设区域D为：$x^2+y^2\leqslant 1$，$x\geqslant 0$，$y\geqslant 0$，则在极坐标系下二重积分$\iint\limits_D e^{\sqrt{x^2+y^2}}dxdy$可表示为（　　）.

A. $\int_0^{\pi}d\theta\int_0^1 e^r dr$　　B. $\int_0^{\pi}d\theta\int_0^1 re^r dr$

C. $\int_0^{\frac{\pi}{2}}d\theta\int_0^1 e^r dr$　　D. $\int_0^{\frac{\pi}{2}}d\theta\int_0^1 re^r dr$

(5) 二次积分$\int_0^1 dx\int_{-\sqrt{x}}^{\sqrt{x}}xydy+\int_1^4 dx\int_{x-2}^{\sqrt{x}}xydy$，交换积分次序后等于（　　）.

A. $\int_{-1}^2 dy\int_{y^2}^{y+2}xydx$　　B. $\int_{-1}^2 dy\int_{\sqrt{y}}^{y+2}xydx$

C. $\int_{-1}^2 dy\int_{y^2}^{y-2}xydx$　　D. $\int_{-1}^2 dy\int_{\sqrt{y}}^{y-2}xydx$

(6) 二次积分$\int_0^1 dx\int_x^1 \sin y^2 dy=$（　　）.

A. $\frac{1}{2}(1-\cos 1)$　　B. $\frac{1}{2}(1+\cos 1)$

C. $\frac{1}{2}(1+\sin 1)$　　D. $\frac{1}{2}(1-\sin 1)$

3. 计算下列二重积分：

(1) $\iint\limits_D xe^{xy}dxdy$，其中$D$是由$0\leqslant x\leqslant 1$，$-1\leqslant y\leqslant 0$所围成的区域；

（2）$\iint\limits_D (x+6y)\,dxdy$，其中 D 是由 $y=x$，$y=5x$ 及 $x=1$ 所围成的区域；

（3）$\iint\limits_D \ln(1+x^2+y^2)\,dxdy$，其中 D 是 $x^2+y^2\leqslant 1$ 在第一象限的部分.

4. 求由抛物面 $z=x^2+y^2$ 与平面 $z=a^2$ 所围成的立体的体积.

5. 求由曲线 $y=x^2$ 及直线 $y=4$ 所围成部分的平面薄片的质量，设面密度为 1.

专升本备考专栏 7

考试基本要求

典型例题及精解

人文素养阅读 7

最富创造性的数学家——黎曼

附录Ⅰ　基本初等函数的图形

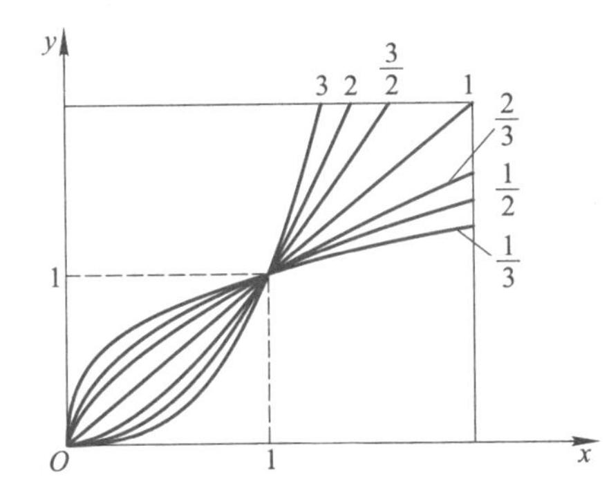

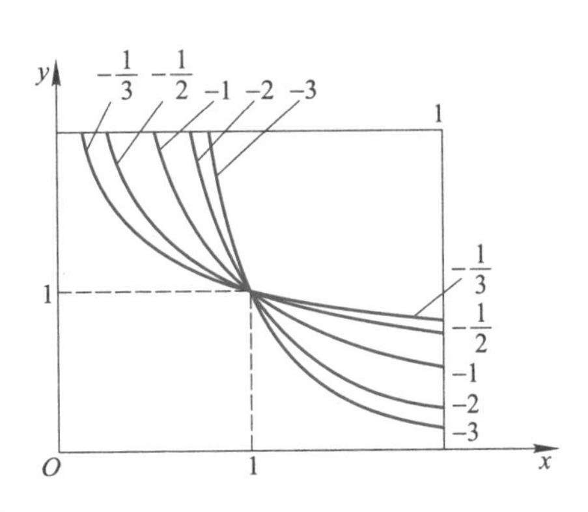

$y=x^{\mu}$

指数函数

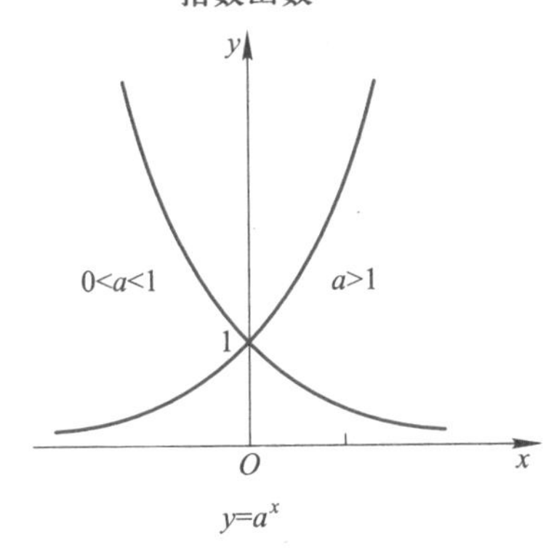

$y=a^{x}$

对数函数

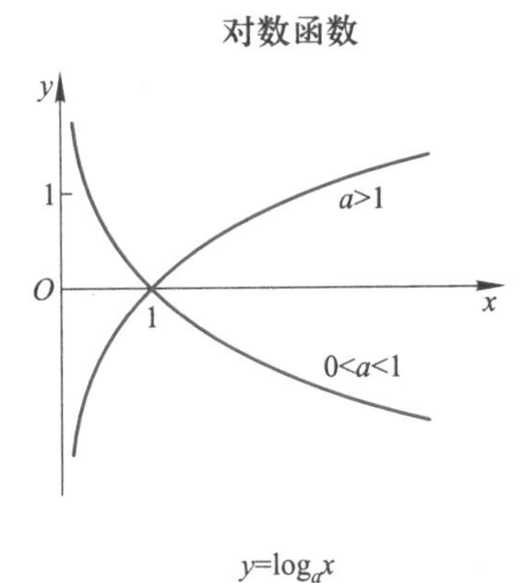

$y=\log_{a}x$

三角函数

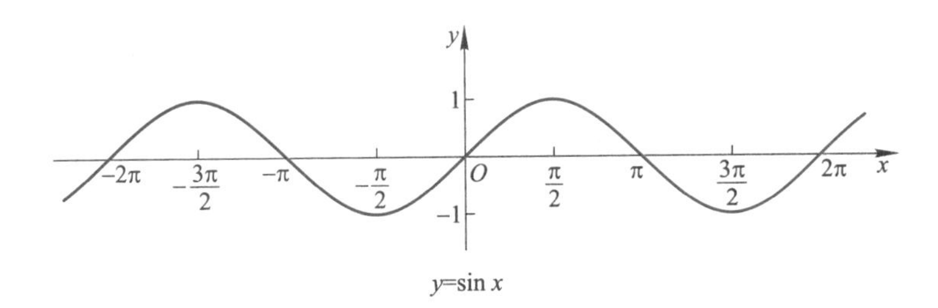

$y=\sin x$

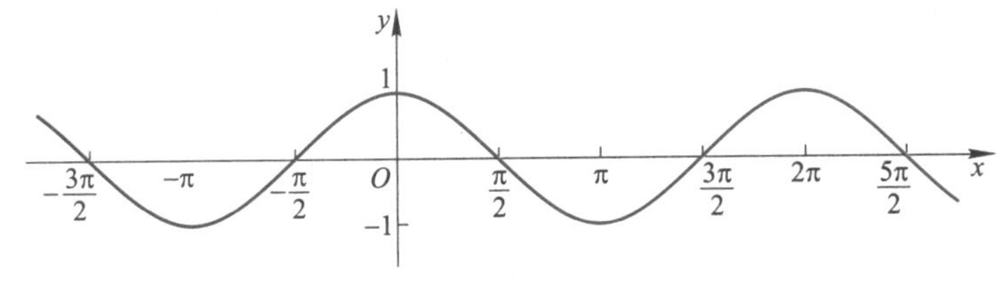

$y=\cos x$

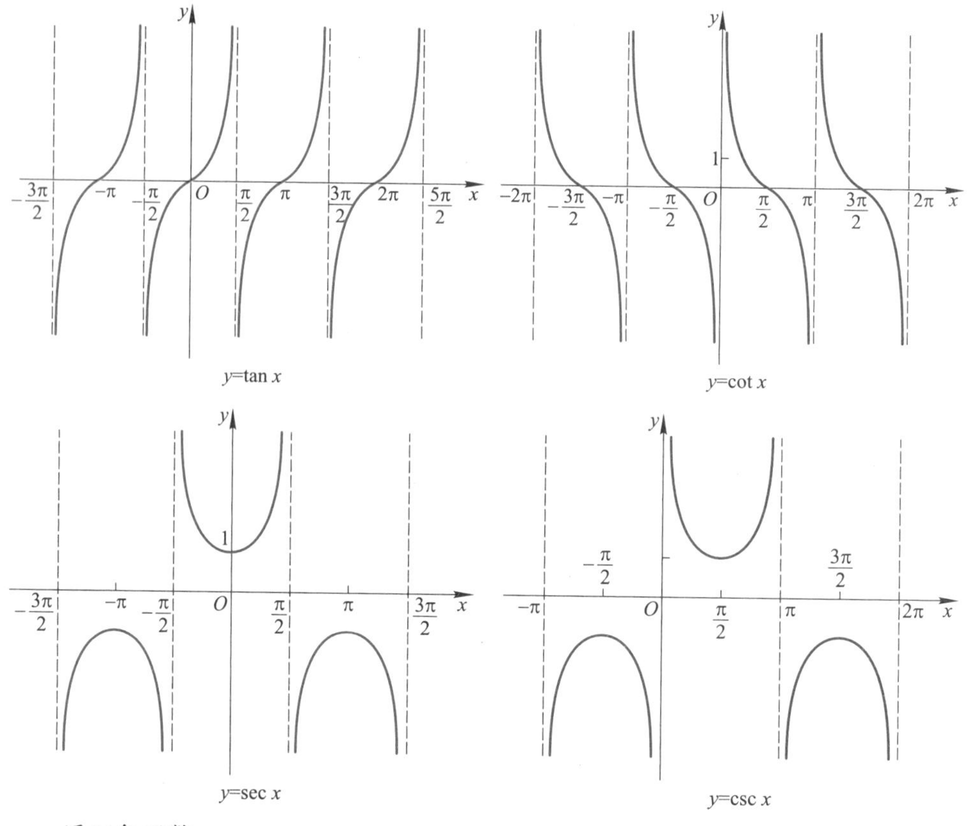

$y=\tan x$

$y=\cot x$

$y=\sec x$

$y=\csc x$

反三角函数

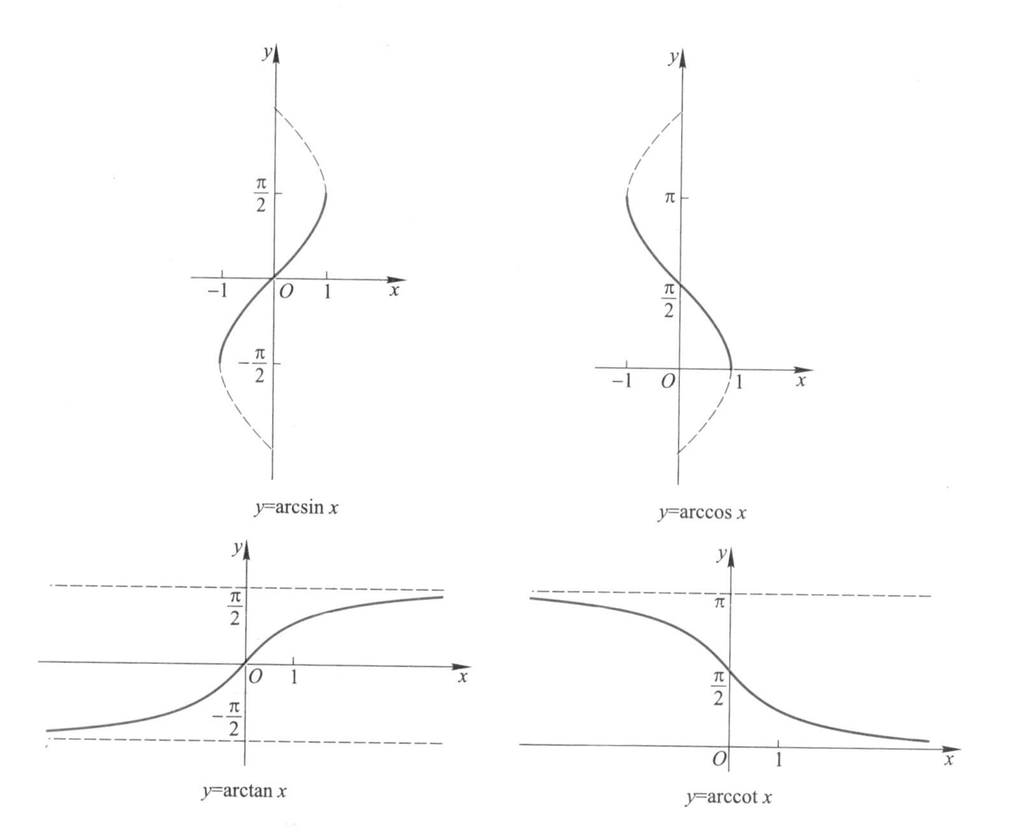

$y=\arcsin x$

$y=\arccos x$

$y=\arctan x$

$y=\text{arccot}\, x$

附录Ⅱ　部分习题答案

练习题 1.1

(A)

1. (1) $\left(-\infty, \dfrac{3}{2}\right]$；　(2) $(-\infty, 1)\cup(1, 2)\cup(2, +\infty)$.

2. $f[g(x)]=\dfrac{1}{x^2}+1$；$g[f(x)]=\dfrac{1}{x^2+1}$.

3. (1) $y=\sqrt{\arcsin x}$ 是由 $y=\sqrt{u}$ 和 $u=\arcsin x$ 以 u 为中间变量复合而成的；

(2) $y=\cos^2(2-3x)$ 是由 $y=u^2$，$u=\cos v$ 和 $v=2-3x$ 以 u，v 为中间变量复合而成的.

4. (1) 奇函数；　(2) 奇函数；　(3) 偶函数；　(4) 非奇非偶函数.

5. $Q=-10P+80\ 000$.

(B)

1. (1) 不相同，定义域不同；　(2) 相同；　(3) 不相同，定义域不同；(4) 不相同，对应法则不同.

2. (1) $(1,2)\cup(2,+\infty)$；　(2) $\left(\dfrac{1}{2}, \sqrt{5}\right]$.

3. (1) $T=\begin{cases}-\dfrac{3}{5}t+12, & t\in[0, 20).\\ 0, & t\in[20, +\infty).\end{cases}$

(2) $A_n=\dfrac{1}{2}nR^2\sin\dfrac{2\pi}{n}$，其中 R 为圆的半径.

(3) $R=\begin{cases}150x, & x\in[0, 800],\\ 120x+24\ 000, & x\in(800, 1\ 600].\end{cases}$

4. $P_0=5$.

练习题 1.2

(A)

1. (1) 无穷小；　(2) 无穷大；　(3) 无穷小；　(4) 无穷大；(5) 无穷大；　(6) 无穷小.

2. (1) 不正确，无穷小量是个变量，不是常数；

(2) 不正确，无穷小量是以0为极限的变量，常量0只是一个特例；

(3) 正确，符合无穷小量定义.

3. (1) 0； (2) 0； (3) 0； (4) 0.

4. $\lim\limits_{x\to0^-}f(x)=\lim\limits_{x\to0^-}\left(-\dfrac{1}{x-1}\right)=1$，$\lim\limits_{x\to0^+}f(x)=\lim\limits_{x\to0^+}x=0$，$\lim\limits_{x\to0}f(x)$ 不存在.

(B)

1. 0. 2. (1) $-\dfrac{1}{2}$； (2) 0.

3. $\lim\limits_{x\to-5}f(x)=14$，$\lim\limits_{x\to1}f(x)$ 不存在，$\lim\limits_{x\to2}f(x)=2$，$\lim\limits_{x\to3}f(x)=4$.

练习题 1.3

(A)

1. (1) $\dfrac{1}{2}$； (2) 0； (3) ∞； (4) $\dfrac{1}{2}$； (5) $\dfrac{1}{4}$； (6) $\dfrac{3}{2}$.

2. (1) 4； (2) $-\dfrac{3}{5}$； (3) -9； (4) 1； (5) $\dfrac{1}{2}$； (6) $\dfrac{2}{3}$；

(7) 0； (8) -8.

3. (1) 高阶； (2) 高阶； (3) 同阶； (4) 高阶.

4. (1) k； (2) $\dfrac{3}{2}$； (3) $\dfrac{1}{2}$； (4) $\dfrac{1}{2}$； (5) $\dfrac{1}{3}$； (6) 3.

5. (1) e^{-2}； (2) $e^{\frac{1}{2}}$； (3) e^{3}； (4) e^{-1}； (5) e^{-1}； (6) 1.

(B)

1. (1) -1； (2) $\dfrac{1}{2}$； (3) $\dfrac{1}{4}$； (4) $\dfrac{1}{2}$.

2. (1) ω； (2) 0； (3) e^{2}； (4) $e^{\frac{5}{3}}$； (5) 0； (6) $\dfrac{2}{\pi}$.

3. (1) $\sqrt{5}$； (2) 1； (3) 0； (4) $-\dfrac{\sqrt{2}}{2}$.

4. (1) $\dfrac{1}{2}$； (2) $\sqrt{2}a(a\neq0)$.

练习题 1.4

(A)

1. (1) 3； (2) -1； (3) $(\Delta x)^2+2\Delta x$； (4) $(\Delta x)^2+2x_0\Delta x-2\Delta x$.

2. 不连续，是无穷间断点.

3. 不连续，是可去间断点.

4. 证明：设 $f(x)=x^5-3x+1$，由于它在 $[1, 2]$ 上连续，且 $f(1)=-1<0$，$f(2)=27>0$，由根的存在定理知，至少存在一点 $\xi\in(1, 2)$，使得 $f(\xi)=0$. 即方程在 $(1, 2)$ 内至少有一个实根.

5. (1) $x=3$ 是第二类间断点中的无穷间断点；

(2) $x=0$ 第二类间断点中的无穷间断点；

(3) $x=1$ 是第一类间断点中的可去间断点；$x=2$ 是第二类间断点中的无穷间断点；

(4) $x=1$ 是第一类间断点中的跳跃间断点.

6. (1) 0； (2) $\sqrt{6}$； (3) $-\frac{e^{-2}+1}{2}$； (4) $\frac{1}{4}$.

(B)

1. $k=2$.

2. (1) 函数在其定义域 $(-\infty, 1)\cup(1, 2)\cup(2, +\infty)$ 内连续，但 $x=1$，$x=2$ 分别是它的无穷间断点和可去间断点；

(2) 函数在其定义域 $\left\{x \,\middle|\, x\neq 0,\ x\neq\frac{1}{2}k\pi+\frac{\pi}{4},\ k\in\mathbf{Z}\right\}$ 内连续，但 $x=0$ 和 $x=\frac{1}{2}k\pi+\frac{\pi}{4}$，$k\in\mathbf{Z}$ 分别是它的可去间断点和无穷间断点；

(3) 函数在其定义域 $(-\infty, 0)\cup(0, +\infty)$ 内连续，但 $x=0$ 是它的跳跃间断点；

(4) 函数在其定义域 $(-\infty, +\infty)$ 内不连续，$x=0$ 是它的可去间断点.

3. 此函数在 $t=1, 2, 3$ 处间断. 这说明在超过整时后，收费价格会突然增加.

练习题 1.5

(A)

1. 4，t^6-2t^2+5. 2. 略.

3. (1) 0； (2) $\sqrt{6}$； (3) $-\frac{e^{-2}+1}{2}$； (4) $\frac{1}{4}$.

(B)

(1) $\frac{1}{2}$； (2) $\frac{1}{4}$； (3) $\frac{1}{2}$； (4) $e^{\frac{5}{3}}$.

自测与提高

1. (1) 相同; (2) 不相同.

2. (1) $(-\infty, -2]\cup[2,3)\cup(3,4)$; (2) $[-1, 1]$.

3. (1) $y=e^{\sqrt{x}}$ 是由 $y=e^u$ 和 $u=\sqrt{x}$ 以 u 为中间变量复合而成的;

(2) $y=\ln(\sin x^5)$ 是由 $y=\ln u$, $u=\sin v$ 和 $v=x^5$ 以 u, v 为中间变量复合而成的.

4. (1) $\frac{2}{3}$; (2) -1; (3) e^{-2}; (4) $\sqrt{3}$.

5. (1) 函数的间断点是 1 和 2, 分别为可去间断点和无穷间断点;

(2) 0 和 $x=k\pi+\frac{\pi}{2}(k\in\mathbf{Z})$ 为可去间断点, $x=k\pi(k\neq0, k\in\mathbf{Z})$ 为无穷间断点.

6. $\lim\limits_{x\to0}Q=C$.

练习题 2.1

(A)

1. (1) A; (2) C; (3) A.
2. 切线方程为 $x-4y+4=0$; 法线方程为 $4x+y-18=0$.
3. 连续但不可导.

(B)

1. $3x-12y-1=0$ 或者 $3x-12y+1=0$.
2. $(-1, 1)$ 或者 $(1, 1)$.
3. 可导, $f'(0)=0$.

练习题 2.2

(A)

1. (1) $-\frac{2}{(t-1)^2}$; (2) $e^x\cos x-e^x\sin x$; (3) $e^x+\frac{2}{x}$; (4) $\frac{\pi}{x^2}+2x\ln a$.

2. (1) $14(2x-3)^6$; (2) $6\sin^2 2x\cos 2x$; (3) $2x\sec^2(x^2+1)$;

(4) $\frac{-x}{\sqrt{a^2-x^2}}$; (5) $\frac{2x+3}{3x+x^2}$; (6) $x^{\cos x}\left(-\sin x\ln x+\frac{\cos x}{x}\right)$.

3. 1 800 人/天，2 400 人/天，0 人/天.

(B)

1. (1) $3x^2+\frac{1}{x^2}$；　(2) $2e^{\sin 2x}\cos 2x$；　(3) $3\cot 3x$；　(4) $\frac{\ln x}{(1+x)^2}$；

(5) $\frac{\sqrt{x^2-a^2}}{x}$；　(6) $-\frac{2}{1+x^2}$.

2. $a=2$，$b=-3$.

3. (1) $\frac{20\ 000-200t^2}{(t^2+100)^2}$；　(2) 8，$\frac{24}{25}$. 意义：第 5 个月销量为 8，销量增速为$\frac{24}{25}$.

练习题 2.3

(A)

1. (1) $\frac{xy-y^2}{x^2+xy}$；　(2) $\frac{y^2-4xy}{2x^2-2xy+3y^2}$；　(3) $-\frac{a\sin(x+y)}{e^y+a\sin(x+y)}$；

(4) $\frac{2\cos 2x-ye^{xy}-\frac{y}{x}}{xe^{xy}+\ln x}$.

2. $\left(\frac{1}{4},\ \frac{1}{4}\right)$.

3. (1) $\frac{\sin at+\cos bt}{\cos at-\sin bt}$；　(2) $-\frac{b}{a}\tan t$；　(3) $2t$.

4. 切线方程为 $2x-y-2=0$，法线方程为 $x+2y-1=0$.

(B)

1. $5x+3y-8=0$.　2. $-\frac{\pi}{2}-1$.

3. (1) $x^{x^2+1}(2\ln x+1)$；　(2) $(1+\cos x)^x\ln(1+\cos x)-x\sin x(1+\cos x)^{x-1}$.

练习题 2.4

(A)

1. (1) 单调递减区间为 $(-\infty,\ -1)$，单调递增区间为 $(-1,\ +\infty)$；

(2) 单调递减区间为 $(-\infty,\ 0)$，单调递增区间为 $(0,\ +\infty)$；

(3) 单调递减区间为 $(-2,\ -1)$，$(-1,\ 0)$，单调递增区间为 $(-\infty,\ -2)$，$(0,\ +\infty)$；

(4) 单调递减区间为$\left(0,\ \frac{1}{2}\right)$，单调递增区间为$\left(\frac{1}{2},\ +\infty\right)$.

2. （1）极小值为$-\frac{25}{4}$；（2）极小值为0，极大值为$4e^{-2}$.

3. （1）最小值为4，最大值为13；（2）最小值为0，最大值为8.

4. 长为18m，宽为12 m，中间隔段12 m.

5. 49 元/间.

6. （1）$\frac{3}{4}$；（2）5；（3）0；（4）$+\infty$；（5）0；（6）0；

（7）$\frac{1}{2}$；（8）1.

7. $P=125$. 8. $E_d=-\frac{P}{2}$，$E_d(6)=-3$.

9. **证** 取函数$f(x)=\arcsin x+\arccos x$，$f(x)$在$x\in[-1,1]$上．因$f'(x)=\frac{1}{\sqrt{1-x^2}}-\frac{1}{\sqrt{1-x^2}}\equiv 0$，故$f(x)\equiv C$．取$x=0$，得$f(0)=C=\frac{\pi}{2}$．因此$\arcsin x+\arccos x=\frac{\pi}{2}$，$x\in[-1,1]$.

10. **证** 取函数$f(x)=\ln x$，则$f(x)$在$[b,a]$上连续，在(b,a)内可导，由拉格朗日中值定理知，至少存在点$\xi\in(b,a)$，使得$f(a)-f(b)=f'(\xi)(a-b)$，即$\ln a-\ln b=\frac{1}{\xi}(a-b)$．又，$0<b<\xi<a$，故$0<\frac{1}{a}<\frac{1}{\xi}<\frac{1}{b}$，因此$\frac{a-b}{a}<\frac{a-b}{\xi}<\frac{a-b}{b}$，即$\frac{a-b}{a}<\ln\frac{a}{b}<\frac{a-b}{b}$.

（B）

1. $a=2$，$b=3$.

2. （1）$a=2$；（2）此极值为极大值.

3. $t=2$小时，最近距离为$10\sqrt{41}$海里. 4. 24 400 件.

5. （1）0为极小值；（2）0为极大值.

6. （1）1；（2）$a^a(\ln a-1)$；（3）$\frac{1}{4}$；（4）$+\infty$；（5）e^2；（6）0.

7. 每批生产300件时利润最大，最大利润为700元.

8. $E_d(3)=-6\ln 2$.

9. **证** 取函数$F(x)=\frac{f(x)}{e^x}$，因

$$F'(x)=\frac{f'(x)e^x-f(x)e^x}{e^{2x}}=\frac{f'(x)-f(x)}{e^x}=0,$$

故$F(x)=C$．又$F(0)=C=f(0)=1$，因此$F(x)=1$，即$\frac{f(x)}{e^x}=1$，故$f(x)=e^x$

练习题 2.5

(A)

1. $-\sin x-\frac{1}{x^2}$.

2. (1) $(-\infty, 0)$ 为凸区间，$(0, +\infty)$ 为凹区间，无拐点；

(2) $(-\infty, 2)$ 为凸区间，$(2, +\infty)$ 为凹区间，拐点为 $(2, 2e^{-2})$.

3. $-9.8\ m/s^2$.　　4. $a=\pm\frac{1}{2}$，$b=0$，$c=1$.

(B)

1. $a=-\frac{3}{2}$，$b=\frac{9}{2}$.　　2. $a=3$，$b=-9$，$c=8$.

3. $(-\infty, -1)\cup(1, +\infty)$ 为凸区间，$(-1, 1)$ 为凹区间，拐点为 $(-1, \ln 2)$ 和 $(1, \ln 2)$.

4. 工件 A 在点 $x=1$ 处的弯曲程度大一些.

练习题 2.6

(A)

1. $\Delta x=0.1$ 时，$\Delta y=0.71$，$dy=0.7$；　$\Delta x=0.01$ 时，$\Delta y=0.0701$，$dy=0.07$.

2. (1) $\left(\frac{1}{\sqrt[3]{x^2}}+\frac{1}{x^2}\right)dx$；　(2) $-\frac{2\cos x}{(1+\sin x)^2}dx$；

(3) $4x\tan(1+x^2)\sec^2(1+x^2)dx$；　(4) $-3^{\ln\cos x}(\ln 3)\tan x dx$.

3. (1) $\frac{1}{2}x^2+C$；　(2) $\sin x+C$；　(3) $\frac{2}{3}x^{\frac{3}{2}}+C$；　(4) $-\frac{1}{\omega}\cos\omega t+C$；

(5) $\ln|1+x|+C$；　(6) $-\frac{1}{x}+C$；　(7) $\frac{1}{3}\tan 3x+C$；　(8) $\arctan x+C$；

(9) $-\frac{1}{3}e^{-3x}+C$；　(10) $\sqrt{1+x^2}+C$.

4. (1) 0.485；　(2) 3.0002.

5. 约 1.12 g.

(B)

1. -0.11.　　2. 110.　　3. 大约快 0.0002 s.

练习题 2.7

(A)

1. $\dfrac{1}{x\ln x\ln(\ln x)}$.　　2. $24x-\mathrm{e}^{-x}$.

(B)

1. 略（参考本节例 3）.　　2. 略.

自测与提高

1. (1) $\dfrac{\Delta s(t)}{\Delta t}$, $s'(t)$.　　(2) $3f'(x_0)$.　　(3) 平行于 x 轴；平行于 y 轴.

(4) $2, 2\sec^2(2x), \sec^2(2x)$.

2. (1) A；　(2) B；　(3) A.

3. (1) $\dfrac{2}{(1-x^2)\sqrt{1-x^2}}$；　(2) $\dfrac{2^{\ln x}\ln 2}{x}$；　(3) $2x\cot(x^2)\sec^2(x^2)$；

(4) $\dfrac{2}{(1-x)^2}$；　(5) $-\dfrac{x}{|x|\sqrt{1-x^2}}$；　(6) $(\tan x)^{\sin x}(\cos x\ln(\tan x)+\sec x)$.

4. (1) $\dfrac{x-y}{x-3y}$；　(2) $\dfrac{2x-y\cos(xy)}{x\cos(xy)}$.

5. (1) $-4\sin 2x$；　(2) $-\dfrac{12}{(1+x)^4}$.

6. 当正方形的边长为$\dfrac{\sqrt{3}l}{9+4\sqrt{3}}$，正三角形的边长为$\dfrac{3l}{9+4\sqrt{3}}$时面积之和最小.

练习题 3.1

(A)

1. (1) 0；　(2) 1；　(3) 0.　2. (1) $<$；　(2) $>$.

3. $5\leqslant\int_{-1}^{4}(x^2+1)\mathrm{d}x\leqslant 85$.

(B)

1. $\int_0^l \rho(x)\mathrm{d}x$.

2. $\int_0^{31} C(t)\mathrm{d}t$ 表示自2010年1月1日至2010年1月31日总的取暖费.

3. $\left(1-\frac{\sqrt{2}}{2}\right)\pi \leqslant \int_{\frac{\pi}{4}}^{\frac{5\pi}{4}} (1+\sin x)\mathrm{d}x \leqslant 2\pi$.

练习题3.2

(A)

1. （1）$-\frac{1}{x}+C$；　（2）$\frac{2}{5}x^{\frac{5}{2}}+C$；　（3）$\frac{1}{1+\ln 3}(3\mathrm{e})^x+C$；

（4）$\mathrm{e}^{x+3}+C$；　（5）$3\sin t+\tan t+C$；　（6）$\frac{1}{2}x^2+3x+C$.

2. （1）1；　（2）$\ln 2$；　（3）$\frac{\pi}{2}$；　（4）$\frac{3}{2}-2\ln 2$.

3. $y=\ln|x|+2$，$x\neq 0$.

(B)

1. （1）$2\sqrt{x}+C$；　（2）$\frac{1}{6}x^6+3\mathrm{e}^x-\cot x-\frac{2^x}{\ln 2}+C$；

（3）$\frac{1}{12}x^3+3x-\frac{9}{x}+C$；　（4）$\tan x-x+C$.

2. （1）1；　（2）-4；　（3）$\mathrm{e}-4+3\cos 1$；　（4）$2\sqrt{2}-2$.

3. $y=x^3+x+1$.　4. $\frac{8}{3}-\pi$.

练习题3.3

(A)

1. （1）$\frac{1}{2}\mathrm{e}^{2x}+C$；　（2）$\frac{1}{12}(2x+1)^6+C$；　（3）$-\sin(2-x)+C$；

（4）$\frac{1}{3}\arctan\frac{x}{3}+C$；　（5）$\frac{1}{2}\ln^2 x+C$；　（6）$\arctan(\sin x)+C$；

（7）$-\cos(2\sqrt{x}-1)+C$；　（8）$-2\sqrt{x}-2\ln|1-\sqrt{x}|+\mathrm{C}$.

2. （1）$1-\mathrm{e}^{-1}$；　（2）$\ln 2$；　（3）0；　（4）$7+2\ln 2$；

（5）0；　（6）$\frac{3}{2}$.

3. 约9 267（辆）.

(B)

1. (1) $-e^{\frac{1}{x}}+C$； (2) $\frac{1}{2}\ln(9+x^2)+C$； (3) $-\sqrt{2x}-\ln\left|1-\sqrt{2x}\right|+C$；

(4) $-\frac{1}{\ln x}+C$； (5) $\frac{x}{2}\sqrt{4-x^2}+2\arcsin\frac{x}{2}+C$； (6) $x+2\sqrt{x}+C$.

2. (1) 4π； (2) $\frac{1}{2}\arctan\frac{1}{2}$； (3) $3\ln 3$；

(4) $\frac{4}{3}\sqrt{2}-\frac{5}{3}$； (5) $\frac{\pi}{2}$； (6) 0.

3. (1) 2.5； (2) 减少 0.25 万元.

练习题 3.4

(A)

1. (1) $-x\cos x+\sin x+C$； (2) $x\ln(1+x^2)-2x+2\arctan x+C$；

(3) $\frac{1}{2}x\sin 2x+\frac{1}{4}\cos 2x+C$； (4) $\left(\frac{1}{3}x^2-\frac{2}{9}x+\frac{2}{27}\right)e^{3x}+C$.

2. (1) $-2e^{-1}+1$； (2) $\frac{1}{4}e^2+\frac{1}{4}$； (3) $\pi-2$； (4) $\frac{1}{2}e^{\frac{\pi}{2}}-\frac{1}{2}$.

(B)

1. (1) $\frac{1}{4}(2x^2-10x+13)\sin 2x+\frac{1}{4}(2x-5)\cos 2x+C$；

(2) $\frac{1}{13}e^{3x}(2\sin 2x+3\cos 2x)+C$； (3) $-\frac{1}{5}e^{-x}(\sin 2x+2\cos 2x)+C$；

(4) $\frac{1}{4}x^2+\frac{1}{4}x\sin 2x+\frac{1}{8}\cos 2x+C$.

2. (1) e； (2) $\frac{1}{9}(1+2e^3)$； (3) $\frac{\pi}{2}-1$； (4) $\frac{2}{5}e^{\pi}+\frac{1}{5}$.

3. (1) 当 $t=2$ 时传染速度最快； (2) 3 838 人.

练习题 3.5

(A)

1. (1) $\frac{3}{2}-\ln 2$； (2) $\frac{125}{6}$.

2. (1) $\frac{\pi}{5}$； (2) 16π，24π； (3) $160\pi^2$.

3. $\approx 1.601\times 10^{12}$ (J).

4. 500（个）.　5. $-3e^{-2}+1$.

6. 每批生产 250 件产品时利润最大，最大利润为 425 元.

(B)

1. 2 450 kJ.　2. 1.764×10^{5} N.

3. (1) $i(t)=\frac{165\sqrt{2}}{484}\sin(100\pi t)$，75 W；　(2) 1.5 kWh.

4. $\overline{C}(1)=0.07\ln 2$，$\overline{C}(2)=0.035\ln 5$.

5. 当 $Q=5$ t 时利润最大，最大利润为 15 万元.

练习题 3.6

(A)

1. $\frac{1}{3}$.　2. 1.　3. 发散.　4. 2.

(B)

1. 发散.　2. π.　3. 1.　4. $-1+\ln 2$.

练习题 3.7

(A)

1. $\frac{1}{6}x^6+\frac{1}{4}x^4+\frac{2}{3}x^{\frac{3}{2}}+C$.　2. $\frac{1}{2}e-1$.　3. $\frac{\sqrt{3}}{6}\pi$.

(B)

1. $\ln\left|\frac{\sin x}{1+\sin x}\right|+C$.　2. $\frac{3}{16}\pi$.　3. -1.

自测与提高

1. (1) ×；　(2) ×；　(3) √；　(4) ×.

2. (1) A；　(2) B；　(3) B；　(4) B.

3. (1) $-\frac{x^2}{2}e^{x^2}-\frac{1}{2}e^{x^2}+C$；　(2) $2\ln 2-1$；　(3) $\ln 2$.

4. （1）$y=\ln|x|+1$；（2）$\frac{1}{\omega}(1-\cos\omega)$.

练习题 4.1

（A）

1. （1）是，二阶；（2）是，一阶；（3）不是；（4）是，一阶；（5）是，二阶；（6）是，三阶.

2. （1）是；（2）是；（3）是；（4）不是.

（B）

1. （1）$y=\sin x+e^x-1$；（2）$y=x^2+x$.

2. $y'=-\frac{1}{x^2}$.

练习题 4.2

（A）

（1）$y=\ln(e^x+C)$；（2）$(3+y)(3-x)=C$；（3）$y\sqrt{1+x^2}=C$；
（4）$y=Ce^{\arcsin x}$；（5）$y=e^{Cx}$.

（B）

1. （1）$y=\frac{4}{x^2}$；（2）$y=e^{\tan\frac{x}{2}}$.

2. $y=\frac{1}{3}x^2$.

练习题 4.3

（A）

（1）$y=\frac{1}{2}\left(xe^x-\frac{1}{2}e^x+Ce^{-x}\right)$；（2）$y=Ce^{-x^2}+e^{-x^2}\ln x$；

（3）$y=\frac{x}{2}\ln^2 x+Cx$；（4）$x=Ce^y-y-1$.

（B）

（1）$y=\frac{x}{\cos x}$；（2）$x=y^2-y$；（3）$y=\arcsin\frac{1}{1+x^2}$.

练习题4.4

(A)

1. $y=2x-\frac{1}{x}$.　　2. $v=\frac{k_1}{k_2}t-\frac{k_1 m}{k_2^2}(1-e^{-\frac{k_2}{m}t})$.

(B)

$R(x)=30x-x^2$.

练习题4.5

(A)

(1) $y=C_1e^{-x}+C_2e^{3x}$;　(2) $y=e^{-3x}(C_1+C_2x)$;　(3) $y=(C_1+C_2x)e^{\frac{x}{2}}$;

(4) $y=C_1\cos\sqrt{5}x+C_2\sin\sqrt{5}x$.　(5) $y=C_1\cos 3x+C_2\sin 3x+\frac{e^x}{10}$.

(B)

(1) $y=-e^{4x}+e^{-x}$;　(2) $y=2\cos 5x+\sin 5x$.　(3) $y=-\frac{1}{16}\sin 2x+\frac{1}{8}x$.

练习题4.6

(A)

(1) $y=Ce^{-2x}+\frac{1}{2}$;　(2) $y=\frac{1}{2}(e^x-e^{-x})$;　(3) $y=C_1e^x+C_2e^{-6x}$;

(4) $y=C_1e^{\frac{3}{2}x}+C_2e^{-2x}-\frac{2}{3}e^x$.

(B)

(1) $y=C(x+1)^2$;　(2) $y=xe^{-\sin x}$;　(3) $y=e^{-\frac{x}{2}}\left(C_1\cos\frac{x}{2}+C_2\sin\frac{x}{2}\right)+5e^{-x}$;

(4) $y=C_1e^x+C_2e^{-x}-2\sin x$.

自测与提高

1. (1) 阶数;　(2) 公式法，常数变易法.　(3) 3;

(4) $y=x(Ax+B)e^{2x}$； (5) $y=A\cos x+B\sin x$； (6) $y''-y'-2y=0$.

2. (1) B； (2) C； (3) A； (4) D； (5) C； (6) B.

3. (1) $y=e^{Cx}$； (2) $y=e^{-x^2}(x^2+C)$.

4. $y=2\cos 5x+\sin 5x$. 5. $y=\frac{1}{3}x^2$.

6. (1) $y''+y'=0$； (2) $y''+y=0$.

练习题 5.1

(A)

(1) $a_n=(-1)^n\frac{1}{2^{n-1}}$； (2) $a_n=\frac{1}{(2n-1)(2n+1)}$； (3) $a_n=\sqrt{\frac{n}{n^2+1}}$；

(4) $a_n=(-1)^{n-1}\frac{x^n}{n}$； (5) $a_n=\frac{1}{2^n}+\frac{1}{3^n}$.

(B)

(1) 发散； (2) 收敛； (3) 收敛； (4) 发散； (5) 收敛.

练习题 5.2

(A)

1. (1) 收敛； (2) 发散； (3) 发散； (4) 发散； (5) 收敛.
2. (1) 发散； (2) 收敛； (3) 发散； (4) 发散； (5) 收敛.

(B)

(1) 收敛，条件收敛； (2) 收敛，绝对收敛；

(3) 发散； (4) 收敛，绝对收敛.

练习题 5.3

(A)

(1) $R=1$，$[-1, 1]$； (2) $R=2$，$[-2, 2]$； (3) $R=\frac{1}{10}$，$\left(-\frac{1}{10}, \frac{1}{10}\right)$；

(4) $R=0$，$x=0$； (5) $R=2$，$(-2, 2)$； (6) $R=\frac{1}{2}$，$\left[\frac{1}{2}, \frac{3}{2}\right)$；

(7) $R=1$，$(-1, 1)$.

(B)

(1) $\dfrac{1}{(1-x)^2}$，$x\in(-1,1)$；(2) $\ln(1+x)$，$x\in(-1,1)$；

(3) $\dfrac{1}{2}\ln\dfrac{1+x}{1-x}$，$x\in(-1,1)$；(4) $\dfrac{2x}{(1-x^2)^2}$；$x\in(-1,1)$；

练习题 5.4

(A)

(1) $\sum\limits_{n=0}^{\infty}\dfrac{(\ln a)^n}{n!}x^n$；(2) $\sum\limits_{n=0}^{\infty}(-1)^n\dfrac{1}{n!}x^{2n}$；

(3) $\sum\limits_{n=1}^{\infty}(-1)^{n-1}\dfrac{1}{3^{2n-1}(2n-1)!}x^{2n-1}$；(4) $\sum\limits_{n=0}^{\infty}(-1)^n\dfrac{1}{2n+1}x^{2n+1}$；

(5) $\sum\limits_{n=0}^{\infty}(-1)^n\dfrac{1}{2^{n+1}}x^n$.

(B)

(1) $\sum\limits_{n=0}^{\infty}(-1)^n\dfrac{1}{3^{n+1}}(x-3)^n$；(2) $\sum\limits_{n=0}^{\infty}(-1)^n\dfrac{1}{(2n)!}\left(x-\dfrac{\pi}{2}\right)^{2n}$.

练习题 5.5

(A)

1. $\dfrac{4}{\pi}\left(\dfrac{\sin x}{1}+\dfrac{\sin 3x}{3}+\cdots+\dfrac{\sin(2n-1)\ x}{2n-1}+\cdots\right)$.

2. $\dfrac{\sin x}{1}+\dfrac{\sin 2x}{2}+\cdots+\dfrac{\sin nx}{n}+\cdots$.

3. $\dfrac{\pi^2}{3}-4\left(\dfrac{\cos x}{1}-\dfrac{\cos 2x}{2^2}+\dfrac{\cos 3x}{3^2}-\cdots\right)$.

(B)

1. $\dfrac{1}{2}+\dfrac{2}{\pi}\left(\dfrac{\sin x}{1}+\dfrac{\sin 3x}{3}+\cdots+\dfrac{\sin(2n-1)x}{2n-1}+\cdots\right)$.

2. $\dfrac{\pi}{2}-\dfrac{4}{\pi}\left(\dfrac{\cos x}{1}+\dfrac{\cos 3x}{3^2}+\cdots+\dfrac{\cos(2n-1)x}{(2n-1)^2}+\cdots\right)$.

练习题 5.6

(A)

1. 略. 2. Inf. 3. 略.

(B)

1. 略. 2. $\frac{\sqrt{2}}{2}$. 3. 略.

自测与提高

1. (1) 收敛; (2) 发散; (3) 收敛; (4) 发散; (5) 收敛.

2. (1) $\left[-\frac{1}{2}, \frac{1}{2}\right)$, $R=\frac{1}{2}$; (2) $[-2, 2)$, $R=2$; (3) $[-1, 5)$, $R=3$.

3. (1) $S(x)=-\ln(1-x)$, $x\in[-1, 1)$; (2) $S(x)=\frac{2x-x^2}{(1-x)^2}$, $x\in(-1, 1)$.

4. $\sum_{n=0}^{\infty}(-1)^n x^{n+1}$.

练习题 6.1

(A)

1. $M(1, 2, 3)\xrightarrow{O}M_1(-1, -2, -3)$; $M(1, 2, 3)\xrightarrow{Ox}M_2(1, -2, -3)$; $M(1, 2, 3)\xrightarrow{yOz}M_3(-1, 2, 3)$.

2. 第Ⅱ卦限; 第Ⅳ卦限; 第Ⅷ卦限; 第Ⅲ卦限.

3. $4\boldsymbol{i}-6\boldsymbol{k}$; $-5\boldsymbol{i}+3\boldsymbol{j}+15\boldsymbol{k}$; $15\boldsymbol{i}-5\boldsymbol{j}-35\boldsymbol{k}$. 4. $\pm\left\{\frac{1}{\sqrt{75}}, \frac{7}{\sqrt{75}}, \frac{-5}{\sqrt{75}}\right\}$.

5. -1; $\{-3, 5, 7\}$; $\pi-\arccos\frac{1}{2\sqrt{21}}$. 6. 略. 7. $\theta=\frac{\pi}{3}$.

(B)

1. (1) $(2, -3, -1)\xrightarrow{xOy}(2, -3, 1)$, $(2, -3, -1)\xrightarrow{xOz}(2, 3, -1)$, $(2, -3, -1)\xrightarrow{yOz}(-2, -3, -1)$;

(2) $(2, -3, -1)\xrightarrow{x}(2, 3, 1)$, $(2, -3, -1)\xrightarrow{y}(-2, -3, 1)$, (2,

$-3, -1) \xrightarrow{z} (-2, 3, -1)$；

(3) $(2, -3, -1) \xrightarrow{O} (-2, 3, 1)$.

2. $\left\{\frac{1}{3}, -\frac{2}{3}, \frac{2}{3}\right\}$.　3. $\{0, -1, -7\}$，$\{0, 0, 3\}$.

4. $\alpha=-2$，$\beta=\frac{1}{2}$.　5. $\frac{\pi}{3}$或$\frac{2\pi}{3}$.　6. $\sqrt{17}$.

练习题6.2

(A)

1. $x+3y-2z+13=0$.　2. $9y-z-2=0$.

3. $\frac{x-1}{4}=\frac{y+5}{-3}=\frac{z}{5}$.　4. $\frac{x-2}{3}=\frac{y-3}{-1}=\frac{z-4}{1}$.

(B)

1. $z=0$，可得 $x=-9$，$y=19$，$\frac{x+9}{-10}=\frac{y-19}{17}=\frac{z}{-1}$.

2. $\theta=\frac{\pi}{3}$.　3. $\varphi=\arcsin\frac{4}{9}$.

练习题6.3

(A)

1. (1) $\frac{x^2}{4}+\frac{y^2+z^2}{9}=1$；　(2) $x^2+z^2=y$.

2. (1) 椭圆锥面；　(2) 椭圆抛物面.

3. (1) 平面中是直线，空间中是平面；　(2) 平面中是双曲线，空间中是双曲柱面；　(3) 平面中是椭圆，空间中是椭圆柱面；　(4) 平面中是点，空间中是直线.

4. $\begin{cases} x^2+2z^2-2z=0, \\ y=0. \end{cases}$

(B)

1. 单叶双曲面，图略.

2. (1) 球面，图略；　(2) 双叶双曲面，图略；

(3) 旋转抛物面，图略.

3. $\begin{cases} x^2+y^2=8y, \\ z=0. \end{cases}$

练习题 6.4

(A)

1. $\{3, 0, 1\}$, $\{1, 6, -7\}$, -19, $\{3, -11, -9\}$, 4.690 4.

2. 3.007 2. 3. 0.142 9$\left(\text{或}\dfrac{1}{7}\right)$.

4. 0.545 5. 5. $\{-21, 3, 2\}$.

(B)

1. 图略. 2. 图略. 3. 图略. 4. 图略.

自测与提高

1. 第Ⅷ卦限；第Ⅱ卦限；第Ⅲ卦限.

2. $\{4, -1, -4\}$, $\{0, 11, 8\}$, $\{-7, 21, 21\}$, $\{9, -8, 11\}$.

3. $\pm\left\{\dfrac{3}{\sqrt{14}}, \dfrac{1}{\sqrt{14}}, \dfrac{-2}{\sqrt{14}}\right\}$. 4. $\dfrac{x-4}{2}=\dfrac{y+1}{1}=\dfrac{z-3}{5}$.

5. $16x-14y-11z-65=0$.

6. (1) $\begin{cases} z=5x^2, \\ y=0, \end{cases}$ z 轴； (2) $\begin{cases} z=3y, \\ x=0, \end{cases}$ z 轴.

7. 球心为 $(0, -1, 2)$，半径为 3.

8. 提示：证两直线的方向向量平行或两直线的夹角余弦为 1.

练习题 7.1

(A)

1. (1) $f(x+y, xy)=x^3y+3x^2y^2+xy^3$; (2) $f\left(xy, \dfrac{y}{x}\right)=3xy+\dfrac{2y}{x}$.

2. (1) $D=\{(x, y) \mid x>0, x-y>0\}$; (2) $D=\{(x, y) \mid x\in \mathbf{R}, y\geqslant 0\}$;
(3) $D=\{(x, y) \mid 2x+y<0\}$; (4) $D=\{(x, y) \mid 1<x^2+y^2\leqslant 4\}$.

(B)

1. (1) 2; (2) 2; (3) $\sqrt{2}$; (4) 2.

2. （1）（0，0）；　（2）$D=\{(x,y)\mid x-y=0\}$.

练习题 7.2

（A）

1. （1）$\frac{\partial z}{\partial x}=2y^2-\cos x$，$\frac{\partial z}{\partial y}=4xy+15y^2$；　（2）$\frac{\partial z}{\partial x}=2x\sin y$，$\frac{\partial z}{\partial y}=x^2\cos y$；

（3）$\frac{\partial z}{\partial x}=y\mathrm{e}^{xy}$，$\frac{\partial z}{\partial y}=x\mathrm{e}^{xy}$；　（4）$\frac{\partial z}{\partial x}=\frac{y^2}{(x+y)^2}$，$\frac{\partial z}{\partial y}=\frac{x^2}{(x+y)^2}$；

（5）$\frac{\partial z}{\partial x}=\frac{2y}{4x^2+y^2}$，$\frac{\partial z}{\partial y}=\frac{-2x}{4x^2+y^2}$；　（6）$\frac{\partial z}{\partial x}=\frac{y}{xy+\ln y}$，$\frac{\partial z}{\partial y}=\frac{xy+1}{y(xy+\ln y)}$.

（7）$\frac{\partial u}{\partial x}=y+z$，$\frac{\partial u}{\partial y}=x+z$，$\frac{\partial u}{\partial z}=y+x$.

2. （1）0，0；　（2）$\frac{1}{3}$，$\frac{2}{3}$.　3. $\frac{\sqrt{5}}{5}$.

（B）

1. （1）$\frac{\partial^2 z}{\partial x^2}=6xy-6y^3$，$\frac{\partial^2 z}{\partial y^2}=-18x^2y$，$\frac{\partial^2 z}{\partial x\partial y}=3x^2-18xy^2$；

（2）$\frac{\partial^2 z}{\partial x^2}=-\frac{y}{x^2}$，$\frac{\partial^2 z}{\partial y^2}=0$，$\frac{\partial^2 z}{\partial x\partial y}=\frac{1}{x}$；

（3）$\frac{\partial^2 z}{\partial x^2}=-y^4\sin(xy^2)$，$\frac{\partial^2 z}{\partial y^2}=2x\cos(xy^2)-4x^2y^2\sin(xy^2)$，

$\frac{\partial^2 z}{\partial x\partial y}=2y\cos(xy^2)-2xy^3\sin(xy^2)$；

（4）$\frac{\partial^2 z}{\partial x^2}=a^2\mathrm{e}^{ax+by}$，$\frac{\partial^2 z}{\partial y^2}=b^2\mathrm{e}^{ax+by}$，$\frac{\partial^2 z}{\partial x\partial y}=ab\mathrm{e}^{ax+by}$；

2. （1）2，-1，0.（2）4，2，2.

练习题 7.3

（A）

1. （1）$\mathrm{d}z=(\sin y-y\sin x)\mathrm{d}x+(x\cos y+\cos x)\mathrm{d}y$；

（2）$\mathrm{d}z=\frac{3}{3x-2y}\mathrm{d}x-\frac{2}{3x-2y}\mathrm{d}y$；　（3）$\mathrm{d}z=\left(\frac{1}{y}-\frac{y}{x^2}\right)\mathrm{d}x+\left(\frac{1}{x}-\frac{x}{y^2}\right)\mathrm{d}y$；

（4）$\mathrm{d}z=\frac{\mathrm{e}^{xy}(y^2+xy-1)}{(x+y)^2}\mathrm{d}x+\frac{\mathrm{e}^{xy}(x^2+xy-1)}{(x+y)^2}\mathrm{d}y$.

2. $\mathrm{d}z=4\mathrm{d}x+8\mathrm{d}y$.

(B)

1. $\Delta z\approx-0.1190$，$\mathrm{d}z=-0.125$.　2. (1) 1.08；　(2) 2.95.

练习题 7.4

(A)

1. (1) 极小值 $z(-1,1)=0$；　(2) 极小值 $z\left(\frac{1}{2},-1\right)=-\frac{\mathrm{e}}{2}$；

(3) 极小值 $f(1,1)=-1$；　(4) 极大值 $f(0,0)=3$.

2. 最大值 $z(\pm2,0)=4$，最小值 $z(0,\pm1)=-1$.

3. 当 $P_1=80$，$P_2=120$ 时，有最大利润 605.

(B)

1. 极大值 $z\left(\frac{1}{\sqrt{2}},\frac{1}{\sqrt{2}}\right)=\sqrt{2}$，极小值 $z\left(-\frac{1}{\sqrt{2}},\frac{1}{\sqrt{2}}\right)=-\sqrt{2}$.

2. 长和宽都是 6 m，高是 3 m.

3. 当 $x=1000$ kg，$y=250$ kg 时.

练习题 7.5

(A)

1. (1) $\int_0^1\mathrm{d}x\int_x^{3x}f(x,y)\mathrm{d}y$，$\int_0^1\mathrm{d}y\int_{\frac{y}{3}}^{y}f(x,y)\mathrm{d}x+\int_1^3\mathrm{d}y\int_{\frac{y}{3}}^{1}f(x,y)\mathrm{d}x$；

(2) $\int_{-1}^2\mathrm{d}y\int_{y^2}^{y+2}f(x,y)\mathrm{d}x$，$\int_0^1\mathrm{d}x\int_{-\sqrt{x}}^{\sqrt{x}}f(x,y)\mathrm{d}y+\int_1^4\mathrm{d}x\int_{x-2}^{\sqrt{x}}f(x,y)\mathrm{d}y$.

2. (1) $\frac{28}{3}$；　(2) $-\frac{243}{20}$.

(B)

1. (1) $\frac{\pi}{4}$；　(2) $-6\pi^2$.　2. (1) $\frac{1}{6}$；　(2) $\frac{\pi}{2}a^2$.

练习题 7.6

(A)

1. $\frac{a^2}{2}\ln 2$.　2. $\frac{153}{20}$.

（B）

1. $\dfrac{7\pi}{6}$.　　2. $\dfrac{3}{35}$.

练习题 7.7

（A）

1. $\dfrac{\partial z}{\partial x}=2x\ln(x+y^2)+\dfrac{x^2}{x+y^2}$，$\dfrac{\partial z}{\partial y}=\dfrac{2x^2y}{x+y^2}$.

2. $\dfrac{\partial^2 z}{\partial x\partial y}=\dfrac{1}{4\sqrt{xy}}$.　　3. 极大值 $f\left(-\dfrac{1}{3},-\dfrac{1}{3}\right)=\dfrac{1}{27}$.　　4. $\dfrac{2}{3}\pi R^3$.

（B）

1. $\dfrac{\partial z}{\partial x}=\cot(x-2y)$，$\dfrac{\partial z}{\partial y}=-2\cot(x-2y)$.

2. $\dfrac{\partial^2 z}{\partial x\partial y}=\dfrac{1}{x}y^{\ln x-1}(1+\ln x\ln y)$.　　3. $\dfrac{8}{3}$.

自测与提高

1. （1）$\iint\limits_D \rho(x,y)\,\mathrm{d}\sigma$；　（2）连续；　（3）$\dfrac{2}{3}\pi R^3$；　（4）$4\pi$；

（5）1；　（6）$-\dfrac{4}{3}$；　（7）$\dfrac{2}{3}$；　（8）$(\mathrm{e}-1)^2$；　（9）$\int_0^1\mathrm{d}y\int_0^{y^2}f(x,y)\,\mathrm{d}x$；

（10）$\int_0^{\frac{\pi}{2}}\mathrm{d}\theta\int_0^{2a\cos\theta}r^3\,\mathrm{d}r$.

2. （1）B；　（2）C；　（3）D；　（4）D；　（5）A；　（6）A.

3. （1）$\dfrac{1}{\mathrm{e}}$；　（2）$\dfrac{76}{3}$；　（3）$\dfrac{\pi}{4}(\ln 4-1)$.

4. $\dfrac{1}{2}\pi a^4$.　　5. $\dfrac{32}{3}$.

附录Ⅲ　普通高等教育专科升本科招生考试高等数学考试要求

高等数学Ⅰ

高等数学Ⅱ

高等数学Ⅲ

主要参考文献

[1] 盛祥耀. 高等数学（简明版）. 5版. 北京：高等教育出版社，2016.
[2] 顾静相. 经济数学基础（上、下册）. 5版. 北京：高等教育出版社，2019.
[3] 颜文勇. 高等应用数学. 北京：高等教育出版社，2009.
[4] 同济大学，天津大学，浙江大学，等. 高等数学（上册）. 5版. 北京：高等教育出版社，2020.
[5] 同济大学数学系. 高等数学（上、下册）. 7版. 北京：高等教育出版社，2014.
[6] 吴素敏. 经济数学. 北京：高等教育出版社，2008.
[7] 张益池，张国勇. 高等数学. 北京：科学出版社，2006.
[8] 于孝廷. 高等数学. 北京：科学出版社，2006.
[9] 克莱因. 古今数学思想. 上海：上海科学技术出版社，2003.
[10] 李秀珍. 数学实验. 北京：机械工业出版社，2008.
[11] 组冠兴. 高等数学. 北京：化学工业出版社，2007.
[12] 刘树利. 计算机数学基础. 北京：高等教育出版社，2005.
[13] 詹勇虎. 经济应用数学. 南京：东南大学出版社，2004.
[14] 杨和稳. 高等数学. 北京：化学工业出版社，2003.
[15] 王岳，张天德. 高等数学Ⅰ. 济南：山东人民出版社，2021.
[16] 张天德，王岳. 高等数学Ⅱ. 济南：山东人民出版社，2020.
[17] 张天德，王岳，窦慧. 高等数学Ⅲ. 济南：山东人民出版社，2021.
[18] 洪毅. 数学模型. 北京：高等教育出版社，2006.

郑重声明

资源服务提示

授课教师如需获得本书配套教学资源,请登录"高等教育出版社产品信息检索系统"(http://xuanshu. hep. com. cn/)搜索本书并下载资源,首次使用本系统的用户,请先注册并进行教师资格认证。也可发送电邮至资源服务支持邮箱:cuimp@ hep. com. cn,申请获得相关资源。